高等职业教育创新型系列教材

单片机应用技术

陈永昕 陈静 刘南 主编

DANPIANJI
YINGYONG
JISHU

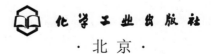

内 容 简 介

本书是基于工作过程系统化思想编写的产教融合教材,按照产品展开内容,具体内容包括指示灯、简易交通灯功能演示器、数码显示器、医院病床呼叫系统演示器、按时间工作的控制器、简易电压表、多功能智能控制器等。为方便教学,配套电子课件、源程序和视频微课等资源,视频微课可扫描书中的二维码观看,课件、源程序可登录网站下载(网址:www.cipedu.com.cn)。

本书可作为职业院校相关专业教材使用,也可作为培训用书,并可供相关技术人员参考。

图书在版编目(CIP)数据

单片机应用技术/陈永昕,陈静,刘南主编. —北京:化学工业出版社,2022.12
ISBN 978-7-122-42802-8

Ⅰ.①单… Ⅱ.①陈…②陈…③刘… Ⅲ.①单片微型计算机-高等职业教育-教材 Ⅳ.①TP368.1

中国版本图书馆CIP数据核字(2022)第256797号

责任编辑:韩庆利　　　　　　　　　　文字编辑:宋　旋　陈小滔
责任校对:王鹏飞　　　　　　　　　　装帧设计:史利平

出版发行:化学工业出版社(北京市东城区青年湖南街13号　邮政编码100011)
印　　装:三河市双峰印刷装订有限公司
787mm×1092mm　1/16　印张18　字数459千字　2023年5月北京第1版第1次印刷

购书咨询:010-64518888　　　　　　　售后服务:010-64518899
网　　址:http://www.cip.com.cn
凡购买本书,如有缺损质量问题,本社销售中心负责调换。

定　价:55.00元　　　　　　　　　　　　　　　　　　版权所有　违者必究

前　言

本书根据工作过程系统化理论编写，是基于工作过程系统化思想编写的产教融合教材，把企业工作全息环境引入到课堂教学中，包括：企业组织结构、企业项目的审批与开发管控流程、企业单片机智能产品的生产与品控、为客户服务思想、精益管理思想、ERP 系统介绍等。学生做每一个单片机项目时，会意识到自己的责任、对公司的影响、对团队的影响等，这样做既保证了让学生实实在在地掌握单片机应用技术，还给学生提供了做好企业工作的准备。

本书深入贯彻党的二十大精神进教材要求，坚持立德树人，通过书中相关产品，融入价值观的培养，弘扬爱国主义精神、工匠精神。本书按照产品展开内容，具体内容包括指示灯、简易交通灯功能演示器、数码显示器、医院病床呼叫系统演示器、按时间工作的控制器、简易电压表、多功能智能控制器等，可作为职业院校相关专业教材使用，也可作为培训用书，并可供相关技术人员参考。

为方便教学，配套电子课件、源程序和视频微课等资源，视频微课可扫描书中的二维码观看，课件、源程序可登录网站下载（网址：www.cipedu.com.cn）。

本书由吉林工业职业技术学院陈永昕、上海电子信息职业技术学院陈静、深圳市越疆科技股份有限公司刘南主编，陈静负责全书统筹和设计体系结构。具体编写任务分工如下：上海电子信息职业技术学院陈静编写知识准备、产品七；深圳市越疆科技股份有限公司刘南编写产品一；吉林电子信息职业技术学院徐昕和吉林电子信息职业技术学院袁钰琪编写产品二；吉林电子信息职业技术学院王留洋和吉林电子信息职业技术学院崔景淼编写产品三和全书实验验证；吉林电子信息职业技术学院李婉珍和吉林电子信息职业技术学院冯志鹏编写产品四和附录 1；吉林工业职业技术学院陈永昕编写产品五、产品六、附录 2 和全书视频录制。

在此对所有关心和热情帮助本书出版的同志致以衷心的感谢，由于编者水平有限，书中不足之处，诚请广大读者提出宝贵意见。

编　者

目 录

知识准备 ———————————————————————————— 1
　　企业对单片机项目的管理

0.1　单片机介绍 ·· 1
　　0.1.1　认识单片机 ·· 1
　　0.1.2　单片机芯片的发展趋势 ·· 1
　　0.1.3　你可以在哪里买到单片机？ ·· 2
0.2　初步认识生产智能产品的企业结构 ·· 2
　　0.2.1　智能产品生产行业概况 ·· 2
　　0.2.2　小型智能产品生产企业的一般组织结构图 ······························ 3
　　0.2.3　主要部门职责说明 ·· 4
　　0.2.4　你可以进入哪些部门任职？ ·· 5
0.3　智能产品开发管控流程与用户需求 ·· 5
　　0.3.1　技术开发（委托）合同样例 ·· 5
　　0.3.2　全方位认识客户的需求 ·· 10
　　0.3.3　新产品开发与管制流程图举例 ·· 10
　　0.3.4　在开发流程中，你可以从事什么工作？ ································ 10
0.4　智能产品的生产流程 ·· 12
　　0.4.1　一个智能产品的生产程序 ·· 12
　　0.4.2　按照用户要求进行生产管理 ·· 17
　　0.4.3　零库存生产的意义与精益管理 ·· 17
　　0.4.4　智能产品生产条件确认 ·· 22
　　0.4.5　在生产流程中，你可以从事什么工作？ ································ 22
0.5　企业级项目管理与管控 ·· 23
　　0.5.1　ERP 管理系统介绍 ·· 23
　　0.5.2　大家的工资是从哪里来的？ ·· 25

产品一 ———————————————————————————— 26
　　指示灯

1.1　领取任务 ·· 26
1.2　知识点学习与技能训练 ·· 27
　　1.2.1　通过与计算机比较，初步认识单片机 ·································· 27
　　1.2.2　指示灯的电路与程序 ·· 32
　　1.2.3　使用 Keil 软件完成程序录入与编写 ···································· 39
　　1.2.4　使用 STC-ISP 编程软件把程序下载到单片机中 ······················· 46

1.3	产品设计制作	49
	1.3.1 功能实现	49
	1.3.2 作品交付与向上级汇报	51
	1.3.3 档案整理和自我总结	51
1.4	填写产品可以上线确认单	51

产品二　简易交通灯功能演示器　53

2.1	领取任务	53
2.2	知识点学习与技能训练	54
	2.2.1 LED 闪烁信号灯设计	54
	2.2.2 交通灯演示器设计样例（程序不完整）	71
	2.2.3 技能训练	76
2.3	产品设计制作	76
	2.3.1 按照合同，完成项目	76
	2.3.2 作品交付与向上级汇报	76
	2.3.3 档案整理和自我总结	77
2.4	填写产品可以上线确认单	77

产品三　数码显示器　78

3.1	领取任务	78
3.2	知识点学习与技能训练	78
	3.2.1 用单片机控制一位数码管显示数据	78
	3.2.2 用多联数码管和 74HC595 芯片 8 位动态显示	84
	3.2.3 设计一个仪表的数码管数值显示器	94
3.3	产品设计制作	100
	3.3.1 按照合同，完成项目	100
	3.3.2 作品交付与向上级汇报	100
	3.3.3 档案整理和自我总结	100
3.4	填写产品可以上线确认单	101

产品四　医院病床呼叫系统演示器　102

4.1	领取任务	102
4.2	知识点学习与技能训练	102
	4.2.1 单片机控制大功率设备的启停	102
	4.2.2 简易抢答器设计制作	109
	4.2.3 按钮按下次数记录器设计制作	114
	4.2.4 用四个组合按钮修改仪表上显示的数据	117
	4.2.5 矩阵式键盘编程方法与简单多输入系统程序规划设计	121
4.3	产品设计制作	125

4.3.1 功能实现 ……125
4.3.2 作品交付与向上级汇报 ……125
4.3.3 档案整理和自我总结 ……126
4.4 填写产品可以上线确认单 ……126

产品五　按时间工作的控制器　127

5.1 领取任务 ……127
5.2 知识点学习与技能训练 ……127
 5.2.1 认识单片机内部存储器和特殊功能寄存器 ……127
 5.2.2 多个独立闪烁灯系统设计 ……131
 5.2.3 用定时器完成动态数码显示 ……135
 5.2.4 用定时器设计可调时间的24小时时钟 ……140
 5.2.5 用计数器设计一个频率计 ……142
 5.2.6 用外中断设计一个故障报警器 ……151
 5.2.7 用串口实现两台单片机间的通信 ……155
 5.2.8 多功能仪表控制器的设计与规划 ……165
5.3 产品设计制作 ……168
 5.3.1 按照合同，完成项目 ……168
 5.3.2 作品交付与向上级汇报 ……168
 5.3.3 档案整理和自我总结 ……169
5.4 填写产品可以上线确认单 ……169

产品六　简易电压表　170

6.1 领取任务 ……170
6.2 知识点学习与技能训练 ……170
 6.2.1 IAP15W4K58S4 单片机 I/O 口的各种设置与应用方法 ……170
 6.2.2 用 PCA 功能实现 LED 灯 1s 闪烁 1 次 ……182
 6.2.3 用 PCA 模块的捕捉（捕获）功能测量脉冲宽度 ……189
 6.2.4 用 PCA 模块的 PWM 功能完成 LED 灯亮度调节 ……194
 6.2.5 用片内 AD 模块实现一个简易的电压表 ……202
 6.2.6 用 SPI 通信模块完成两台单片机间的通信 ……209
6.3 产品设计制作 ……213
 6.3.1 按照合同，完成项目 ……213
 6.3.2 作品交付与向上级汇报 ……214
 6.3.3 档案整理和自我总结 ……214
6.4 填写产品可以上线确认单 ……214

产品七　多功能智能控制器　216

7.1 领取任务 ……216

7.2 用单总线传感器 DS18B20 控制热水器的水温 216
　　7.2.1 单总线介绍 216
　　7.2.2 DS18B20 简介 218
　　7.2.3 用单总线传感器 DS18B20 控制热水器的水温电路图 220
　　7.2.4 用单总线传感器 DS18B20 控制热水器的水温程序 220
7.3 用 I^2C 总线芯片 PCF8563 设计一个日历时钟 226
　　7.3.1 I^2C 总线的基础知识 226
　　7.3.2 PCF8563 芯片硬件介绍 228
　　7.3.3 日历时钟电路 230
　　7.3.4 日历时钟程序 230
7.4 用同步电机或直流电机加光敏传感器设计一个自动窗帘 240
　　7.4.1 步进电机简介 240
　　7.4.2 ULN2003 驱动芯片介绍 242
　　7.4.3 光敏电阻 243
　　7.4.4 电机驱动模块 L298N 电路 244
　　7.4.5 自动窗帘电路 245
　　7.4.6 自动窗帘程序 245
7.5 用一片 8×8 点阵设计一个电子显示屏 248
　　7.5.1 8×8 点阵模块 248
　　7.5.2 电子显示屏电路 249
　　7.5.3 电子显示屏程序 249
7.6 用红外线发射管和红外接收传感器设计遥控系统 251
　　7.6.1 红外线遥控编码基础知识 252
　　7.6.2 红外线遥控电路 254
　　7.6.3 红外线遥控程序 255
7.7 用字符液晶 12864 做显示器，显示汉字和数字 259
　　7.7.1 12864 显示器介绍 259
　　7.7.2 12864 使用说明 262
　　7.7.3 液晶 12864 的电路 263
　　7.7.4 12864 显示的程序 264

附录　269

附录 1　Keil C 菜单项 269
附录 2　C51 库函数 272

参考文献　280

知识准备

企业对单片机项目的管理

0.1 单片机介绍

0.1.1 认识单片机

随着社会的不断发展，人民的生活质量也有了显著的提高，人民对于生活的追求也越来越丰富。人们在生活中更加追求的是舒适化和快捷化，电子产品的普及在极大程度上实现了人们的追求，而很多电子产品的核心控制元件就是单片机。

单片机，全称单片微型计算机，又称微控制器，是把中央处理器、存储器、定时/计数器、USB、模数转换、串行接口等周边各种输入输出接口，甚至液晶驱动电路都整合在单一芯片上，形成芯片级的计算机，为不同的应用场合做不同组合控制。单片机有精简的指令系统，小巧的体积，低廉的价格，却拥有强大的功能，能够不断地优化开发环境，因此快速地成为现代生产生活当中电子产品控制核心的重要组成内容。

由于应用场合非常多，因而单片机的种类也非常多。现在可以说是单片机百花齐放、百家争鸣的时期，世界上各大芯片制造公司都推出了自己的单片机，从 8 位、16 位到 32 位，数不胜数，应有尽有，有与主流 C51 系列兼容的，也有不兼容的，它们各具特色，互为补充，为单片机的应用提供了广阔的天地。

目前 8 位单片机占单片机市场的一半左右，8 位单片机技术已然十分成熟。8 位单片机作为庞大的单片机家族中最简单、最基础的一种，从 20 世纪 80 年代起，就被广泛应用在工业控制领域。本书主要讲解 8 位的单片机。

从 20 世纪 70 年代开始，以单片机作为微型控制核心，就应用在各种智能控制系统当中。目前单片机的应用，在自动化领域，已经比比皆是。诸如家电、手机、电脑外围器件、遥控器，至汽车电子、工业上的步进电机、机器手臂的控制等，一直到卫星、导弹，都可见到单片机的身影。

以单片机为核心的智能控制器是这些电子产品、设备、装置及系统中的控制单元，控制其完成特定的功能，在产品中扮演"神经中枢"及"大脑"的角色。

0.1.2 单片机芯片的发展趋势

单片机作为微型计算机的一个重要分支，应用面越来越广，发展越来越快。

纵观单片机的发展过程，可以预示单片机的发展趋势，大致如下。

① 低功耗化。像 80C51 采用了 HMOS（高密度金属氧化物半导体工艺）和 CHMOS（互补高密度金属氧化物半导体工艺）。CMOS（互补金属氧化物半导体工艺）虽然功耗较低，但由于其物理特征决定其工作速度不够高，而 CHMOS 则具备了高速和低功耗的特点，

这些特征，更适合于要求低功耗，如电池供电的应用场合。所以这种工艺将是今后一段时期单片机发展的主要途径。

② 多功能集成化。现在常规的单片机普遍都是将中央处理器（CPU）、随机存取存储器（RAM）、只读程序存储器（ROM）、并行和串行通信接口、中断系统、定时电路、时钟电路集成在一块单一的芯片上，增强型的单片机还集成了如 A/D 转换器、PMW（脉宽调制电路）、WDT（看门狗）。有些单片机将 LCD（液晶）驱动电路都集成在单一的芯片上，这样单片机包含的单元电路就更多，功能就更强大。甚至单片机厂商还可以根据用户的要求量身定做，制造出具有自己特色的单片机芯片。

③ 专用芯片不断出现。现在的产品普遍要求体积小、重量轻，这就要求单片机除了功能强和功耗低外，还要求其体积要小。现在的许多单片机都具有多种封装形式，其中 SMD（表面封装）越来越受欢迎，使得由单片机构成的系统正朝微型化方向发展。比如常见的小区门卡、身份证里面的芯片，等等。

0.1.3　你可以在哪里买到单片机？

请同学们自己补充。

初步认识生产智能产品的企业结构

0.2　初步认识生产智能产品的企业结构

0.2.1　智能产品生产行业概况

（1）行业概况

智能控制器上游产业：智能控制器主要原材料包括 IC 芯片、PCB、MOS 管、二极管、三极管、电阻、电容等电子元器件，见图 0-1 左侧。电子元器件行业生产厂商众多，原材料供应充足，且电子元器件的技术水平和产品质量也不断提高，为智能控制器行业的发展奠定了坚实的基础。

笔记

智能控制器下游产业：智能控制器的应用领域广泛，主要应用于汽车电子、家用电器、电动工具及工业设备装置、智能家居、锂电池、医疗设备及消费电子等领域，见图 0-1 右

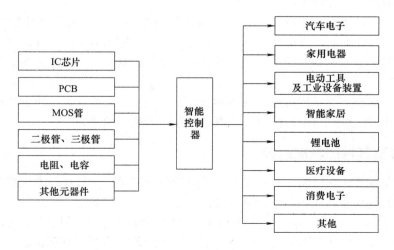

图 0-1　智能控制器上下游产业

侧。随着下游产业逐步进入智能化时代，终端产品不断更新换代，未来将更加智能化、集成化和人性化，为智能控制器行业发展创造了良好的机遇。

应用领域：智能控制器广泛应用于汽车电子、家用电器、电动工具及工业控制、智能建筑与家居、医疗设备等众多领域。2017年，全球智能控制器应用领域分类中，汽车电子占比为25%，家用电器占比为20%，电动工具及工业设备装置占比为16%，三大领域合计占比为61%；中国智能控制器应用领域中，汽车电子占比为23%，家用电器占比为14%，电动工具及工业设备装置占比为13%，三者合计达到50%，见图0-2。

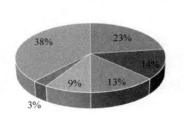

图0-2 中国智能控制器应用情况

中国智能控制器市场容量：智能控制器近几年发展较快。2015年智能控制器市场规模突破万亿元，2021年达到27070亿元。

（2）行业发展趋势

① 智能控制器的渗透率不断提升。随着各种终端产品日益智能化，智能控制器渗透率进一步提高。一方面，智能控制器广泛应用于汽车电子、家用电器、电动工具等众多领域，并逐渐往智能家居、物联网、新能源汽车等领域渗透，应用领域越来越广；另一方面，现有终端产品更新换代越来越快，从单一功能产品不断创新升级为多功能智能化终端产品，智能控制器的技术及适用性不断提高。

② 智能控制器的技术含量和附加值不断提升。随着技术进步及生活品质的不断提高，与人们生活息息相关的各种设备正从电子化时代向智能化时代转变。智能控制器也面临着技术突破、产品质量提升、市场需求扩大等重大变革，下游智能化终端产品对智能控制器的要求越来越高、功能越来越强大，产品的技术含量和附加值也在不断提升。

③ 智能控制器的产业分工不断扩展。随着智能控制技术的快速发展，终端产品智能化程度越来越高，下游终端企业对智能控制器的品质要求也越来越高。智能控制器生产企业在改善生产工艺的基础上，不断加大研发投入，形成了一定的技术积累，行业少数企业逐渐参与到下游客户终端产品研发设计中，与客户共同研发新产品，甚至自主研发并生产终端产品，智能控制器的产业分工不断往下游扩展。

0.2.2 小型智能产品生产企业的一般组织结构图

（1）什么是企业的组织结构

企业组织结构是进行企业流程运转、部门设置及职能规划等最基本的结构依据，常见组织结构形式包括中央集权、分权、直线以及矩阵式等。企业的组织结构就是一种决策权的划分体系以及各部门的分工协作体系。需要根据企业总目标，把企业管理要素配置在一定的方位上，确定其活动条件，规定其活动范围，形成相对稳定的科学的管理体系。

（2）小型智能控制器生产企业一般组织结构图（图0-3）

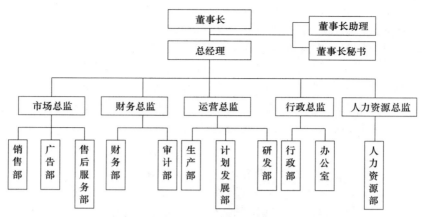

图 0-3 小型智能控制器生产企业一般组织结构图

0.2.3 主要部门职责说明

（1）销售部职责

定期组织市场调研，收集市场信息，分析市场动向、特点和发展趋势。

收集有关竞品的信息，掌握当地市场的动态，分析销售和市场竞争发展状况，提出改进方案和措施。

负责收集、整理、归纳客户资料，对客户群进行透彻的分析。

确定销售策略，建立销售目标，制订销售计划。完成公司下达的销售任务。

监督计划的执行情况，将销售进展情况及时反馈给总经理。

根据项目的卖点（卖点是可以创造的）和目标客源的需求制订广告的总方向和总精神。

管理销售活动。制订销售管理制度、工作程序，并监督贯彻实施。制订每月、季度、年度销售计划，进行目标分解，并执行实施。销售人员每周、每月、季度销售任务制订与监督。

建立各级顾客资料档案，保持与顾客之间的双向沟通。做好客户拜访记录，迅速、高效、礼貌地解决客户问题，客观、及时地反映客户的意见和建议，不断完善工作。及时做好协议客户合同到期的续签工作。

合理进行销售部的预算控制。

制订销售人员的行动计划，并予以检查控制，充分调动工作积极性。负责销售部业务员队伍的组织、培训与考核工作。

定期收集并整理市场信息，定期把市场信息报备公司。

预测市场危机，统计、催收和结算款项。

做好销售服务工作，促进、维系公司与客户间的关系。

根据市场实际需求，在开发新产品、调整产品结构、改进产品包装装潢等方面提出合理化建议。

及时掌握市场动态，分析市场动向、特点和发展趋势，合理地开发新客源、新市场。

严守职业道德，不泄露客户资料，做好保密工作。

做好与各部门协调、沟通工作。

（2）广告部职责

以身作则，高度认同公司的价值体系，不透露公司重大广告策略。

负责营销方案的制订和实施。营销策划方案包括公司整体营销推广、项目营销推广、活动营销推广等，以及营销活动方案的编写、媒体推广计划安排、推广预算计划等。

负责项目宣传资料的写作，参与各种媒介宣传的创意和执行过程。

负责营销活动中文案的写作和宣传工作。

负责公司各类宣传窗口的内容规格与撰写，包括新闻、微信、微博、论坛、官方网站等。

参与其他部门的项目设计，负责其中文字的写作。

负责公司品牌形象的宣传，以及推广宣传所需文字资料的收集和写作。

负责对宣传和广告承诺进行评审，保证对外发布信息的正确性。

代表公司协调、联络，与各类媒体建立友好合作关系及良好的公共关系，与各类媒体建立合作渠道，开展广告宣传工作。

管理、督促、落实本部门日常工作。每次推广活动后三日内，对活动进行效果评估总结并上报总经理；策划推广活动过程要及时监控，发现问题随时进行修正与汇报。

负责做好各项对外宣传工作，为销售组织客源、促进销售。

负责网络营销活动中的实践，包含线下活动执行和线上活动执行。

（3）售后服务部职责

营造良好的氛围，带领部门员工共同完成公司交予的工作及任务。

制订售后服务部的规章制度、流程，支持公司产品的销售。

审批、健全、指导、监督各地区的办事处，确保产品销售正常进行。

建立良好的客户网络，并在全国逐步健全售后服务体系。

处理部门的日常事务，对部门员工进行管理与指导。

负责客户接待管理工作，健全客户档案资料管理。

负责对管理人员进行的 6S 等抽检工作的核实及处理工作。

负责部门培训方案的制订，努力带领部门员工提高自身的技术及相关工作的水平。

对部门员工进行推荐、考核、评价。

完成领导下达的其他任务。

（4）其他部门，请同学们自己补充

0.2.4　你可以进入哪些部门任职？

请同学们自己补充。

0.3　智能产品开发管控流程与用户需求

0.3.1　技术开发（委托）合同样例

技术开发（委托）合同

委托方（甲方）：＿＿＿＿＿＿

住　所　地：＿＿＿＿＿＿

项目联系人：＿＿＿＿＿＿＿＿＿＿＿

联系人电话：＿＿＿＿＿＿

受托方（乙方）：＿＿＿＿＿＿

住　所　地：_____
法定代表人：_____
项目联系人：_____
联系人电话：_____

　　本合同甲方委托乙方研究开发……控制器项目，并支付研究开发经费和报酬，乙方接受委托并进行此项研究开发工作。双方经过平等协商，在真实、充分地表达各自意愿的基础上，根据《中华人民共和国民法典》的规定，达成如下协议，并由双方共同恪守。

　　第一条　本合同研究开发项目的要求如下：

　　1. 技术目标：_____

　　2. 技术内容：1) 结构模具制定；2) 原理图PCB绘制；3) 程序设计编写；4) 实验验证；5) 功能模块：实现……功能。

　　3. 技术方法和路线：1) 采用……方式，……功能；2) 使用……原理达到……技术；等等。

　　第二条　乙方应在本合同生效后_____日内向甲方提交研究开发计划。研究开发计划应包括以下主要内容：

　　1. 项目分步详细时间计划安排；

　　2. 项目各功能模块详细说明；

　　3. 项目分段验收方式；

　　4. 项目验收标准。

　　第三条　乙方应按下列进度完成研究开发工作：

　　1. 一期合同签订后第……月：确定项目整体设计；实现项目整体的硬件、软件系统方案设计工作、技术准备工作；

　　2. 二期第……月：实现……；

　　3. 三期第……月：现场调试；在甲方现场进行功能及完整性调试；

　　4. 四期第……月：项目验收。

　　第四条　甲方应向乙方提供的技术资料及协作事项如下：

　　1. 技术资料清单：1) 详细功能技术说明文件；2) 项目相关设计标准；3) 结构外形要求技术文件；4) 项目精度要求。

　　2. 提供时间和方式：提供时间：合同生效后5日内；方式：授权人签字和加盖公章原件或传真件，一式两份，双方各持一份。

　　3. 其他协作事项：另一方必须给予帮助才能完成的，另一方就必须给予帮助或协助。

　　本合同履行完毕后，上述技术资料按以下方式处理：双方存档保留。

　　第五条　甲方应按以下方式支付研究开发经费和报酬：

　　1. 研究开发经费和报酬总额为……万元。其中：

　　（1）硬件材料……万元；

　　（2）研发费用……万元；

　　（3）试验费用……万元。

　　2. 研究开发经费由甲方分期（一次、分期或提成）支付乙方。具体支付方式和时间如下：
（1） 合同生效后支付 30%；
（2） 二期支付 30%；
（3） 三期支付 30%；
（4） 四期支付 10%。
乙方开户银行名称、地址和账号为：
开户银行：____、地址：_____、账号：_____

第六条 本合同的研究开发经费由乙方以保证开支经济合理的方式使用。甲方有权以合同约定的第三方负责监督的方式检查乙方进行研究开发工作和使用研究开发经费的情况，但不得妨碍乙方的正常工作。

第七条 本合同的变更必须由双方协商一致，并以书面形式确定。
但有下列情形之一的，一方可以向另一方提出变更合同权利与义务的请求，另一方应当在 3 日内予以答复；逾期未予答复的，视为同意。
1. 发生了使合同基础发生变化的客观情况；
2. 主要人员变动、国家政策变动等使原合同的继续履行显失公平或合同无法履行；
3. 法律法规规定的合同可以变更的情形出现；
4. 考虑双方合作过程中可能发生的变更，为维护双方利益，应留下空间。

第八条 未经甲方同意，乙方不得将本合同项目部分或全部研究开发工作转让第三人承担。但有下列情况之一的，乙方可以不经甲方同意，将本合同项目部分或全部研究开发工作转让第三人承担：
1. 不涉及和损害甲方技术权益、经济利益和商业秘密；
2. 例如：主管技术的项目负责人变动、国家重大产业计划变动、显失公平等情况；
3. 考虑技术进步的发展，独家难以承担一个完整的项目，这里就有对外合作问题。
乙方可以转让研究开发工作的具体内容包括：①不涉及本项目技术权益的；②不属于本项目核心技术的。

第九条 在本合同履行中，因出现在现有技术水平和条件下难以克服的技术困难，导致研究开发失败或部分失败，并造成一方或双方损失的，双方按如下约定承担风险损失：①双方约定承担，约定优先；②合同无约定，由当事人合理分担，合理分担不等于平均分担；③当事人可以约定一定数量的资金作为承担未来可能发生的风险损失。

笔记

双方确定，本合同项目的技术风险按①当事人认可的专家权威机构确认；②国家或地方政府指定机构；③当事人约定几名专家确认的方式认定。认定技术风险的基本内容应当包括技术风险的存在、范围、程度及损失大小等。
认定技术风险的基本条件是：
1. 本合同项目在现有技术水平条件下具有足够的难度；
2. 乙方在主观上无过错且经认定研究开发失败为合理的失败。
一方发现技术风险存在并有可能致使研究开发失败或部分失败的情形时，应当在 3 日内通知另一方并采取适当措施减少损失。逾期未通知并未采取适当措施而致使损失扩大的，应当就扩大的损失承担赔偿责任。

第十条 在本合同履行中，因作为研究开发标的的技术已经由他人公开（包括以专利权方式公开），一方应在 3 日内通知另一方解除合同。逾期未通知并致使另一方产生损失的，另一方有权要求予以赔偿。

第十一条　双方确定因履行本合同应遵守的保密义务如下：

甲方：

1. 保密内容（包括技术信息和经营信息）：①涉及本合同的技术文件、资料、经营信息和商业秘密；②未经乙方同意不得对外转让或泄露。

2. 涉密人员范围：直接或间接涉及本合同技术的有关人员。

3. 保密期限：约定保密期限，约定优先，但此约定不得违背国家有关规定。

4. 泄密责任：①当事人合同约定优先；②依照法律法规承担责任。

乙方：

1. 保密内容（包括技术信息和经营信息）：①涉及本合同的技术文件、资料、经营信息和商业秘密；②本合同技术标的及应用方向；③本技术的销售市场和方向。

2. 涉密人员范围：①直接或间接涉及本合同技术的有关人员；②乙方的研究开发人员；③涉及与该技术成果的相关人员。

3. 保密期限：约定保密期限，约定优先，但此约定不得违背国家有关规定。

4. 泄密责任：①当事人合同约定优先；②依照法律法规承担责任。

第十二条　乙方应当按以下方式向甲方交付研究开发成果：

1. 研究开发成果交付的形式及数量：①样机5台；②双方当事人举行交付签字仪式；③交付时双方的书面认可。

2. 研究开发成果交付的时间及地点：合同生效后第10个月的20日在乙方公司交付。

第十三条　双方确定，按以下标准及方法对乙方完成的研究开发成果进行验收：①不得使用淘汰或禁止的标准；②约定的标准和方法；③约定使用国际标准、国家标准、专业标准、企业标准或者其他国外标准等；④无标准的，按行业的一般要求鉴定；⑤方法：专家评议、国家规定的部门检测结论、鉴定会或双方认可的方式。

第十四条　乙方应当保证其交付给甲方的研究开发成果不侵犯任何第三人的合法权益。如发生第三人指控己方实施的技术侵权的，乙方应当①承担甲方由此而产生的经济损失和其他责任；②本约定具有溯及力，合同结束后，本约定仍然有约束力。

第十五条　双方确定，因履行本合同所产生的研究开发成果及其相关知识产权权利归属，按下列第1种方式处理：

1. 双（甲、乙、双）方享有申请专利的权利。

专利权取得后的使用和有关利益分配方式如下：专利权为双方共有，利益归双方共有。

2. 按技术秘密方式处理。有关使用和转让的权利归属及由此产生的利益按以下约定处理：

（1）技术秘密的使用权：双方共有；

（2）技术秘密的转让权：双方共有；

（3）相关利益的分配办法：双方按比例分享。

双方对本合同有关的知识产权权利归属特别约定如下：①双方约定，约定优先；②如无约定则按法律的有关规定。

第十六条　乙方不得在向甲方交付研究开发成果之前，自行将研究开发成果转让给第三人。

第十七条　乙方完成本合同项目的研究开发人员享有在有关技术成果文件上写明技术成果完成者的权利和取得有关荣誉证书、奖励的权利。

第十八条　乙方利用研究开发经费所购置与研究开发工作有关的设备、器材、资料等财产，归乙（甲、乙、双）方所有。

第十九条　双方确定，乙方应在向甲方交付研究开发成果后，根据甲方的请求，为甲方指定的人员提供技术指导和培训，或提供与使用该研究开发成果相关的技术服务。

1. 技术服务和指导内容：<u>甲方技术人员和主要操作人员掌握该技术成果，包括设计指导、技术指导、工艺方法指导、技术培训与授课讲座</u>。

2. 地点和方式：<u>乙方住所地</u>；方式：<u>培训、现场指导</u>。

3. 费用及支付方式：<u>甲方支付人民币壹万元</u>；方式：<u>现金支付</u>。

第二十条　双方确定：任何一方违反本合同约定，造成研究开发工作停滞、延误或失败的，按以下约定承担违约责任：

1. <u>甲</u>方违反本合同第<u>五</u>条约定，应当<u>按合同总额的20%赔偿支付</u>（支付违约金或损失赔偿额的计算方法）。

2. <u>乙</u>方违反本合同第<u>八</u>条约定，应当<u>按合同总额的20%赔偿支付</u>（支付违约金或损失赔偿额的计算方法）。

3. <u>乙</u>方违反本合同第<u>十一</u>条约定，应当<u>按合同总额的20%赔偿支付</u>（支付违约金或损失赔偿额的计算方法）。

4. <u>乙</u>方违反本合同第<u>十三</u>条约定，应当<u>按合同总额的20%赔偿支付</u>（支付违约金或损失赔偿额的计算方法）。

第二十一条　双方确定，甲方有权利用乙方按照本合同约定提供的研究开发成果，进行后续改进。由此产生的具有实质性或创造性技术进步特征的新的技术成果及其权利归属，由<u>双</u>（甲、乙、双）方享有。具体相关利益的分配办法如下：<u>约定双方共有，则利益共享</u>。

乙方有权在完成本合同约定的研究开发工作后，利用该项研究开发成果进行后续改进。由此产生的具有实质性或创造性技术进步特征的新的技术成果，归<u>双</u>（甲、乙、双）方所有。具体相关利益的分配办法如下：<u>约定双方共有，则利益共享</u>。

第二十二条　双方确定，在本合同有效期内，甲方指定_____为甲方项目联系人，乙方指定_____为乙方项目联系人。

项目联系人承担以下责任：

1. <u>按照约定的联系时间、联系方式和联系地点完成交办的相关工作</u>；
2. <u>防止因人事变动而使合同难以履行或无法履行</u>；
3. <u>保证按约定和法律法规，以适当的时间、方式、标准履行本合同</u>。

一方变更项目联系人的，应当及时以书面形式通知另一方。未及时通知并影响本合同履行或造成损失的，应承担相应的责任。

第二十三条　双方确定，出现下列情形，致使本合同的履行成为不必要或不可能的，一方可以通知另一方解除本合同：

1. <u>因发生不可抗力或技术风险</u>；
2. <u>技术风险出现，技术风险指当事人努力履行，现有水平无法达到，有足够技术难度，同行专家认定为合理失败</u>；
3. <u>在合同履行中，第三人公开相同的技术成果</u>。

第二十四条　双方因履行本合同而发生的争议，应协商、调解解决。协商、调解不成的，确定按以下第<u>2</u>种方式处理：

1. 提交_____/_____仲裁委员会仲裁；
2. 依法向人民法院起诉。

笔记

第二十五条　双方确定：本合同及相关附件中所涉及的有关名词和技术术语，其定义和解释如下：

1. 对没有标准和惯例的名词、技术术语要有标准的约定和解释，防止歧义或误解；
2. 文字、符号标准化和规范；
3. 注意词序变换，避免引起争议。

第二十六条　双方约定本合同其他相关事项为：除上述条款约定之外，项目中遇到的其他问题本着合理、合法友好协商解决。

第二十七条　本合同一式3份，具有同等法律效力。

第二十八条　本合同经双方签字盖章后生效。

甲方：_____（盖章）
法定代表人/委托代理人：_____（签名）
　　　　　　　　　　　　　　　年　　月　　日

乙方：_____（盖章）
法定代表人/委托代理人：_____（签名）
　　　　　　　　　　　　　　　年　　月　　日

笔记

0.3.2　全方位认识客户的需求

（1）全方位的含义

请同学们自己补充。

（2）合同中客户的需求

请同学们自己补充。

（3）如何实现客户的复购

请同学们自己补充。

0.3.3　新产品开发与管制流程图举例

新产品开发与管制的目的就是，保证新产品100%成功。图0-4和图0-5是新产品开发管制流程图及产品鉴定和可追溯管理流程图。

0.3.4　在开发流程中，你可以从事什么工作？

请同学们自己补充。

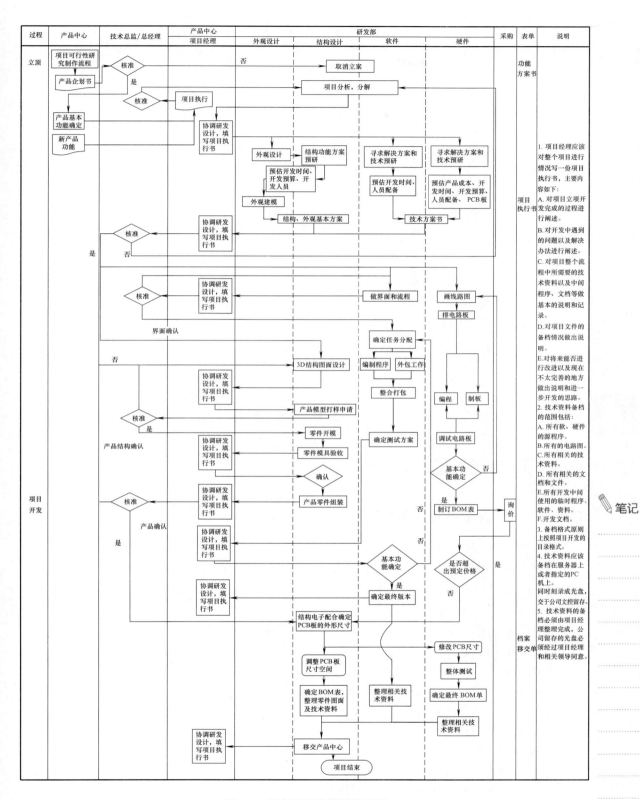

图 0-4 新产品开发管制流程图

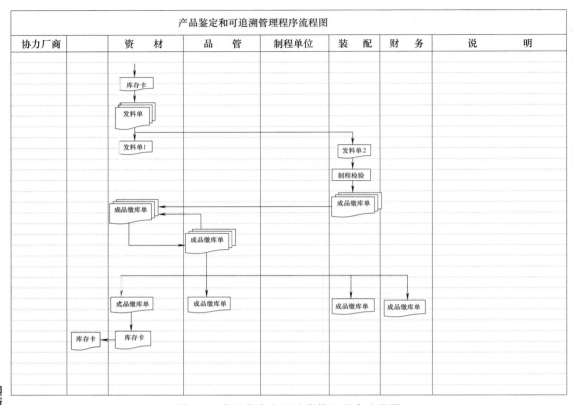

图 0-5 产品鉴定和可追溯管理程序流程图

智能产品的生产流程

0.4 智能产品的生产流程

笔记

0.4.1 一个智能产品的生产程序

（1）制订本程序的目的

为了规范智能产品的生产、调试、检验的流程，提高智能产品的生产效率，保证产品质量，加强过程控制，特制订本程序。

（2）本程序使用范围

适用于智能控制器、智能仪表的生产、调试、检验的全过程。

（3）相关部门职责

生产部负责产品的生产、调试、例行检验及老化作业。

质检部负责产品的单板检验、确认检验及出厂检验。

品控部负责不合格品的控制及工艺纪律检查。

（4）主要程序

① 总流程。发件—焊接—调试—装配—检验—入库。

② 生产条件确认。

a. 人：人员选用与培训合格且人数够用。

b. 机：机器准备完毕。

c. 料：各种元器件、工具、仪器、配件准备完毕。

d. 法：品控部组织生产部、质检部、品控部、厂领导等专家，制订相关标准文件，主要有：《焊接作业指导书》《焊接工艺卡片》《报检单》《单板检验细则》《返工返修通知单》《抽样检测原则》《PCB 板单板检验记录》《不合格品报告单》《不合格品控制程序》《焊接产品检验细则》《工艺纪律检查表》《调试作业指导书》《例行调试记录表》《调试记录表》《产品返修记录单》《高低温交变试验箱操作规程》《老化记录表》《产品返修记录单》《装配作业指导书》《出厂检验细则》《入库单》等。

e. 环：符合产品生产环境，且准备完毕。

③ 主要工艺流程。

a. 焊接工艺流程：焊接工艺流程表见表 0-1，焊接工艺流程图见图 0-6。

表 0-1　焊接工艺流程表

序号	流程	作业人	作业描述
1	首板贴片、回流焊焊接	生产部	根据《焊接作业指导书》和《焊接工艺卡片》进行一块线路板的贴片、回流焊焊接工作
2	首件报检	生产部	将完成首件贴片、焊接的印刷线路板，交付质检部专检员，并填写《报检单》。（如是二次报检，应在《报检单》上注明）
3	首件检验	质检部	根据相应产品的《单板检验细则》，对首件报检的印刷线路板进行单板检验，并填写《首件检验记录》。（如是二次报检，应在《首件检验记录》上注明） 【单板检验合格】 将检验合格的印刷线路板交付生产部，并进行批量贴片、回流焊焊接 【单板检验不合格】 开具《返工返修通知单》，并将不合格产品退回至该印刷线路板的焊接人员
4	批量贴片、回流焊焊接	生产部	根据《焊接作业指导书》和《焊接工艺卡片》进行贴片、回流焊焊接工作
5	修板、焊接其他元器件以及自检	生产部	①此流程的全部工作应由同一操作工人完成 ②根据《焊接作业指导书》和《焊接工艺卡片》对回流焊焊接的元器件进行人工修板 ③根据《焊接作业指导书》和《焊接工艺卡片》焊接其他贴片器件和直插器件 ④根据《焊接作业指导书》对焊接完成的印刷线路板，使用清洗剂清理 ⑤焊接工人对自己修板、焊接的印刷线路板，根据《焊接作业指导书》和《焊接工艺卡片》的要求，进行自检，自检完成后将焊接工人的操作号、产品编号填写到焊接标签的相应位置，贴到印刷线路板上
6	报检	生产部	将完成自检并贴有焊接标签的印刷线路板，交付质检部专检员，并填写《报检单》。（如是二次报检，应在《报检单》上注明）
7	单板检验	质检部	根据《抽样原则》与相应产品的《单板检验细则》，对焊接完成的印刷线路板进行单板检验，并填写《PCB 板单板检验记录》。（如是二次报检，应在《PCB 板单板检验记录》上注明） 【单板检验合格】 质检员将自己的操作号填写到焊接标签的相应位置，并将检验合格的印刷线路板交付生产部 【单板检验不合格】 开具《返工返修通知单》，并将不合格产品退回至该印刷线路板的焊接人员
8	返工	生产部	根据《返工返修通知单》意见进行返工，返工由原不合格线路板的焊接人员进行，不计入工时
9	连板	生产部	根据《焊接作业指导书》，将单板检验合格的线路板，依据《焊接工艺卡片》焊接插针并将相应的线路板进行连接
10	让步接收	品控部	组织评审，确定"让步接收"方案： 【同意让步接收】 ①确定让步接收方案，注明是"返修"还是"直接使用" ②若产品被限定使用范围时，在《不合格品报告单》上需注明，并由生产部安排在限定范围内使用 ③需改变工艺时，技术部应出具暂脱工艺 【不同意让步接收】 执行《不合格品控制程序》
11	工艺纪律检查	品控部	不定期对生产部、质检部依据《焊接作业指导书》《焊接工艺卡片》《焊接产品检验细则》等技术文件内容进行工艺纪律检查，填写《工艺纪律检查表》

笔记

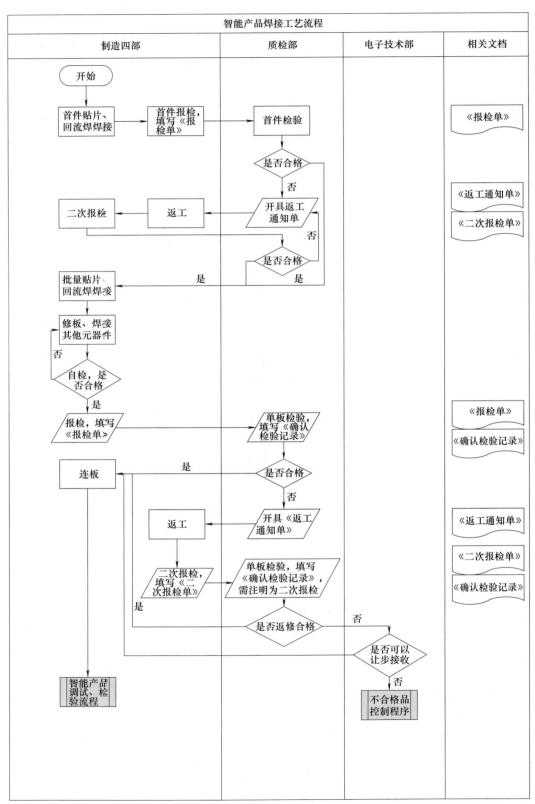

图 0-6 焊接工艺流程图

b. 调试、检验工艺流程。调试、检验工艺流程表见表 0-2，流程图见图 0-7。

表 0-2 调试、检验工艺流程表

序号	流程	作业人	作业描述
1	初调	生产部	根据相应产品的《调试作业指导书》的"初调"部分对产品进行调试，并填写《例行调试记录表》 【调试合格】 执行常高温老化试验流程 【调试不合格】 通知质检员开具《产品返修记录单》，由质检员确认后将不合格产品交付生产部专职维修人员
		质检部	根据《抽样原则》，对生产部正在进行初调的产品进行跟随检验，检查《调试记录表》中的内容是否属实 【检验合格】 执行常高温老化试验流程 【检验不合格】 开具《产品返修记录单》，将不合格产品交付生产部专职维修人员
2	常高温老化试验	生产部	①开始试验：将初调合格的产品根据《高低温交变试验箱操作规程》放入高低温交变试验箱，接通电源，并填写《老化记录表》 ②开始试验，工作时间内，每隔 2~4h 观察一次试验箱里的产品运行情况，并填写《老化记录表》 ③试验结束：根据《高低温交变试验箱操作规程》将经过高低温交变老化试验的产品切断电源，从交变试验箱中取出，并填写《老化记录表》 时间要求：常高温老化时间不低于 48h 温度要求：45~50℃ 注：带有液晶的产品不进行此项流程，直接进行功能调试 【试验合格】 执行功能调试流程 【试验不合格】 通知质检员开具《产品返修记录单》，由质检员确认后将不合格产品交付生产部专职维修人员
		质检部	①不定期根据《高低温交变试验箱操作规程》对试验箱里的产品运行情况进行检查，并检查《老化记录表》中的内容是否属实 ②不定期根据《高低温交变试验箱操作规程》，在试验结束时检查确认产品状态，并检查《老化记录表》中的内容是否属实 【检验合格】 执行功能调试流程 【检验不合格】 开具《产品返修记录单》，将不合格产品交付生产部专职维修人员
3	功能调试	生产部	根据相应产品的《调试作业指导书》的"功能调试"部分对产品进行调试，并填写《例行调试记录表》 【调试合格】 执行装配流程 【调试不合格】 通知质检员开具《产品返修记录单》，由质检员确认后将不合格产品交付生产部专职维修人员
		质检部	根据《抽样原则》，对生产部正在进行功能调试的产品进行跟随检验，检查《调试记录表》中的内容是否属实 【检验合格】 执行装配流程 【检验不合格】 开具《产品返修记录单》，将不合格产品交付生产部专职维修人员

笔记

续表

序号	流程	作业人	作业描述
4	装配	生产部	根据相应产品的《装配作业指导书》进行线路板及外壳装配,并进行自检,在外壳张贴操作工工作编号 【自检合格】 执行装配报检程序 【自检不合格】 造成线路板损坏的,通知质检员开具《产品返修记录单》,由质检员确认后将不合格产品交付生产部专职维修人员,对装配人员进行绩效考核 未造成线路板损坏的,重新装配
5	装配报检	生产部	将完成装配的产品,交付质检部专检员,并填写《报检单》(如是二次报检,应在《报检单》上注明)
6	装配检验	质检部	根据《抽样原则》《出厂检验细则》和《装配作业指导书》的要求,对已经经过生产部装配的产品进行抽检,检查产品是否合格,并填写《确认检验记录单》 【装配检验合格】 将检验合格的产品交付生产部执行常温老化程序 【装配检验不合格】 造成线路板损坏的,开具《返工返修通知单》,将不合格产品交付生产部专职维修人员进行返修,并对装配人员进行绩效考核 未造成线路板损坏的,开具《返工返修通知单》,交由装配人员返工
7	常温老化试验	生产部	①开始试验:将装配合格的产品根据《常温老化试验台操作规程》放入相应的常温老化台上,接通电源及试验负载,并填写《老化记录表》 ②开始试验:工作时间内,每隔 4~8h 观察一次试验台上的产品运行情况,并填写《老化记录表》 ③试验结束:根据《常温老化试验台操作规程》将经过常温老化试验的产品切断负载及电源,从常温老化台上取出,并填写《老化试验单》 时间要求:经过常高温老化的产品≥8h,未经过常高温老化的产品≥72h 【试验合格】 执行出厂调试流程 【试验不合格】 通知质检员开具《产品返修记录单》,由质检员确认后将不合格产品交付生产部专职维修人员
7	常温老化试验	质检部	①不定期地根据《常温老化试验台操作规程》对试验台上的产品运行情况进行检查,并检查《老化记录表》中的内容是否属实 ②不定期根据《常温老化试验台操作规程》在试验结束时,检查确认产品状态,并检查《老化记录表》中的内容是否属实 【检验合格】 执行出厂调试流程 【检验不合格】 开具《产品返修记录单》,将不合格产品交付生产部专职维修人员
8	出厂调试	生产部	根据相应产品的《调试作业指导书》的"出厂调试"部分对产品进行调试,并填写《调试记录表》 【调试合格】 执行报检流程 【调试不合格】 通知质检员开具《产品返修记录单》,由质检员确认后将不合格产品交付生产部专职维修人员
8	出厂调试	质检部	根据《抽样原则》和《调试作业指导书》的"出厂调试"部分,对生产部正在出厂调试的产品进行跟随检验,检查《调试记录表》中的内容是否属实 【检验合格】 执行报检流程 【检验不合格】 开具《产品返修记录单》,将不合格产品交付生产部专职维修人员

笔记

续表

序号	流程	作业人	作业描述
9	返修	生产部	根据《返工返修通知单》意见进行返修,返修由专职维修工进行,需计入工时 半成品返修之后的产品,应重新进行调试流程,并记录产品编号,报检时该产品应注明为二次报检
10	成品报检	生产部	将完成装配的产品,交付质检部专检员,并填写《报检单》。(如是二次报检,应在《报检单》上注明)
11	出厂检验	质检部	根据《抽样原则》《出厂检验细则》和《调试作业指导书》的要求,对已经经过生产部出厂调试的产品进行抽检,检查产品是否合格,《调试记录表》《自检记录》中的内容是否属实,并填写《确认检验记录单》 【出厂检验合格】 将检验合格的产品交付生产部执行入库程序 【出厂检验不合格】 开具《返工返修通知单》,将不合格产品交付生产部专职维修人员
12	成品返修	生产部	根据《返工返修通知单》意见进行返修,返修由专职维修工进行,需计入工时 成品返修后重新交由质检员进行二次检验,报检时应注明为二次报检
13	入库	生产部	填写《入库单》,将成品交予物流部,并在 ERP 上做相应记录
14	工艺纪律检查	品控部	不定期对生产部、质检部依据《调试作业指导书》《检验细则》内容进行工艺纪律检查,填写《工艺纪律检查表》

0.4.2 按照用户要求进行生产管理

生产管理的任务有:为客户交付合格产品,并对产品交付异常情况进行及时有效的处理,高效、低耗、灵活、准时地生产合格产品,为客户提供满意服务。生产管理的目的就在于,做到投入少、产出多,取得最佳经济效益,从而提高企业的整体竞争力。

通过生产组织工作,按照企业目标的要求,设置技术上可行、经济上合算、物质技术条件和环境条件允许的生产系统;通过生产计划工作,制订生产系统优化运行的方案;通过生产控制工作,及时有效地调节企业生产过程内外的各种关系,使生产系统的运行符合既定生产计划的要求,实现预期生产的品种、质量、产量、出产期限和生产成本的目标。

0.4.3 零库存生产的意义与精益管理

笔记

精益生产的特点是消除一切浪费,追求精益求精和不断改善。去掉生产环节中一切无用的东西,每个工人及其岗位的安排原则是必须增值,撤除一切不增值的岗位。

精简是精益生产的核心,精简产品开发设计、生产、管理中一切不产生附加值的工作,旨在以最优品质、最低成本和最高效率对市场需求做出最迅速的响应。

精益生产以"零浪费"作为终极目标,具体表现在七个方面,目标细述为:

(1)"零"切换浪费

将加工工序的品种切换与装配线的转产时间浪费降为"零"或接近于"零"。

(2)"零"库存

将加工与装配相连接,使之流水化,消除中间库存,变市场预估生产为接单同步生产,将产品库存降为零。

(3)"零"员工抱怨

很多企业现在面临人员稳定性不高、员工工作积极性不高、抱怨较多的情况,在一定程度上影响了精益生产的推进。在推进精益生产的时候,要消除这种影响。

(4)"零"产品不良

不良不是在检查位检出,而应该在产生的源头被消除,追求零不良。

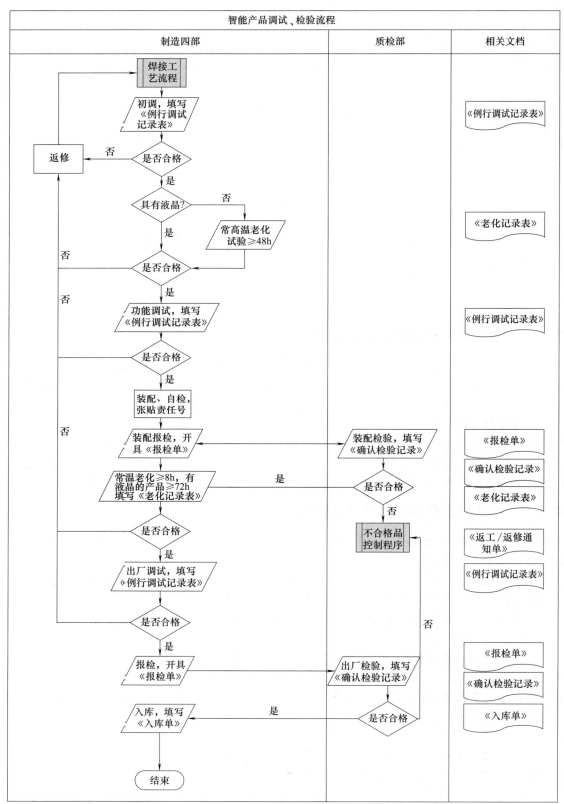

图 0-7 调试、检验工艺流程图

（5）"零"故障

消除机械设备的故障停机，实现零故障。

（6）"零"停滞

最大限度地压缩前置时间。为此要消除中间停滞，实现"零"停滞。

（7）"零"事故

零事故是目前最先进的安全管理体系。这一观点认为"所有事故都是可以预防的"，只要上下一心，采取科学的安全管理方式，"零事故、零伤害"的目标完全可以实现。

精益生产只是一种生产方式，如需真正实现其终极目标（上面所说的 7 个"零"，如图 0-8 所示），就必须借助某些现场管理工具，如看板、MES/MDC 系统等，利用这些工具做可视化管理，在问题出现的第一时间就能采取措施解除影响，从而保证整个生产处于正常运行的状态。

零库存理念：只在需要的时候、按需要的量、生产所需的产品，故又被称为准时制生产、适时生产方式、看板生产方式（图 0-9 为常用看板样式，图 0-10 为三角看板在生产控制中的应用示意图），不断消除所有不增加产品价值的工作，所以精益管理是一种减少

图 0-8 零库存精益管理中关注的问题

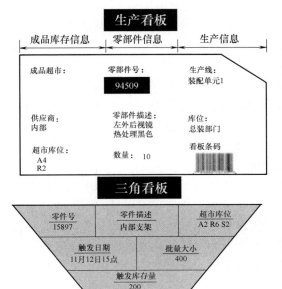

图 0-9 常用看板样式

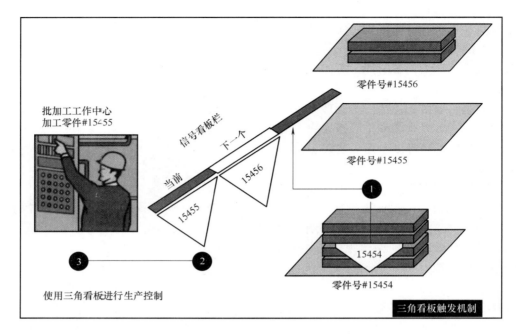

图 0-10　三角看板在生产控制中的应用

浪费的经营哲学，简称 JIM（Just In Time），国内普遍称为精益生产。

　　精益生产管理的目标是什么？精益生产管理作为一种生产管理技术，是各种手段和方法的集合，并且这些手段和方法都是从各个方面来实现其基本目标。因此，精益生产管理是一种反映其目标-方法关系的体系。精益生产管理的最终目标与企业的经营目标一致：利润最大化。实现这个最终目标的方式就是不断取消那些不增加产品价值的工作，即"降低成本"，快速应对市场的需求。这是精益生产管理的基本目标。

笔记

　　降低成本主要是依靠单一品种的规模生产来实现的。日本在 20 世纪 60 年代以及 20 世纪 70 年代初的经济高速成长期，由于需求不断增加，采取大批量生产也取得了良好的效果。在这样的情况下，实际上并不需要有太严密的生产计划和细致的管理，即使出现生产计划频繁变动、工序间在制品数量庞大、生产周期过长等问题，只要能保证产品品质，企业便可大批量生产，企业获利不成问题。但是在多品种小批量生产的情况下，这一方法是行不通的，因为这将会导致大量浪费与无法迅速应对市场需求。

　　因此，精益生产管理力图通过"彻底排除浪费"及"建立柔性生产机制"来达到基本目标。在精益生产管理的起源地丰田汽车公司，浪费被定义为"只使成本增加的生产诸因素"，也就是不会带来任何价值的诸因素。这其中，最主要的有生产过剩所引起的浪费，提前制造的浪费，人员利用上的浪费以及不良产品所引起的浪费。为了排除这些浪费，相应地产生了适时适量生产、建立柔性生产机制以及保证品质等基本手段。精益生产追求的七个零和生产任务以及业绩之间对应关系如表 0-3 所示。

表 0-3　精益生产追求的目标

生产企业的任务	追求卓越的业绩	追求"零"极限
Q-品质 （Quality）	最佳的品质	"零"产品不良

续表

生产企业的任务	追求卓越的业绩	追求"零"极限
D-交付、反应速度（Delivery）	最柔性交货	"零"故障 "零"停滞
C-成本（Cost）	最低的成本	"零"库存 "零"切换浪费
S-安全（Safety）	最高安全性	"零"事故
M-人员积极性（Morale）	最高员工士气	"零"员工抱怨

图 0-11 所示为精益生产系统结构体系，该精益生产模式要求充分发挥人的主观能动性，通过持续改进，建立目视管理、标准作业和生产均衡化等基础管理工作，实施自动化和 JIT 拉动式生产体系两大支柱体系，消除制造中的各种浪费，降低成本，实现精益生产最终目标，即企业利润的最大化。这种精益生产系统结构模式体现了精益生产的技术支撑体系，反映了实现精益生产的各种方法，以及它们之间存在的管理方式与环境之间的相互需求、相互适合的关系，同时也存在各个具体手段之间相互支持、相互依赖的关系。

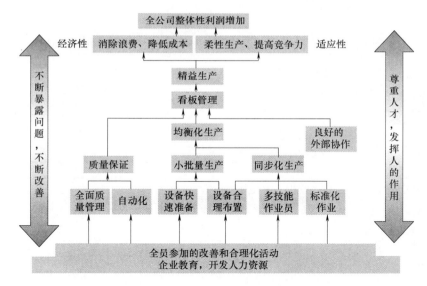

图 0-11 精益生产系统结构体系图

八大浪费是由日本企业丰田公司生产过程中提出的一个非常重要的概念，具体内容见表 0-4。

表 0-4 八大浪费说明列表

序号	生产现场的浪费	说明	管理部门的浪费
1	过早（多）的浪费	在不必要的时候制造不必要的产品	超前预计市场的结果
2	库存的浪费	成品、在制品、原材料的库存浪费	超前储备的浪费带来大量的管理浪费
3	不良修正的浪费	制造不良的浪费，之后还有检验的浪费	低可靠性带来的各种事中、事后的浪费
4	加工过剩的浪费	与产品价值核心的功能不相关的加工与作业都是浪费	作业浪费
5	搬运的浪费	物料搬运的浪费	搬运行走过程中的浪费

续表

序号	生产现场的浪费	说明	管理部门的浪费
6	动作的浪费	步行、放置、大幅度的动作	动作的浪费
7	等待的浪费	人、机械、部件及在不必要时发生的各种等待	等待的浪费
8	管理的浪费	管理本身成为一种专职工作发生的浪费	事后管理的浪费

精益生产就是要通过不断减少各种库存来暴露管理中的问题，不断消除浪费，进行永无休止的改进。它不仅是一种方法体系，更是一种精神、一种文化和一种战略。

0.4.4 智能产品生产条件确认

新品名称/规格：指示灯　　　　　　新品客户：

新品上线日期：　　　　　　　　　　新品负责人：

笔记

分类	确认操作	确认人签字	其他备注
人	新元件下发至采购部门		
	采购部门已经理解具体元件和设备的购买参数		
	电路图下发至 PCB 生产部门		
	PCB 生产部门已经理解具体操作步骤		
	PCB 电路图下发至焊接部门		
	焊接部门已经理解具体操作步骤		
	程序注入部门理解具体操作步骤		
	质检试验要求下发至质检试验部门		
	质检试验部门已经理解具体操作步骤		
	包装方法下发至包装部门		
	包装部门已经理解具体操作步骤		
	库房部门确认人员就位		
机	PCB 生产部门工具可以支持新品生产		
	PCB 生产部门设备可以支持新品生产		
	焊接部门工具可以支持新品生产		
	焊接部门设备可以支持新品生产		
	程序注入部门设备可以支持新品生产		
	质检试验工具可以支持新品生产		
	质检试验设备可以支持新品生产		
	包装部门工具可以支持新品生产		
	包装部门设备可以支持新品生产		
	库房确认新品货架和运输工具到位		
料	库房新品三料已经到位		
	库房新品辅料已经到位		
	库房新品包材已经到位		
法	技术部新品标准技术审核		
	品控组新品放行标准确认		
	计划部新品可安排生产计划		
环	环境因素不会影响新品生产		
	环境因素不会影响新品首次送货		

注：若该新品有未发生变化的地方，签字部分和备注均记录"NA"。

0.4.5 在生产流程中，你可以从事什么工作?

请同学们自己补充。

0.5 企业级项目管理与管控

0.5.1 ERP管理系统介绍

ERP管理系统是现代企业管理的运行模式。它是一个在全公司范围内应用的、高度集成的系统，覆盖了客户、项目、库存和采购、供应、生产等管理工作，通过优化企业资源达到资源效益最大化。

0.5.1.1 ERP管理系统的价值

① 建立企业的管理信息系统，支持大量原始数据的查询、汇总。

② 借助计算机的运算能力及系统对客户订单、在库物料、产品构成的管理能力，实现依据客户订单，按照产品结构清单展开并计算物料需求计划，实现减少库存、优化库存的管理目标。

③ 在企业中形成以计算机为核心的闭环管理系统，使企业的人、财、物、供、产、销全面结合、全面受控、实时反馈、动态协调、以销定产、以产求供，降低成本。

0.5.1.2 ERP管理系统中主要类目

（1）销售管理

① 统一进行智能化的商机分析和维护，用户可掌握每项业务各个阶段的成功概率、预计成交额、拜访记录等信息，并提供各项分析报表，为企业强化或调整销售策略提供依据。

② 依据企业的实际管理制度，由业务员制订相应的工作计划，并可针对某一工作计划形成相应的工作报告，便于管理者了解下属的实际工作内容和业务进展，掌握企业销售的全局。

③ 提供群发E-mail的功能，提高业务人员工作效率和质量。

④ 通过实时记录竞争对手、合作伙伴动态，挖掘企业最合适的销售策略。

（2）订单管理

订单管理整合了企业采购和销售环节，适应于不同企业的销售和采购全程控制和跟踪，生成完善的销售和采购信息，创造全面的采购订单计划环境，降低整体采购成本和销售成本。

① 系统提供实时报价、历史价格查询、生产订单进度查询等销售管理功能，询价管理、智能化采购管理、全程验收管理等采购管理功能。

② 全面完善的价格管理体系。除标准售价之外，企业可根据实际情况，设定不同的产品售价和折扣，并根据市场动态，制订促销策略。

③ 即时库存分析和利润预估，在销售人员接获订单的同时，即可直接了解企业库存动态，并即刻产生预估利润。

④ 销售主管或领导可实时了解每个阶段企业的销售状况分析，加强销售策略，提高企业业绩，系统对其中的风险因素自动提示，帮助企业规避销售风险。

⑤ 存量预估报表全面整合订单、库存及生管系统，使企业随时掌握最新存货流量状况，轻松达成存货管理。

⑥ 强大的物流监控能力。可依产品设定验收要求，进行收料、验收、验退、退货管理的全程监控，确保产品品质和即时性，并提供交货延迟分析及产品采购验收状况分析的各式报表，对供应商进行全面评估，有效提高采购质量和效率。

(3) 项目管理

每个交易都可作为一个项目来管理。系统提供综合业务和项目的管理功能，业务经理可查看关键绩效指标，如盈亏、服务水平协议、项目完工率、实时的计划与成本开销，也可以查看从最底层活动到最高层业务绩效的因果关系。通过这些信息，业务经理可轻松地做出指示，以取得最佳的收益。此外，8thManage ERP 的系统还提供框架允许客户参与到项目中检查设计和原型，以及给出反馈。客户的参与能促进客户与你的相互信任，加深合作关系，并确保合作期间不会产生变故。

(4) 生产管理

从生产指令生成到指令完工入库进行全程严密控制，实时掌握当前生产状况，有效解决企业现场管理、绩效评估困难、生产进度不明、在制品多等生产问题。

① 即时的产品结构查询。用户透过结构窗按钮，直接查询该生产产品的结构树以及各子件的批量需求与成本。

② 清晰的生产流程可视管理。用户可在单据中查询相关单据来源、关联单据的当前信息。

③ 实时的生产信息穿透式查询。系统可直接查询入库状况、材料领用状况等当前生产信息，并通过单据的穿透式追溯功能，调用关联单据的具体信息。

④ 强大的产品 BOM 管理功能。用户可对建立的 BOM 指定为样品、试制品和正式品，以便进行分开管理。同时用户也可指定 BOM 的生产方式为厂内生产、委外生产或多次加工生产，明晰了产品的生产流程。用户也可进行产品 BOM 的复制。

⑤ 丰富的产品 BOM 查询报表。用户可根据母件进行单阶、多阶和尾阶展开查询相关子件信息。也可根据子件进行单阶、多阶和尾阶展开查询相关母件信息，满足用户在产品开发和成本分析方面的需求。以多角度的成本分析查询，满足不同人员的管理需求。

⑥ 高度集成 MRP 计算、生产过程管理和生产成本计算功能。

(5) 库存管理

库存管理帮助企业降低库存，减少资金占用，避免物料积压或短缺，有效支持生产进行，并与采购、销售、生产、财务等系统实现数据双向传输，保证数据统一。

① 自定义物料预警规则。根据预警自定义进行有效期、超储、失效存货预警，最高、最低预警和盘点预警，并自动提示，将企业库存数量保持在合理水平。

② 生产管理作业模式，实现领料、入库、批次入库、退料、入库对账、产品产线期初设定等功能，帮助企业实现简易的生产管理，并提供相关生产成本分析。

③ 入库、销货、领用、转拨、调整、盘点等强大的存货出入库管理，并可处理非采购单到货、多张采购单、分批来料等复杂情况。

④ 根据物料需求计划自定义补货方式，并依据订单和工单需求自动计算补货数量。

⑤ 对库存批号进行自动生成、原辅料与产成品批号追溯等多层次处理。

⑥ 涵盖所有交易明细、排行、月统计、图表、地区分析及责任绩效比较的客户、厂商、产品、业务、部门及交叉分析，并提供强大的渗透查询，让企业掌握对应、纵向等库存信息。

(6) 财务管理

彻底摆脱手工做账，实现自动化、严格财务控制，防范企业资金风险。针对经营目标，为管理层提供各种财务报表，随时掌握企业资金流向和流量，诊断企业财务状况和经营成果，为经营决策提供数据支持，提高资金利用效率。

① 现金流向和流量的预估功能和预算实时查询，使财务人员提前做好防备措施，掌控资金安全，提高资金利用效率。

② 系统具有将原始凭证直接传输成财务记账凭证的功能，实现财务业务一体化，在此基础上，还可实现批次冲销，极大降低财务人员的工作强度，并自动生成损益分析、资产负债分析、现金流量分析、收入费用比较分析及银行对账、银行资金预估、应收/应付票据分析等报表，作为各级管理层决策依据，提高决策的实时性和精确性。

③ 根据企业需求，自定义营运分析指标公式，方便快捷核算每个阶段经营成果。

（7）人薪管理

人薪管理大大缩短人事人员事务性工作时间，提高工作准确性，保持团队稳定性。

① 提供各种灵活的薪资计算方式，涵盖各种类型企业全面的薪资和福利管理方式，并自动生成薪资汇款清册及薪资明细查询。

② 强大的人力资源管理，使企业掌握员工各项状况和异动记录，并据此做出合适的人力资源安排。

③ 支持分期或按月计算薪资，传输凭证，简化财务人员工作负担。

④ 自动考勤管理功能，实现刷卡资料汇入系统，产生考勤资料。

（8）客服管理

系统提供丰富多样的服务支持供客户选择和搭配，以便获得快速、优质与高效的服务。标准化服务性价比高，而个性化服务可以提供额外的、个人关注的服务。对于客服人员，系统也是一个好工具，它提供全面、最新且容易获取的信息，如客户基本信息、交易历史、产品目录以及服务知识库，这些都对客服人员的工作有很大帮助。

（9）业务地图

业务地图帮助公司及时、准确地编制合并报表，真实反映财务状况、经营成果及现金流量情况。

① 系统自定义功能强大，提供从子公司数据采集、母公司抵销分录制作到合并报表生成全程可自定义的解决方案，并提供可自定义、完善的外币折算方案。

② 与财务系统高度集成，提高合并报表制作效率和准确性。

③ 自定义合并报表项目和项目取数来源和公式，增强报表数据实用性，解决了集团内跨行业公司间的报表合并问题。

0.5.2 大家的工资是从哪里来的？

请同学们自己补充。

产品一 指示灯

1.1 领取任务

LED 指示灯是大家在大街上经常能看到的,也是仪表中必不可少的部件。

吉林＊＊自动化有限公司,是一家提供成套自动化设备的公司。你作为公司的一名单片机自动化项目部门的学徒工,师傅给你下达了制作一个指示灯的任务。你现在开始学习单片机,期望 3 天时间把这个指示灯做出来。

(1) 任务内容(以实际条件为准)

做一个仪表指示灯。功能如下:<u>同学们补充</u>。

(2) 任务指标(以实际条件为准)

灯的大小:<u>同学们补充</u>。

灯的个数:<u>同学们补充</u>。

(3) 任务完成时限(以实际条件为准)

即日起,3 天内完成。

图 1-1 STC 单片机实验箱外形图

(4) 任务条件(本书条件)

① 仪器:普通万用表一台,STC 单片机实验箱一台。STC 单片机实验箱外形如图 1-1 所示,实验板布局如图 1-2 所示。

② 软件:keil 软件、USB to UART Driver 和 STC 单片机下载软件。

③ 如果完全自制还需工具:电烙铁、螺钉旋具、斜口钳、尖嘴钳、剥线钳等。

④ 如果完全自制还需元器件及材料:按表 1-1 配置元器件。

表 1-1 自制单片机 I/O 口测试仪元器件清单

序号	元器件及名称	型号及规格	数量
1	单片机	IAP15W4K58S4DIP40 封装	1~3 个
2	通用电路板	150mm×10mm	2 块
3	电阻	1kΩ 1/8W	32 个以上
4	发光二极管	红色	8 个以上
5	发光二极管	黄色	8 个以上
6	发光二极管	绿色	8 个以上
7	排针	2.54mm	50 个
8	焊锡	ϕ1.0mm	若干
9	杜邦线	2.54mm	40 根
10	导线	单股 ϕ0.5mm	若干
11	USB 接口		1 对(一公一母)
12	USB 电脑连接线		1 根(和接头相配)
13	稳压二极管	3.3V	2 个
14	电阻	22Ω	2 个

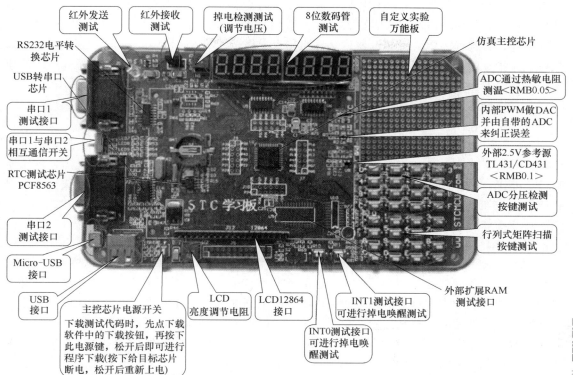

图 1-2 STC 单片机实验板布局图

⑤ 合同（略）

1.2 知识点学习与技能训练

1.2.1 通过与计算机比较，初步认识单片机

1.2.1.1 单片机的定义及其内部组成

单片微型计算机（Single Chip Microcomputer）简称单片机，是一种采用超大规模集成电路技术，把具有数据处理能力的中央处理器 CPU、只读存储器 ROM、随机存储器 RAM、输入/输出接口（I/O 口）、特殊功能部件 SFR 等功能，集成到一块硅片上构成的一个小而完善的微型计算机系统芯片。它具有结构简单、控制功能强、可靠性高、体积小、价格低等优点。单片机从航空航天、地质石油、冶金采矿、机械电子、轻工纺织到机电一体化设备、邮电通信、日用设备、医疗仪器等领域，都发挥了巨大的作用。

程序存储器（ROM）。存放 CPU 的程序，用来存放 CPU 的工作计划，它相当于计算机的硬盘。存放于 ROM 内部的数据，在掉电时不会消失，因此其主要用于存放程序，也可存放常数或固定的数据表格。

中央处理器（Central Processing Unit，CPU）是一台单片机的运算核心和控制核心，除运算器（Arithmetic and Logic Unit，ALU）和控制器（Control Unit，CU）两大部件外，还包括若干个寄存器和高速缓冲存储器及实现它们之间联系的数据、控制及地址的总线。控制器，是单片机的指挥控制部件，用于自动协调单片机内各部分正常有序地工作。执行程序指令时，控制器从程序存储器中取出相应的指令，然后向其他功能部件发出指令所需的控制信号，完成相应的操作。执行完一条指令，再从程序存储器中取出下一条指令执行，如此循环，直到程序完成。运算器，又称为算术逻辑单元（Arithmetic Logic Unit，ALU），执行程序指令时，把控制器从存储器取出的数据进行算术运算或逻辑运算，并把处理后的结果送回存储器。

数据存储器（RAM）。存放 CPU 执行程序时产生的中间结果，相当于计算机的内存条。主要用于存放程序执行过程中产生的中间数据。掉电时，数据自动丢失，好比打字没存盘。

输入/输出接口（I/O 口）。外部信息进出单片机的通道，主要用来连接外部设备。常见的外部设备有输入设备和输出设备。输入设备，用于数据输入到单片机中，如键盘、传感器接口电路等。输出设备，用于把单片机计算或加工的数据结果，以用户需要的形式显示、保存或输出，如显示器、打印机等。

特殊功能部件 SFR 包括中断系统、定时器/计数器等特殊功能。

1.2.1.2 单片机的内部总线与性能指标

CPU、ROM、RAM、I/O 口、特殊功能部件 SFR 是通过总线（Bus）连接在一起的。总线是单片机各种功能部件之间传送信息的公共通信干线，它是由导线组成的传输线束，按照所传输的信息种类，单片机的总线可以划分为数据总线、地址总线和控制总线，分别用来传输数据、数据地址和控制信号。总线是由 CPU 的控制器控制的，CPU 在执行程序的时候需要和哪一个部件通信，就会开通哪个部件的总线，这时其他部件的总线会呈现高阻（不通）状态。单片机内部各种部件连接示意图，如图 1-3 所示。

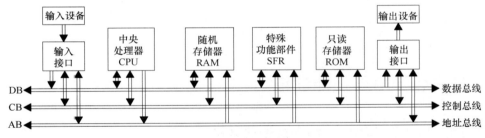

图 1-3　单片机内部各种部件连接示意图

数据总线：数据总线 DB 是双向三态形式的总线，即它既可以把 CPU 的数据传送到存储器或输入/输出接口等其他部件，也可以将其他部件的数据传送到 CPU。数据总线的位数是微型计算机的一个重要指标，通常与微处理器的字长相一致。我们说的 8 位、16 位、32 位、64 位计算机指的就是数据总线位数。单片机数据总线位数越高，CPU 一次能处理的数据量也就越大、处理速度也就越快。本书主讲 IAP15W4K58S4 单片机，是 8 位机。4 位的单片机可用于计算器、车用仪表、呼叫器、无线电话、儿童玩具、充电器、遥控器等。8 位的单片机可用于电表、电机启停控制器、电动工具、家用电器、普通的逻辑控制、单一功能的仪表等。16 位的单片机可用于移动电话、数字相机、电机调速控制。32 位的单片机可用于智能家居、物联网、电机及变频控制、触控按键、手机、PLC。64 位的单片机可用于高端的工作站、电脑、高级终端等。

地址总线：地址总线 AB 是专门用来传送地址的，由于地址只能从 CPU 传向外部存储器或 I/O 端口，所以地址总线总是单向三态的，这与数据总线不同。地址总线的位数决定了 CPU 可直接寻址的内存空间大小，也就决定了存储器的最大值。IAP15W4K58S4 单片机的地址总线是 16 位的，所以它的存储空间是 $2^{16}=2^6\times2^{10}=65536=64\text{KB}$。

控制总线：控制总线主要用来传送控制信号和时序信号。控制总线的传送方向由具体控制信号而定，一般是双向的，控制总线的位数要根据系统的实际控制需要而定。

程序存储器 ROM（Read-Only Memory）：单片机生产厂家按单片机内部程序存储器的不同结构，形成不同的结构类型，有 Mask ROM 型、EPROM 型、ROM less 型、OTP ROM 型、Flash ROM（MTP ROM）型、E2PROM 型。前三种程序存储器的单片机是早期的产品，目前 EPROM、ROM Less 型已较少使用，Flash ROM 是目前流行的程序存储器类型。IAP15W4K58S4 单片机的地址总线是 16 位的，属于 Flash ROM 型，能够在线更改程序。

数据存储器 RAM（Read-Access Memory）：IAP15W4K58S4 单片机内部 RAM 为 4KB，是目前市场上单片机的 RAM 中比较大的。

时钟频率（MHz）：一般情况下时钟频率越高，单片机的执行速度越快，IAP15W4K58S4 时钟频率可达 30MHz 以上。

单片机 I/O 口：I/O 口是单片机和外界交换信息的通道。如果把单片机看成一个负责信息处理的"水箱"，I/O 口就好比是"水箱"上的进水口和出水口，只不过进出的是信息而已。按钮是一种输入设备，而打印机是一种输出设备。按钮和打印机就连接在单片机的 I/O 口上。并行 I/O 口：并行通信是指数据的每一个位同时进行传送，其特点是传输速度快。8 位的单片机中一个并口就是 8 位（一个字节）。串行 I/O 口：串行通信是指数据一位一位地依次传输，每一位数据占据一个固定的时间长度，因此只要少数几条线就可以在系统间交换很多的信息，特别适用于单片机与单片机、单片机与外部设备之间的远距离通信。IAP15W4K58S4 单片机除了电源引脚，其他脚都可以作为并行 I/O 口使用，同时具有 4 个普通串口和 1 个 SPI 串口。

特殊功能：在单片机应用系统中，常常要求有一些实时时钟，以实现定时或延时控制，如定时检测、定时扫描等；还要求有计数器对外部事件计数，如对外来脉冲的计数等，这就是单片机的定时器/计数器，是特殊功能的一种。IAP15W4K58S4 单片机内部有 5 个 16 位定时器/计数器。除此以外，其他特殊功能还有中断、A/D 转换通道、加密锁、空闲和掉电模式等，一共 20 多个特殊功能。

1.2.1.3 单片机应用系统及组成

(1) 单片机应用系统

单片机应用系统是以单片机为核心，配以输入、输出、显示、控制等外围电路，再加上相应软件，能实现一种或多种功能的实用系统。单片机实质上是一个芯片，在实际应用中，通常很难直接和被控对象进行电气连接，必须外加各种扩展接口电路、输入输出设备等外部设备（这些外部设备简称外设），才能构成一个单片机硬件系统。单片机及其外设在软件的控制下准确、迅速、高效地完成程序设计者事先规定的任务。硬件系统是应用系统的基础，软件则是在硬件的基础上对其资源进行合理调配和使用，从而完成应用系统所要求的任务，二者相互依赖，缺一不可。

由此可见，单片机应用系统的设计人员，一方面要给单片机配上合适的外部电路，另一方面要给单片机编写一个工作计划（程序软件），这样才能控制这些电路完成指定的任务。

(2) 单片机软件系统

软件的实质是什么呢？软件的实质就是电信号的代号，比如，用"1"代表高电平（通常是单片机电源电压），"0"代表低电平（通常是 0V）。这些电信号又去控制硬件电路的通和断，硬件电路的通和断再去控制单片机外设的工作，就能达到设计者的目的。软件的主体驻留在程序存储器中，也是以二进制代码的形式存储的。人们通过软件系统控制单片机和外设的信息交换，使单片机的硬件系统按照人的意图完成预定的任务。

单片机的软件是由程序构成的，程序又是由指令构成的。把要求单片机执行的各种操作，用命令的形式写下来，就是指令。一条指令对应着一定的基本操作。单片机所能执行的指令都是二进制的代码，称为机器语言代码。全部的二进制指令代码，就是该单片机的指令系统（Instruction Set）。指令系统是单片机开发厂商和生产厂商规定的，要使用某种单片机，用户就必须理解和遵循它的指令标准。

源程序。使用单片机时，事先应当把要解决的问题编成一系列程序。这些程序必须是由选定的单片机能识别和执行的指令构成的。单片机用户为解决自己的问题所编的程序，称为源程序（Source Program）。

机器语言。机器语言是用二进制代码表示的计算机能直接识别和执行的一种机器指令系统的集合。它是计算机的设计者通过计算机的硬件结构赋予计算机的操作功能。单片机是一种可编程器件，只"认得"二进制码"0"和"1"，单片机系统中的所有指令，都必须以二进制编码的形式来表示。

汇编语言程序。汇编语言指令同机器语言一一对应，是由一连串的0和1组成的机器码，没有明显的特征、不好记忆、不易理解，所以，直接用它来编写程序十分困难。因而，人们就用一些助记符，通常是用指令功能的英文缩写来代替操作码，如MCS-51系列单片机中数据的传送用MOV（Move的缩写）、加法用ADD（Addition的缩写）作为助记符。这样，每条指令有明显的动作特征，易于记忆和理解，也不容易出错。用助记符来编写的程序称为汇编语言程序。

高级语言（C语言）程序。汇编语言程序虽然较二进制机器码容易阅读和编写，但还是不如高级语言更接近我们的自然语言和数学逻辑。使用C语言，编程人员可以仿照自然语言的书写形式和常见数学表达式，完成程序的编写，降低了程序开发的门槛。另外，单片机的C语言还具有可移植性好、易懂易用的特点。本书编程使用C语言。

编译。将用高级语言编写的用户程序翻译成某个具体的单片机的机器语言程序，这个过程称为编译。编译时使用的编译软件，称为编译器。C编译器就是一种能把C语言转换成某个具体的机器语言的编译工具软件。

烧录。由机器码构成的用户程序只有"进入"了单片机，再"启动"单片机，它才可能完成用户程序所规定的任务。用烧录器，也称编程器，把机器码构成的用户程序装入单片机程序存储器的过程，称为烧录，也称下载。

（3）单片机的硬件和软件的关系

如果把单片机系统比作是人体系统，那么硬件犹如人类的血肉之躯，软件就像是人的大脑思维。没有硬件，单片机系统就像人类四肢瘫痪，只能思考一些问题，但是无法进行操作。没有软件，系统就像植物人，空有躯体，却不能做最基本的动作。只有硬件和软件都正常的系统，才是良好的单片机系统。

单片机的硬件和软件的关系可以这样描述：一种是单片机软件通过指令改变单片机引脚上的高低电平信息，从而改变连接在单片机引脚上的电路的工作状态；另一种是单片机软件通过读取单片机一部分引脚上的信息，经过一定运算，去改变单片机另一部分引脚上的高低电平信息，从而改变电路的工作状态。

知识小问答

什么是位（bit）？

单片机所能表示的最小的数字单位，即二进制数的位。通常每位只有2种状态：0、1。

什么是字节（Byte）？

8位（bit）为1个字节，是内存的基本单位，常用B表示。

什么是字（Word）？

16位二进制数称为1个字，1个字等于2个字节。

什么是字长？

字长，即字的长度，是一次可以并行处理的数据的位数，即数据线的条数。常与CPU内部的寄存器、运算器、总线宽度一致。常用微型计算机字长有8位、16位和32位。

常见的二进制数量单位有哪些，它们是什么关系？

K（千，Kilo的符号），1K=1024，如1KB表示1024个字节；

M（兆，Million的符号），1M=1K×1K；

G（吉，Giga的符号），1G=1K×1M；

T（太，Tera的符号），1T=1M×1M。

1.2.1.4 STC单片机简介

（1）IAP15W4K58S4单片机简介

IAP15W4K58S4单片机特点主要有：

- 功能多——大幅提高了集成度，如集成了A/D、CCP/PCA/PWM（PWM还可当D/A使用）、高速同步串行通信端口SPI、高速异步串行通信端口UART、定时器、看门狗、内部高精准时钟（±1%温飘，−40～+85℃之间，可彻底省掉外部昂贵的晶振）、内部高可靠复位电路（可彻底省掉外部复位电路）、大容量SRAM、大容量EEPROM、大容量Flash程序存储器等；

- 好学——STC15W系列一个单芯片就是一个仿真器，定时器改造为支持16位自动重载（学生只需学一种模式），串行口通信波特率计算改造为［系统时钟/4/(65536−重装数)］，针对实时操作系统RTOS推出了不可屏蔽的16位自动重载定时器；

- 好用——在STC-ISP烧录软件中提供了大量贴心的工具，如范例程序/定时器计算器/软件延时计算器/波特率计算器/头文件/指令表/Keil仿真设置等；

- 型号多——封装从传统的PDIP40发展到DIP8/DIP16/DIP20/SKDIP28、SOP8/SOP16/SOP20/SOP28、TSSOP20/TSSOP28、DFN8/QFN28/QFN32/QFN48/QFN64，LQFP32/LQFP48/LQFP64S/LQFP64L，每个芯片的I/O口从6个到62个不等；

- 抗干扰强——针对抗干扰进行了专门设计，超强抗干扰；

- 保密性好——进行了特别加密设计，如STC15W系列现无法解密；

- 速度快——对传统8051进行了全面提速，指令速度最快提高了24倍。

（2）STC系列单片机的命名规则

为了便于读者选型使用，下面给出STC系列单片机的命名规则，如图1-4所示。

例如，STC15W4K32S4-28I-SOP28表示：用户不可以将用户程序区的程序FLASH当EEPROM使用，但有专门的EEPROM，该单片机为1T 8051单片机，同样工作频率时，速度是普通8051的8～12倍，其工作电压为5.5～2.5V，SRAM空间大小为4KB，程序空间大小为32KB，有四组高速异步串行通信端口UART及SPI、内部EEPROM、A/D转换、

笔记

CCP/PCA/PWM 功能，工作频率可到 28MHz，为工业级芯片，工作温度范围为 －40～85℃，封装类型为 SOP 贴片封装，引脚数为 28。

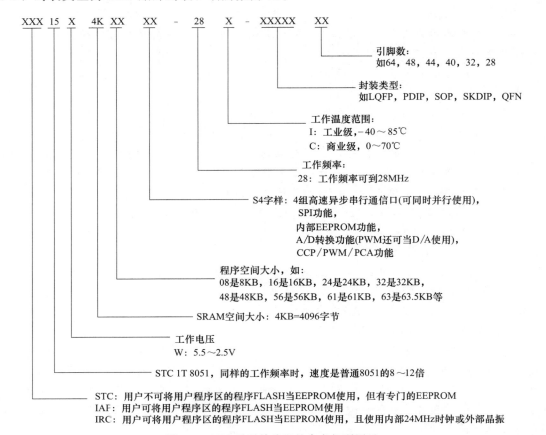

图 1-4　STC 系列单片机的命名规则图示

评估

（1）根据 STC 单片机命名规则，解释 IAP15W4K58S4 的含义。
（2）上网查找最新的最先进的单片机是什么？有什么特点？

1.2.2　指示灯的电路与程序

很多单片机控制的机器上和设备上都有指示灯。比如，汽车的转向指示灯，电表上的指示灯，手机上的指示灯，等等。下面直接用单片机来点亮 LED 指示灯。

1.2.2.1　IAP15W4K58S4 单片机典型应用电路介绍

（1）单片机芯片

在图 1-5 所示的四个图中，找出以下引脚，找到后，用箭头标注出来。INT1 引脚、P3.7 引脚、电源负极、电源正极、P0.5 引脚、P2.0 引脚、ADC5 引脚、TXD0 和 RXD0 引脚。

（2）单片机最小系统

单片机最小系统是能够让单片机正常工作的最少硬件电路系统，主要包括正常工作的电路和程序下载的电路。图 1-6 是 IAP15W4K58S4 单片机的最小系统。

电源电路。电源电压是多少，接在单片机哪个引脚上，要看单片机的相应手册。本书以

指示灯的电路与程序

(a) IAP15W4K58S4 单片机不同封装的实物图

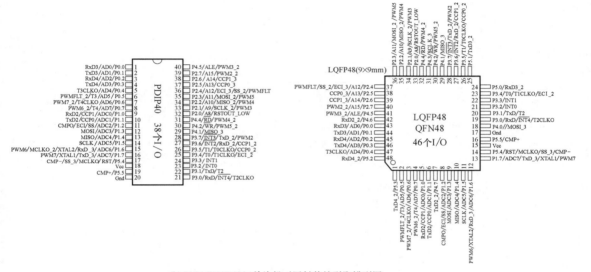

(b) IAP15W4K58S4 单片机不同封装的引脚排列图

图 1-5　IAP15W4K58S4 单片机实物图和引脚排列图

IAP15W4K58S4 芯片为主，其电源电压范围为 2.5～5.5V，V_{CC}（18 脚）接直流 +5V（或者 3.3V）电源正极，GND（20 脚）接直流电源负极。电源不允许接错，一旦接错容易烧毁单片机。

复位电路。用于将单片机内部各电路的状态恢复到初始值，比如 IAP15W4K58S4 单片机复位后，I/O 口初始状态都是高电平；程序也从头（第一条指令）开始运行。IAP15W4K58S4 单片机的外部复位电路已经集成在单片机内部了。在下载程序的时候，需要在 STC-ISP 下载软件中选择合适的有关复位的选项。

时钟电路。它为单片机工作提供基本时钟。因为单片机内部由大量的时序电路构成，没有时钟脉冲就像学校没有"铃声"，各部门将无法有序稳定工作。IAP15W4K58S4 单片机时钟电路也集成在单片机内部了，时钟频率也可以在下载程序时选定，可以不需要外部晶振电路。如果没有时钟，或者时钟不振荡，程序不会运行。

程序下载电路。IAP15W4K58S4 单片机程序下载有多种方式，分别为用 RS-232 转换器的 ISP 下载、RS-485 下载、用 USB 转串口的 ISP 下载、用 USB 直接下载和用 U8-Mini 进行 ISP 下载。这里只介绍最省钱的 USB 直接下载方式。如图 1-7 所示，与电脑的连接线是普通的 USB 连接线（一定有屏蔽层的才行），也就是很多手机通用的电源线。USB 连接线的接口定义如图 1-8 所示。特别强调这种下载方式，不支持仿真运行。

笔记

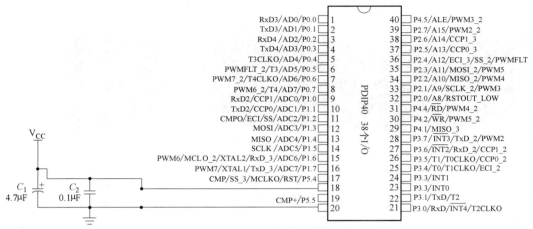

图 1-6　IAP15W4K58S4 单片机的典型最小系统

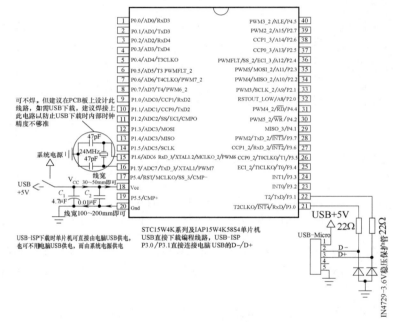

图 1-7　IAP15W4K58S4 单片机 USB 直接下载方式电路图

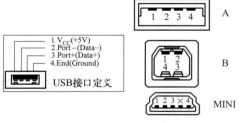

图 1-8　USB 连接线的接口定义

1.2.2.2　51 单片机程序的运行机制

51 单片机上电后,在时钟频率的作用下,经过复位电路使整个单片机初始化。初始化结束后,CPU 到 ROM 中去读取第一条指令(51 单片机的第一条指令是从 ROM 的第一个存储单元 0000H 开始存放的)。然后对读取来的指令进行译码,译码就是看该指令是要使单片机做什么事情,每条指令的具体含义由单片机厂家规定好。译码后就由执行电路开始执行该指令,单片机就做出相应的动作。接下来开始读取第二条指令,以后就重复上述过程:取指令—译码—执行—结果处理—取下一条指令……这些过程均由单片机内部电路自动完成。

可见，学习单片机的主要任务是学习在单片机引脚上接上合适的外设，在 ROM 中存入合适的程序。单片机有什么样的外设，我们存入什么样的程序，单片机就做出什么样的动作。

1.2.2.3　IAP15W4K58S4 单片机 I/O 口

（1）IAP15W4K58S4 单片机 I/O 口名称

I 是"in"，进入的意思；O 是"out"，出来的意思。I/O 口就是信息进出单片机的出入口，I/O 口也是单片机与外设的接口。

IAP15W4K58S4 单片机 PDIP40 封装有 38 根 I/O 口线，分别为：

P0 口（8 根）：P0.0、P0.1、P0.2、P0.3、P0.4、P0.5、P0.6、P0.7；

P1 口（8 根）：P1.0、P1.1、P1.2、P1.3、P1.4、P1.5、P1.6、P1.7；

P2 口（8 根）：P2.0、P2.1、P2.2、P2.3、P2.4、P2.5、P2.6、P2.7；

P3 口（8 根）：P3.0、P3.1、P3.2、P3.3、P3.4、P3.5、P3.6、P3.7；

P4 口（4 根）：P4.1、P4.2、P4.4、P4.5；

P5 口（2 根）：P5.4、P5.5。

这些 I/O 口都具有多种功能，就好像我们每个人，在老师面前我们是学生，在同学面前我们是朋友，在长辈面前我们是孩子，有不同的身份，使用时，按照需要转换就行了。

（2）IAP15W4K58S4 单片机 I/O 口的驱动能力

IAP15W4K58S4 单片机 I/O 口可设置为四种模式，分别为准双向口/弱上拉模式，强推挽/强上拉模式，仅为输入/高阻模式，开漏模式。

每个 I/O 口驱动能力最大可达到 20mA，但 40-pin 及 40-pin 以上单片机的整个芯片电流最大不要超过 120mA，16-pin 及以上/32-pin 及以下单片机的整个芯片电流最大不要超过 90mA。因为总电流的限制，绝大多数 I/O 口应处于弱上拉和开漏的状态。

这里强调一下，在产品一到产品五中，需要添加如下指令，否则有个别的 I/O 口可能不好用："P0M0 = 0X00；P0M1 = 0X00；P1M0 = 0X00；P1M1 = 0X00；P2M0 = 0X00；P2M1=0X00；P3M0=0X00；P3M1=0X00；P4M0=0X00；P4M1=0X00；P5M0=0X00；P5M1=0X00；"，目的是把所有的引脚定义为准双向口/弱上拉模式。其他模式的设定方法，在产品六中讲。

🔍 知识小问答

什么是上拉？

答：所谓上拉，就是指拉到高电平。如图 1-9（a）所示，如果 VT2 输出端是开路，输入信号无论是高还是低，输出都没有信号。如图 1-9（b）所示，当我们通过一个 10kΩ 电阻（这个电阻，一端接在了电源的正极上，所以称为上拉电阻）将输出信号接电源 15V 正极时，输出端可以输出高低电平信号。不但如此，它还改变了高低电平的电压范围，扩大了被控制的电流的范围。

什么是弱上拉？

图 1-9（b）中 10kΩ 电阻接单片机电源电压 5V，此时的高电平电流大小为 $5/10^4=0.1\text{mA}=100\mu\text{A}$。因为上拉电流小，称为弱上拉。当上拉电阻是 10kΩ 以上时，就实现弱上拉了。

如何把引脚设置为弱上拉？

如果要把 P0 的 8 个引脚设置为弱上拉，可以在程序中加 "P0M0＝0；P0M1＝0；" 指令；如果要把 P1.6 和 P1.7 引脚设置为弱上拉，可以在程序中加 "P1M0＝0xc0；P1M1＝

0;"指令。

什么是开漏状态?

如图1-9（a）所示,在单片机内部,如果VT1和VT2是MOS管,就可称其为开漏状态。

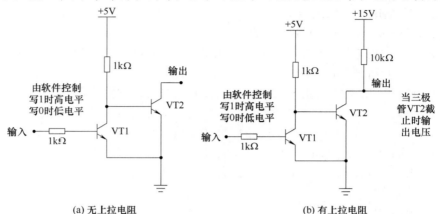

(a) 无上拉电阻　　　　　　　　　　　(b) 有上拉电阻

图1-9　上拉电阻对单片机引脚输出电平的影响

上拉电阻使得单片机引脚上输出的高低电平的电压范围和电流大小变得灵活了。IAP15W4K58S4单片机,把所有的I/O口都设计成可选择无上拉电阻的开漏状态和有上拉电阻的弱上拉状态。IAP15W4K58S4单片机I/O口默认处于弱上拉状态。

处于弱上拉时,最大输入电流（引脚低电平时）为8～12mA,输出电流（引脚高电平时）只有100～200μA。很多51单片机引脚输出高电平时,电流都很小,当我们接外部电路的时候,这一点非常值得注意。比如,当在P1.1口与地之间直接接一个500Ω电阻,希望P1.1引脚输出高电平,但是实际输出电压为500×200μA＝250mV,也就接近0V了,因此不可能得到高电平（电源电压）。

IAP15W4K58S4单片机I/O口处于开漏状态时,作输入、输出通道用时,最大输入电流是20mA,最大输出电流由外电路来定。具体如图1-10所示,当输出P0.X为低电平时,VT导通,电流是灌入电流,最大不超过20mA;当输出P0.X为高电平时,VT不导通,电流由电源正极流出,经过上拉电阻输出,不经过单片机,电流大小由外电路决定。

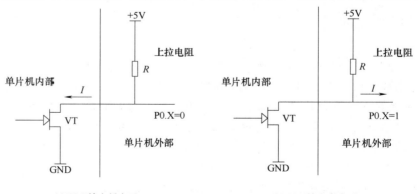

(a) P0.X输出低电平　　　　　　　　　(b) P0.X输出高电平

图1-10　上拉电阻对单片机引脚输出电压电流的影响

1.2.2.4　LED发光二极管基础知识

LED是取自Light Emitting Diode三个单词的缩写,中文译为"发光二极管",顾名思义，发光二极管是一种可以将电能转化为光能的电子器件，具有二极管的特性。LED 不仅仅是一种指示灯，现在已经成为一种绿色照明光源的代名词。但是在本书中，特指用于指示用的发光二极管。

LED 的分类如下：

按发光二极管发光颜色分，可分成红色、橙色、绿色（又细分黄绿、标准绿和纯绿）、蓝色等。另外，有的发光二极管中包含二种或三种颜色的芯片。根据发光二极管出光处掺或不掺散射剂、有色还是无色，上述各种颜色的发光二极管还可分成有色透明、无色透明、有色散射和无色散射四种类型。散射型发光二极管适合于作指示灯用。

按发光管出光面特征分圆灯、方灯、矩形灯、面发光管、侧向管、表面安装用微型管等。圆形灯按直径分为 $\phi 2mm$、$\phi 4.4mm$、$\phi 5mm$、$\phi 8mm$、$\phi 10mm$ 及 $\phi 20mm$ 等。

按发光强度和工作电流分，有普通亮度的 LED（发光强度＜10mcd）、超高亮度的 LED（发光强度＞100mcd）、高亮度发光二极管（发光强度为 10～100mcd）。一般 LED 的工作电流在十几至几十毫安，而低电流 LED 的工作电流在 2mA 以下（亮度与普通发光管相同）。

1.2.2.5 点亮一个 LED 信号灯电路图

点亮一个 LED 信号灯电路图如图 1-11 所示。在图 1-11 中，LED8（发光二极管）的阳极已经接在电源上，只要阴极是低电平，LED8 就会亮。因此只要 P1.6 引脚输出低电平，

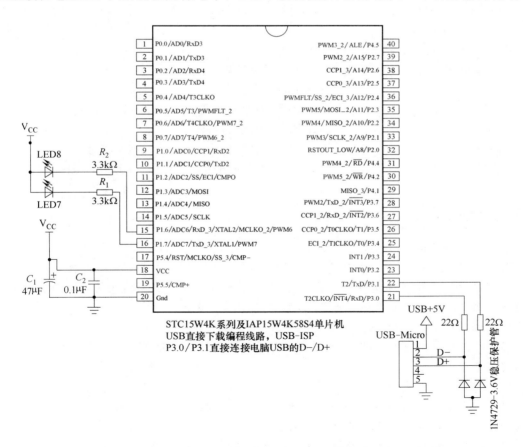

图 1-11　用 IAP15W4K58S4 单片机点亮一个发光二极管电路

也就是"0"信号，LED8 就会亮。

电路小问答

(1) 电阻 R_1 用途是什么？

答：分压和限流。小型指示用发光二极管的正常导通电压为 1.5V 左右，电流取 10mA 左右（不需要特亮，只要能区分亮和不亮就行）。当电源电压为 5V 时，需要分压和限流电阻 R，最小的电阻计算过程是：$R_{min}=(5-1.5)/(10\times 10^{-3})=350\Omega$，通常实际取 1kΩ 到 5.1kΩ 之间。

(2) 发光二极管反接可以吗？

答：不可以。正常点亮发光二极管，用 P1 口输出 0V 的状态比较合适。因为当单片机 P1 口输出电压为 5V 时，只能对外输出微安级电流，P1 口只有当输出电压为 0V 时，可吸收约几毫安电流。如果发光二极管反接，需要单片机输出很大的电流，这是单片机做不到的。

1.2.2.6 点亮一个 LED 信号灯的程序

```
//程序名称:dianliangLED.c
//程序功能:点亮 LED 信号灯
#include    "stc15w.h"      //包含头文件 stc15w.h,把单片机和 C 语言联系起来
sbit    LED8=P1^6;          //LED8 接在 P1.6 引脚上(P 是大写),硬件和软件联系起来
sbit    LED7=P1^7;          //LED7 接在 P1.7 引脚上(P 是大写),硬件和软件联系起来
/*******以下主程序(函数)*******/
void main( )                //主程序的标准格式
{                           //主程序的开头
P1M0=0X00;                  //设置 P1 口为弱上拉模式
P1M1=0X00;                  //设置 P1 口为弱上拉模式
LED8=0;                     //使 P1.6 输出低电平,发光二极管 LED8 亮
LED7=1;                     //使 P1.7 输出高电平,发光二极管 LED7 不亮
}                           //主程序的结尾
```

笔记

程序小问答

(1) 这里每条语句后面都有"//"，为什么？

答："//"的右面是程序编写人员填写的注释，方便程序员理解程序功能，并不参与单片机的程序运行，程序编译成机器代码时不编译这些注释。注释格式为：单行注释用 //，多行注释用"/*……注释……*/"，实际应用中可以没有注释。

(2) 程序中";"的作用是什么？

答：C 语言程序使用";"作为简单语句的结束符，一条语句可以多行书写，也可以一行书写多条语句。

(3) 主程序必须有吗？

答：一个 C 语言源程序由一个或若干个函数（子程序）组成，每一个函数完成相对独立的功能。但是，每个 C 程序都必须有且仅有一个主函数 main()。

(4) 程序是从什么地方开始执行的，又是按什么顺序执行的？

答：程序的执行总是从主程序的第一条语句开始，按照从上到下的先后顺序执行。

(5)"sbit"的作用是什么？

答：定义特殊功能寄存器的位变量。P1是单片机内部1字节的数据存储器地址名称（因为这样的数据存储器功能特殊，因此称为特殊功能寄存器），该地址存储的8位二进制数分别同单片机的实际硬件接口P1口（单片机9~16脚）的电气状态相对应（"0"——低电平，"1"——高电平）。"sbit"的意思是把P1.6和P1.7，另外起了个我们自己好记的名字——LED8和LED7。"sbit"作用是把电路和程序联系起来。

(6) #include "stc15w.h"的作用是什么？

#代表预处理命令。include的意思是包含。"stc15w.h"是stc15w系列单片机的特殊功能寄存器构成的头文件。因此不同的单片机，包含的头文件不同。整句的作用是，使单片机和C语言建立联系。

评估

（1）说出IAP15W4K58S4单片机P0.2、P2.3、P1.6、P3.7引脚在弱上拉时，输出高电平和低电平的电压值，允许通过的电流最大值。

（2）画出你自己设计的电子显示屏电路和编写出对应的程序。

1.2.3 使用Keil软件完成程序录入与编写

点亮LED指示灯不能纸上谈兵，一起做个真的出来吧。

Keil C51软件是众多单片机应用开发的优秀软件之一，它负责编辑用户程序，把用户程序编译为能够装载进入单片机的HEX文件，支持汇编语言和C语言的程序设计，界面友好，易学易用。下面介绍Keil C51软件的使用方法。

双击Keil μVision4 图标后，几秒后出现编辑界面。屏幕如图1-12所示。

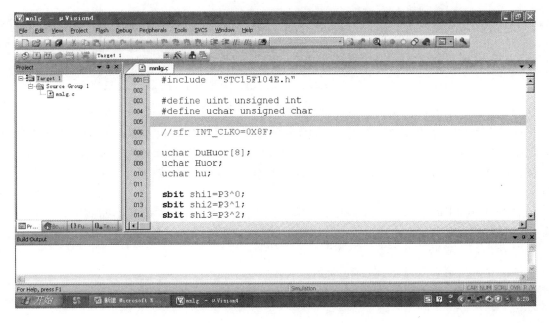

图1-12 进入Keil μVision4后的编辑界面

学习程序设计语言、学习某种程序软件，最好的方法是直接操作实践。下面通过简单的编程、调试，引导大家学习 Keil μVision4 软件的基本使用方法和基本的调试技巧。

（1）新建工程

单击 Project 菜单，在弹出的下拉菜单中，选中 New μVisionProject 选项，如图 1-13 所示。

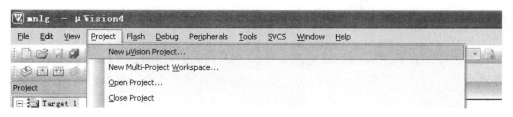

图 1-13　New μVisionProject 选项位置

然后选择你要保存的路径，输入项目文件（也称工程文件）的名字，比如保存到 D 盘的"单片机学习项目 1"文件夹里，项目的名字为"点亮 LED"。如图 1-14 所示，然后单击"保存"。

图 1-14　项目的保存和命名页面

笔记

这时会弹出一个对话框，要求你选择单片机的型号，你可以根据你使用的单片机来选择，Keil C51 几乎支持所有国外的 51 内核的单片机，但是没有国产 STC 的单片机。这里可以暂时用 Atmel 的 89C51 来代替（后面的课程中会介绍如何加载 STC 单片机）。如图 1-15 所示。

双击 Atmel 图标，如图 1-16 所示，单击 AT89C51 之后，右边栏是对这个单片机的基本的说明，然后单击"OK"。

完成上一步骤后，屏幕如图 1-17 所示。

单击"是"后，屏幕如图 1-18 所示。

到现在为止，我们还没有编写一句程序，下面开始编写我们的第一个程序。

（2）新建文件

单击"File"菜单，再在下拉菜单中单击"New…"选项，如图 1-19 所示。

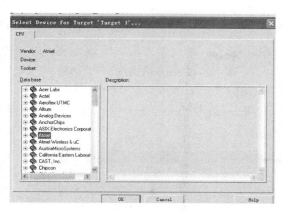
图 1-15 选择单片机的型号页面

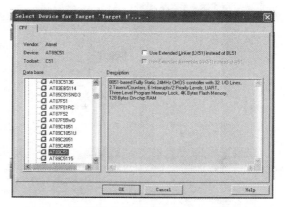
图 1-16 选择单片机的型号为 AT89C51 页面

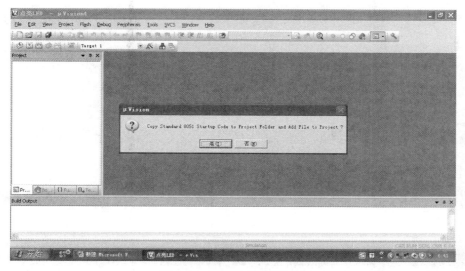
图 1-17 确定项目内容页面

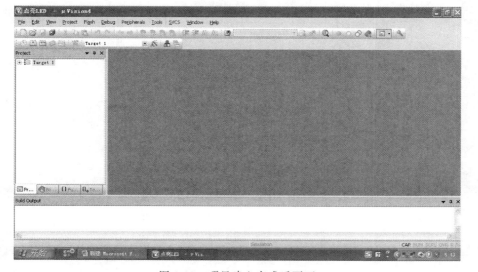
图 1-18 项目建立完成后页面

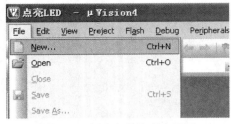

图 1-19　新建文件选项卡页面

新建文件后，屏幕如图 1-20 所示。

此时光标在编辑窗口里闪烁，这时可以键入用户的应用程序了。键入程序后，页面如图 1-21 所示。图 1-21 所示页面少两条指令，"P1M0＝0X00；P1M1＝0X00；"。

单击 File 菜单下的 Save As...，页面如图 1-22 所示。

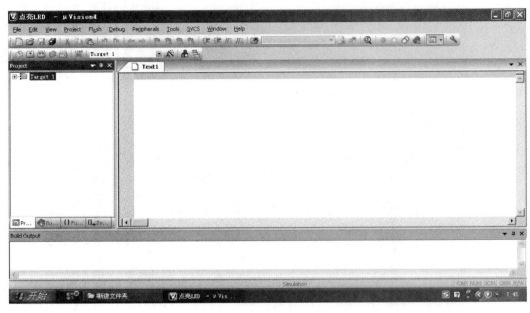

图 1-20　新建文件完成页面

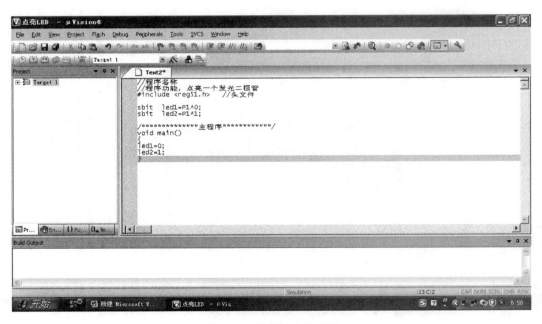

图 1-21　程序键入后页面

出现一个对话框，键入文件名，后缀名为".c"，继续保存到"单片机学习项目1"文件夹里，如图1-23所示。

单击"保存"即可。出现如图1-24所示页面，字体颜色变了。

（3）添加文件

单击"Target 1"前面的"＋"号，然后在"Source Group 1"上单击右键，弹出菜单如图1-25所示。

图1-22 选Save As...页面

图1-23 文件名命名和保存页面

图1-24 文件保存成功页面

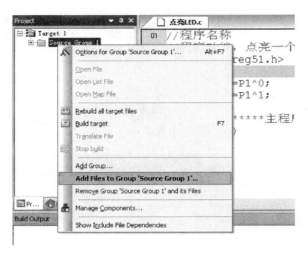

图 1-25　文件添加选项页面

单击"Add Files to Group 'Source Group 1'..."。屏幕如图 1-26 所示。选择需要添加文件，选中"点亮 LED.c"，然后单击"Add"一下，单击"Close"。

图 1-26　文件添加页面

图 1-27　"Target 1"图标页面

文件添加到项目里，后单击"Source Group 1"前面的"+"号，就可以看到"点亮 LED.c"了。

（4）编译连接

编译的目的是生成".HEX"文件。只有".HEX"".BIN"才能够装载进入单片机中，单片机中只有装入了".HEX"文件，才能正常工作。

右击 Project 窗口中的"Target 1"图标，如图 1-27 所示。

在出现的对话框中，单击 Options for Target 'Target 1'... Alt+F7，出现如图 1-28 所示屏幕。

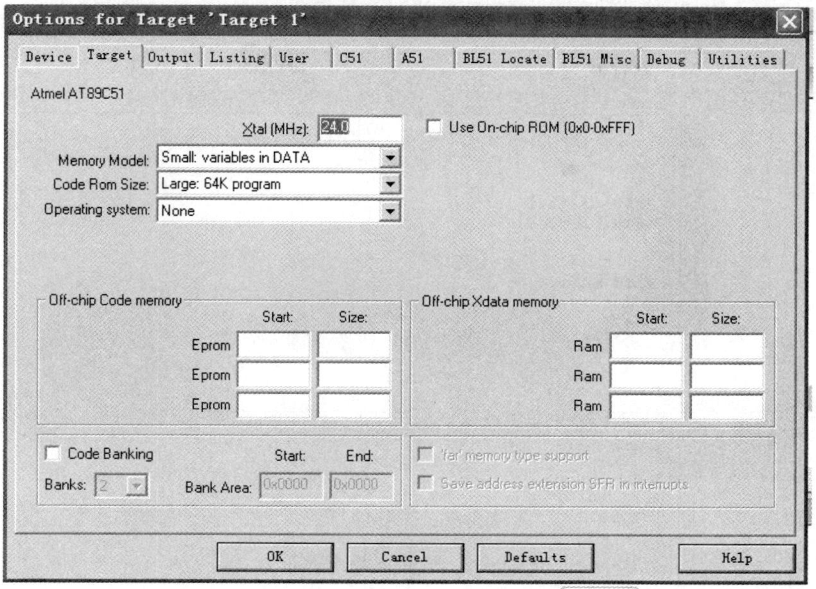

图 1-28　Output 选项页面

单击页面中的 Output 选项卡，单击"Create HEX File Format"选项前的小方框，使之出现小钩，如图 1-29 所示。单击"OK"，该对话框消失。

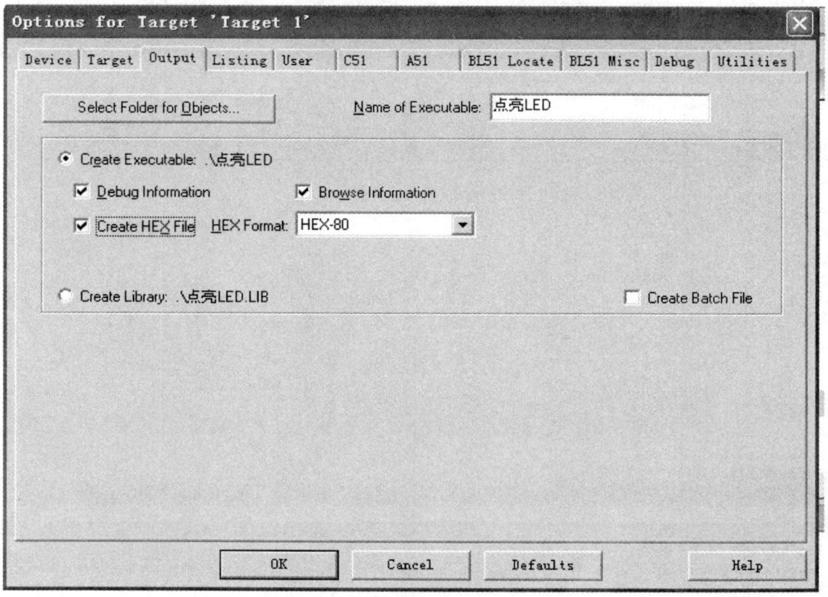

图 1-29　单击"Create HEX File Format"选项页面

下面开始编译。单击页面上方的图标，界面变化如图 1-30 所示。

重点看 Build Output 窗口。"Program Size：date＝9.0 xdate＝0 code＝20"中，date＝9.0 说明 RAM 用了 9 个字节，code＝20 说明 ROM 用了 20 字节。"creating hex file from '点亮 LED'..."说明生成了项目"点亮 LED"的 HEX 文件。"'点亮 LED'-0 Error（s），0

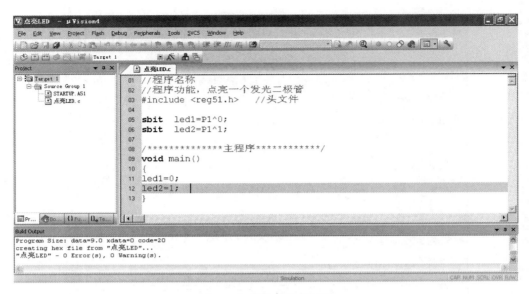

图 1-30　编译成功的页面

Warning（s）"说明"点亮 LED"项目编译有 0 个错误，0 个警告。至此，程序编译完成。

下面看一个编译出错的例子。如果把指令"led2＝1"，改成"led3＝1"。再点图标 编译，结果如图 1-31 所示。在 Build Output 窗口中，指明了出错的地点在"点亮 LED.c"的 12 行，出错原因是 led3 变量没有定义，一共有 1 个错误，0 个警告。

笔记

图 1-31　编译出错的页面

1.2.4　使用 STC-ISP 编程软件把程序下载到单片机中

（1）使用 STC-ISP 编程软件

首先将 USB 连接线接到电脑上和单片机开发板上，然后双击图标 ，出现如图 1-32

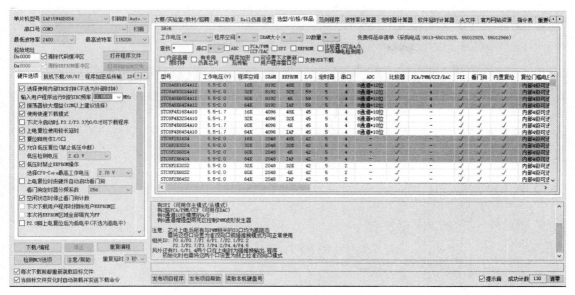

图 1-32 STC-ISP 下载软件界面

所示界面，按照提示的步骤完成即可。

重点看图 1-32 中的左侧部分，放大得到图 1-33。

在图 1-33 中，步骤 1 是选择单片机型号，要选我们实际使用的单片机型号；步骤 2，打

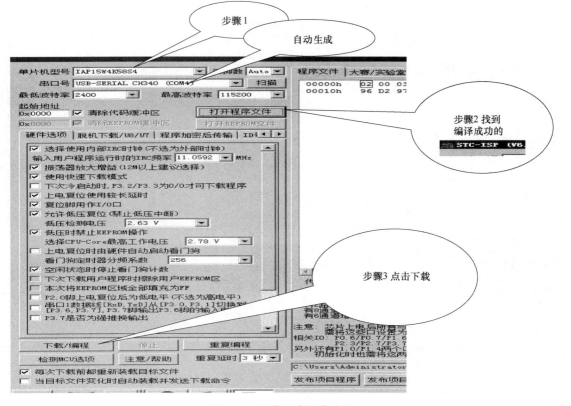

图 1-33 下载程序操作步骤

开文件,这个文件就是"单片机学习项目 1"文件夹中的编译文件"点亮 LED.hex",如图 1-34 所示。选中文件,单击"打开"即可;步骤 3,单击下载/编程图标,按一下实验板的电源开关,程序开始下载,下载成功的界面如图 1-35 所示。

图 1-34 打开"点亮 LED.hex"到 STC 下载软件

图 1-35 下载成功的界面

(2) STC-ISP 软件的其他功能

STC-ISP 软件除了用来下载程序,它还有以下功能。

- 有一个串口助手;
- Keil 仿真设置;

- 价格产品目录；
- 范例程序；
- 波特率计数器；
- 定时器计算器；
- 软件延时计算器；
- 头文件，可以自动生成 STC 所有型号单片机的头文件；
- 官方网站资源，可以下载芯片资料；
- 指令表；
- 封装脚位，可以查看芯片的引脚排列顺序。

评估

（1）试试看，你最快多长时间能把程序下载到单片机里。
（2）编程序完成点亮 4 个发光二极管。
（3）查看 STC-IAP 软件右侧窗口中的每个菜单，熟悉里面的内容，方便我们以后使用。

1.3 产品设计制作

技术要求如下：

- 能认识基本的元器件，通晓其使用方法和计算方法。
- 器件摆放规划要有余量，走线美观，线路查找方便。
- 具备基本的焊接技能。
- 通晓项目实施的目标——不是把项目的效果简单做出来，而是积累制作项目的经验，熟识工作原理，通晓实训中的器材知识，掌握基本的调试技能，了解单片机中硬件与软件的联系，会用单片机点亮发光二极管。

1.3.1 功能实现

1.3.1.1 电路板设计与制作

（1）画出电路图
（2）备材料
把电路图中所涉及的元器件知识查清并列出来，大纲如下。
电阻的知识：外形、阻值大小、功率大小、识别方法、选择依据等。
导线知识：材质、绝缘、线径、是否镀锡等，杜邦线接头与配套插针、接插件知识。
线路板知识：大小、单/双面板、材质。
助焊剂知识：为什么用、什么时候用、使用的危害是什么、清理方法。
其他材料知识（略）。
（3）电路布局
本书的产品实施计划是产品一完成单片机核心模块和交通灯基本硬件电路设计，产品二完成交通灯软件的设计，产品三完成仪表输出显示器模块的软件和硬件设计，产品四完成仪表按钮输入模块的软硬件设计，产品五完成定时和通信简单多功能模块硬件激活和软件设计，产品六完成 A/D、PWM、E2PROM 等复杂多功能模块硬件激活和软件设计，产品七完成一个完整智能控制器模块。推荐的电路布局如图 1-36 所示。单片机核心区布局如

笔记

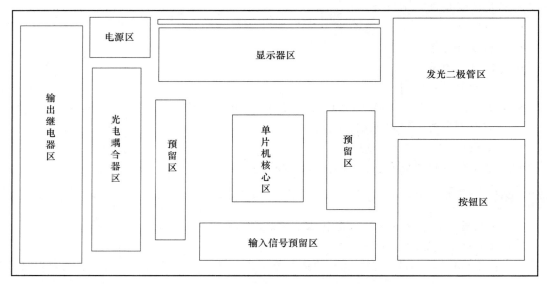

图 1-36　智能仪表控制器功能模块布局示意图

图 1-37 所示。

发光二极管区布局如图 1-38 所示，建议：发光二极管颜色要交替排列，注意发光二极管颜色不同，所需限流电阻大小也不一样。

笔记

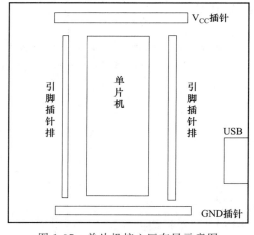

图 1-37　单片机核心区布局示意图

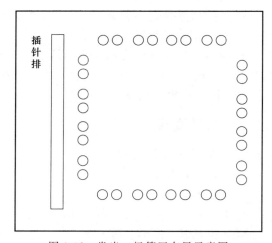

图 1-38　发光二极管区布局示意图

（4）焊接与拆焊练习

焊接技术概括如下。

工具准备：电烙铁（30W 为宜）、斜口钳、剥线钳、镊子、焊锡膏等。

布局准备：在电路板上，用器件模拟摆放电路。摆放满意后，用铅笔在电路板上标记每个器件的位置。

器件分类准备：按器件在电路板上的高矮取下器件，同时按高矮分好类，焊接顺序是先焊矮的后焊高的。

焊接技术要点：稳比快重要，一定不要着急。具体焊接过程如下。摆放好电路板和器件以后，左手拿焊锡，右手拿电烙铁。首先，把电烙铁的尖放置在元件引脚和焊盘连接处，放稳后，用焊锡接触电烙铁的尖，此时能看见焊锡在融化，缓慢推送焊锡，当融化的焊锡布满整个焊盘时，双手立即顺着引脚抬起，焊接结束。

拆焊技术：拆焊方法有很多，空心针管、吸锡器、吸锡绳等，具体用法请自行查询。

① 在电路板的一角练习几遍焊、拆练习，过关后再完成电路板焊接。
② 电路检查。对照电路图，检查每个连线，看看有没有错误，如果有错误及时更正。
③ 根据程序的要求，用杜邦线连好电路，观察效果和自己预想的是否相符，不相符改进它。

1.3.1.2　编写程序、下载程序

同学们，自主完成。

1.3.1.3　反复调试

同学们，自主完成。

1.3.2　作品交付与向上级汇报

① 制作一个自己心仪的 LED 电子牌。
② 小组讨论，主要问题如下：
a. 用实例说明单片机软件与硬件的关系。
b. 说明完成一个单片机项目应按照什么步骤进行。
c. 完成单片机项目需要准备哪些物品？各有何用？
d. 完成单片机项目需要准备哪些软件？如何使用？
e. 在单片机电路设计中，你是如何保证电路设计的正确性的？
f. 你在完成项目过程中，走了哪些弯路？把你的经验收获和大家分享一下。
③ 提交项目报告。
④ 向上级汇报工作。

1.3.3　档案整理和自我总结

同学们自我完成。

1.4　填写产品可以上线确认单

新品名称/规格：指示灯　　　　新品客户：
新品上线日期：　　　　　　　　新品负责人：

分类	确认操作	确认人签字	其他备注
人	新元件下发至采购部门		
	采购部门已经理解具体元件和设备的购买参数		
	电路图下发至PCB生产部门		
	PCB生产部门已经理解具体操作步骤		
	PCB电路图下发至焊接部门		
	焊接部门已经理解具体操作步骤		
	程序注入部门理解具体操作步骤		
	质检试验要求下发至质检试验部门		
	质检试验部门已经理解具体操作步骤		
	包装方法下发至包装部门		
	包装部门已经理解具体操作步骤		
	库房部门确认人员就位		

续表

分类	确认操作	确认人签字	其他备注
机	PCB生产部门工具可以支持新品生产		
	PCB生产部门设备可以支持新品生产		
	焊接部门工具可以支持新品生产		
	焊接部门设备可以支持新品生产		
	程序注入部门设备可以支持新品生产		
	质检试验工具可以支持新品生产		
	质检试验设备可以支持新品生产		
	包装部门工具可以支持新品生产		
	包装部门设备可以支持新品生产		
	库房确认新品货架和运输工具到位		
料	库房新品主料已经到位		
	库房新品辅料已经到位		
	库房新品包材已经到位		
法	技术部新品标准技术审核		
	品控组新品放行标准确认		
	计划部新品可安排生产计划		
环	环境因素不会影响新品生产		
	环境因素不会影响新品首次送货		

注：若该新品有未发生变化的地方，签字部分和备注均记录"NA"。

产品二

简易交通灯功能演示器

2.1 领取任务

交通灯是大家都非常熟悉的一种单片机控制的设备。请根据十字路口红、黄、绿三色信号灯的工作要求，完成该系统的硬件电路、软件程序的设计和调试。其控制要求如下：

① 先南北红灯亮，东西绿灯亮；

② 南北绿灯和东西绿灯不能同时亮；

③ 南北红灯亮，同时东西绿灯也亮，维持22s；到22s后，南北红灯亮，东西绿灯熄灭，同时东西黄灯亮，维持3s；然后，南北红灯灭，南北绿灯亮，东西黄灯灭，东西红灯亮，维持27s；东西红灯亮，南北绿灯灭，同时南北黄灯亮，维持3s后熄灭；然后从头循环；

④ 周而复始。

(1) 任务内容（以实际条件为准）

做一个简易交通灯演示器，功能如下：<u>同学们补充</u>。

适用路口：

灯的布局：

灯的个数：

交替时间：

(2) 任务指标（以实际条件为准）

时间误差：

寿命：

保障不出错的措施：

注：本项目中，如果因为我们的产品出错，导致交通事故，设计方承担事故折合经济损失的100%的罚款。这意味着，100元的作品出错，可能有100万的罚款。谨记谨记，安全第一。

(3) 任务完成时限（以实际条件为准）

即日起，5天内完成。

(4) 任务条件（本书条件，这里只列出器件）

① 仪器：普通万用表一台，STC单片机实验箱一台。

② 工具：电烙铁、螺钉旋具、斜口钳、尖嘴钳、剥线钳等。

③ 元器件及材料：除了STC学习板一台，还需按表2-1配置元件，也可以在产品一自制的电路板上酌情加减。

表 2-1 自制简易交通灯控制仪元器件清单（和项目相同）

序号	元器件及名称	型号及规格	数量
1	单片机	IAP15W4K58S4DIP40 封装	1～3 个
2	通用电路板	150mm×10mm	2 块
3	电阻	1kΩ 1/8W	32 个以上
4	发光二极管	红色	8 个以上
5	发光二极管	黄色	8 个以上
6	发光二极管	绿色	8 个以上
7	排针	2.54mm	50 个
8	焊锡	φ1.0mm	若干
9	杜邦线	2.54mm	40 根
10	导线	单股 φ0.5mm	若干
11	USB 接口		1 对（一公一母）
12	USB 电脑连接线		1 根（和接头相配）
13	稳压二极管	3.3V	2 个
14	电阻	22Ω	2 个

一个 LED 信号灯的闪烁电路

（5）合同（略）

2.2 知识点学习与技能训练

2.2.1 LED 闪烁信号灯设计

笔记

交通灯是三个颜色的灯，不断地亮灭。我们先学习如何制作 LED 灯按亮一秒灭一秒的规律不间断闪烁。

2.2.1.1 一个 LED 信号灯的闪烁电路

一个 LED 信号灯的闪烁电路如图 2-1 所示。

2.2.1.2 闪烁灯编程思路分析

根据产品一的分析过程，只要和发光二极管 LED7 连接的引脚 P1.7 上不断地输出高电平和低电平就可以了。按照题意，这样编程行不行呢？

led7＝0； //使 P1.7 输出低电平,发光二极管亮
led7＝1； //使 P1.7 输出高电平,发光二极管灭
led7＝0； //使 P1.7 输出低电平,发光二极管亮
……

这样是不行的。因为：

第一，单片机执行一条指令的时间是纳秒级的。执行完"led7＝0"后，发光二极管是亮了，但在 100ns 左右后，单片机又执行"led7＝1"，发光二极管又灭了，100ns 左右后，又是"led＝0"……人眼根本分辨不出发光二极管曾经灭过。

第二，单片机程序的执行顺序是从主程序的第一条语句开始，按指令书写的先后顺序执行，除非遇到改变执行顺序的控制类语句，才会改变程序执行的方向。按照这个规律，

产品二 简易交通灯功能演示器

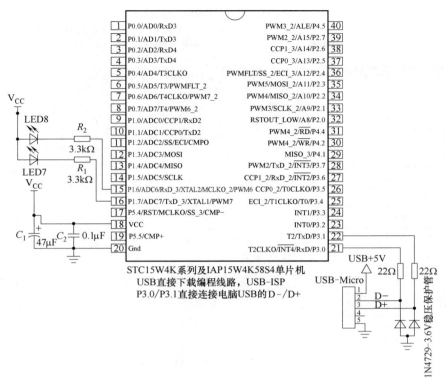

闪烁灯编程
思路分析

图 2-1 一个 LED 信号灯的闪烁电路

只用"led7＝0"和"led7＝1"两条指令，要使发光二极管不停地亮灭，需要重复写多少遍呀！

为了解决这两个问题，可以做如下设想：

第一，在执行完"led7＝0"后，延时几秒或零点几秒，等人眼看清灯亮后，再执行第二条指令，人就可以分辨出发光二极管曾经亮过了。在执行完"led7＝1"后，也延时几秒或零点几秒，等人眼看清灯灭后，再执行下一条指令，人就可以分辨出发光二极管曾经灭过了。

第二，要循环起来。比如在执行完"led7＝0"指令后，延时一段时间，执行"led7＝1"指令，再延时一段时间，让单片机又回去执行"led7＝0"指令，如此循环下去。

亮、灭都很清晰，又循环不已，灯自然就闪烁了，问题就解决了。

知识小问答

（1）如何使用 STC 下载软件生成延时程序？

STC 下载软件提供了很多的帮助用户编程的资源，精确的延时程序编写，就是其中之一。打开 STC-ISP（V6.79B 以上版本）软件，具体过程参考图 2-2。注意在程序的开头添加头文件 intrins.h。

（2）单片机执行一条指令的时间是多少？

答：单片机执行指令是在时序电路的控制下一步一步进行的，所以时钟频率越高，单片机运行速度越快。IAP15W4K58S4 单片机是 1T 的单片机，这是指 IAP15W4K58S4 单片机大多数汇编指令是在一个时钟周期内执行完的，少数几条汇编指令需要 2~4 个时钟周期执

笔记

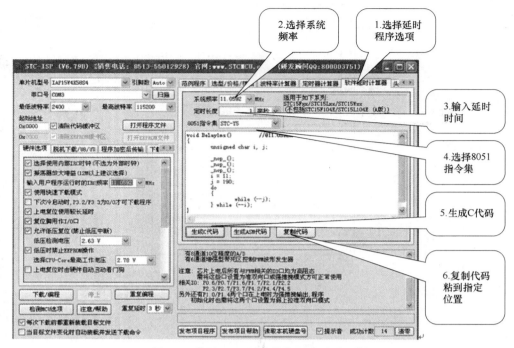

图 2-2　使用 STC 下载软件生成延时程序

行完,它比普通的单片机要快 8~12 倍。

例如时钟(晶振)频率 $f=1\text{MHz}$,那么周期 $T=1\mu s$,像执行"led7=0"指令就是 $1\mu s$ 时间。我们通常选择的时钟频率多在 10MHz 以上,因此执行"led7=0"指令就不到 $0.1\mu s$(100ns)了。

一个 LED 信号灯闪烁的程序

2.2.1.3　一个 LED 信号灯闪烁的程序

✎笔记

```
//程序名称:lecshanliang.c
//程序功能:一个发光二极管闪亮
#include "stc15xxxxx.h"          //stc15xxxxx.h 头文件
#include "intrins.h"             //空操作函数_nop_,库函数
sbit led7=P1^7;                  //定义单片机 P1^7 引脚为 led7
void delay1000ms( );             //延时函数声明,延时 1s(1000μs)
/********以下主程序(函数)********/
void main( )
{ P1M0=0X0C;P1M1=0X00;          //定义 P1 的 8 个脚都是弱上拉模式
    while(1)
    {
    led7=0;                      //使 P1.7 输出低电平,发光二极管亮
    delay1000ms( );              //调用延时子程序,延时 1s
    led7=1;                      //使 P1.7 输出高电平,发光二极管灭
    delay1000ms( );              //调用延时子程序,延时 1s
    }
}
```

```
/******** 以下是延时子程序 ********/
void delay1000ms( )           //@11.0592MHz 是晶振频率,不同的晶振频率
                                延时程序不同
{
    unsigned char i, j, k;
    _nop_( );
    _nop_( );
    i = 43;
    j = 6;
    k = 203;
    do{
        do{
            while(--k);        //"--"是减 1 的意思
        } while(--j);
    } while(--i);
}
```

2.2.1.4　C语言知识学习（一）

（1）C语言的基本语句

C语言作为计算机的基本编程语言，它和我们的汉语一样，也是由一个一个的句子构成的，不过在C语言里，把句子称为语句，其语法规则非常简单。

① 控制语句。控制语句用于完成一定的控制功能。C语言中只有 9 种控制语句，我们将在后面的项目中陆续学习。

  a. if（ ）…else…　　　　（条件语句）
  b. for（ ）…　　　　　　（循环语句）
  c. while（ ）…　　　　　（循环语句）
  d. do…while（ ）　　　　（循环语句）　任务拓展
  e. continue　　　　　　　（结束本次循环语句）
  f. break　　　　　　　　（终止执行 switch 语句或循环语句）
  g. switch　　　　　　　　（多分支选择语句）
  h. goto　　　　　　　　　（转向语句）
  i. return　　　　　　　　（从函数返回语句）

② 函数调用语句。函数调用语句由一个函数调用和一个分号";"构成。

例如：delay1000ms（ ）；

③ 表达式语句。表达式语句由一个数学表达式和一个分号构成，比如由赋值表达式构成一个赋值语句。

例如：　　　x＝5；　　//是一个赋值语句，意思是把 5 送给 x
　　　　　　z＝x+y；//是一个赋值表达式，即把 $x+y$ 的和送给 z

④ 空语句。只有一个分号";"的语句是空语句。

⑤ 注意事项。

a. C语言中分号";"是语句的终结符，是语句的组成部分，而不是语句之间的分隔符，不可以省略。

b. 一个复合语句在语法上等同于一个语句，因此，在程序中，凡是单个语句能够出现的地方都可以出现复合语句。复合语句作为一个语句又可以出现在其他复合语句的内部。复合语句是以右花括号"}"为结束标志的，因此，在复合语句右花括号"}"的后面不必加分号。但是，需要注意的是，在复合语句里，最后一个非复合语句的后面必须要有一个分号，此分号是语句的终结符。

（2）while（）语句

格式：while（条件表达式）
{
循环体；//可以为空
}

组成：

- 语句名称 while；
- 一对小括号"()"；
- "()"中的条件表达式；
- 一对"{}"；
- "{}"中的语句——循环体。

执行过程：当程序执行到 while 语句时，先计算"条件表达式"的值，如果"条件表达式"的值为"假"（等于0），循环体不被执行，直接执行相应"}"后面的语句。如果"条件表达式"的值为"真"（不等于0），就去执行循环体，直到相应"}"时，再次回去计算"条件表达式"的值，然后重复以上过程。其执行过程的流程图如图 2-3 所示。

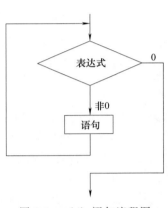

图 2-3　while 语句流程图

实例分析：用 while 语句计算从 1 加到 100 的值。

```
1    voidjisuanhe(void)//计算和子程序
2    {
3        int i,sum＝0;//定义变量,确定变量存放位置,编译时自动完成
4        i＝1;//把 1 送给 i,这里"＝"是传送的意思
5        while(i＜＝100)//while 语句及循环条件
6    {
7            sum＝sum＋i;        //计算每一次相加的和
8            i＋＋;              //修改参数,为下一次相加做准备
9    }
10   }
```

这个程序的执行过程是：从第 4 行开始执行，前三行是准备工作；

第 4 行，把 1 送给 i，给变量赋值"i＝1;"；

第 5 行判断循环条件，"i＜＝100"满足循环条件；

第 7 行"sum＝sum＋i;"，sum 先加 1，然后送回 sum，最后 sum＝1；

第 8 行"i＋＋;"，i 原来是 1，再加 1，i＝2；

第 9 行转到第 5 行计算条件"i＜＝100"，满足，继续循环直到"i＝101"时为止。

两个特例：

死循环:"while(1){ …… }"和"while(1);"。前者经常使用在主程序中需要死循环的地方;后者是需要程序停止的地方,没有{},表示没有程序需要执行,什么都不用干,原地踏步。

条件等待语句:"while(anniu1==1){ …… }"和"while(anniu1==1);"。前者表示按钮的状态满足条件就一直执行{}里的程序,直到不满足才离开;后者表示,如满足条件就在此处一直停住,不满足才离开。这里"=="是"等于"的意思。

(3) do-while()语句

格式:
do {
    循环体;
} while(表达式);

执行过程:

它先执行循环中的语句,然后再判断表达式是否为真,如果为真则继续循环;如果为假,则终止循环。因此,do-while循环至少要执行一次循环语句。其执行过程可用图 2-4 表示。

实例分析:用 do-while 语句计算从 1 加到 100 的值。

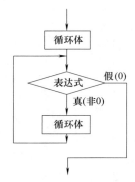

图 2-4 do-while 语句流程图

```
1  void jisuanhe(void)//计算和子程序
2  {
3      int i,sum=0;
4      i=1;
5      do{
6          sum=sum+i;
7          i++;
8      }while(i<=100);
9  }
```

执行过程是:第 4 行把 1 送给 i,给变量赋值"i=1;";

第 5 行去第 6 行;

第 6 行"sum=sum+i;",sum 先加 1,然后送回 sum,最后 sum=1;

第 7 行"i++;",i 原来是 1,再加 1,$i=2$;

第 8 行计算条件"i<=100",满足,转到第 5 行。继续循环,直到 $i=101$ 时为止。

(4) While()语句的嵌套

先看实例:这是 LED 亮灭时间不断递加的程序,第一次亮一秒灭一秒,第二次亮两秒灭两秒,以此类推。

```
1  #include <stc15xxxxx.h>
2  void main() //时间递加亮
3  {
4      int x=1,y=1; //x 表示次数,y 表示亮的时间长度
5      while(x<=5)
6      {
```

```
 7            led7=0;          //使P1.7输出低电平,发光二极管亮
 8              y=1;
 9              while (y<=x)
10              {
11              y++;
12              delay1000ms( );
13              }
14              led7=1;          //使P1.7输出高电平,发光二极管灭
15              y=1;
16              while (y<=x)
17              {
18              y++;
19              delay1000ms( );
20              }
21              x++;
22              }
23              }
```

大家把程序输入电脑,在仿真环境下分析一下这个程序的执行过程:
5-7-8-9-11-12-9-14-15-<u>16-18-19-16</u>-21-5-7-8-9-11-12-9-11-12-9-14-15-<u>16-18-19-16-18-19-16-21</u>……

其实就是,内层循环被当成外层循环的循环体的一部分在执行。

知识小问答

指令书写规律与正确录入技巧

(1) 为什么写指令时,不是对齐排列的呢?

虽然C语言程序的书写格式非常自由,但从程序结构清晰、便于阅读、理解、维护的角度出发,建议在书写程序时应遵循以下规则,以养成良好的编程习惯。

① 通常一个说明或一条语句或一个功能占一行。如果多个短指令,作用类似,写在一行。

② 用花括号括起来的部分,通常表示程序的某一层次结构,左花括号一般与该结构语句的第一个字母对齐并单独占一行;右花括号同样单独占一行,与该结构开始处的左花括号对齐。

③ 低一层次的语句或说明,可比高一层次的语句或说明缩进若干格后书写(一般为2个或4个空格),以便看起来更加清晰,增强程序的可读性。

(2) 在程序输入过程中,如何保证配对出现的各种括号不出错呢?

在源程序中,很多符号都是成对匹配出现的,为避免遗漏,必须配对使用的符号在输入时,可连续输入这些起止标识符,然后再在其中进行插入内容的编辑。

2.2.1.5 单片机程序结构

(1) 闪烁灯程序执行过程分析

执行主程序时,首先执行while ( ) 语句。此时先执行while ( ) 语句的条件表达式,判

笔记

断结果等于"1",是真,去执行循环体。"led=0"是让发光二极管亮,"delay1000ms();"是延时,"led=1"是让发光二极管灭,"delay1000ms();"也是延时。当这4条语句执行完,就到了while()语句的"}",程序直接转到while()语句的条件判断语句,结果依然满足,还要继续循环,程序又回到"led=0"让发光二极管亮。

可见while()语句中,条件表达式是"1"时,是死循环。

主程序完整的执行过程:第一条指令发光二极管亮→第二条指令延时子程序→第三条指令发光二极管灭→第四条指令延时子程序→第一条指令发光二极管亮……,如此周而复始,发光二极管就在不断地亮、灭。

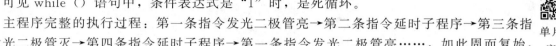
单片机程序结构

同学们可以自己分析一下延时子程序的执行过程。

(2)单片机C语言程序的基本结构

```
#include <stc51.h>          //预处理命令,可能会有很多
sbit    P1-0=P1^0;          //引脚定义,可能定义很多引脚
int     a;                  //变量定义,可能定义很多变量

/************子程序,可能会很多************/
/************子程序1************/
void    zichengxu1(unsigned char i)    //子程序1
{
程序1;
}


/************子程序2************/
void    zichengxu2(unsigned char j)    //子程序2
{
程序2;
}


/************主程序************/
void main(void)          //主程序
{
P1M0=0X00;P1M1=0X00;//需要事先执行且只执行一次的语句
while(1)
{
"主程序的主体";         //根据任务需要编写的程序
zichengxu1(100);        //调用声明过的子程序
……
}
}                       //{}都是成对出现的,注意配对关系
```

可见,单片机程序,结构非常清晰,每一个组成部分都完成一个具体的工作。每个程序只有唯一的一个主程序,其他部分可能有很多,所有的其他部分都是为主程序服务的,为主

程序做准备的。

编写程序时，总是准备工作在前，主程序在后。如果希望把子程序放到主程序后面，那就必须提前申明，具体如下：

```c
#include <stc51.h>              //预处理命令,可能会有很多
sbit    P1-0=P1^0;              //引脚定义
int     a;                      //变量定义,可能定义很多变量
/***************子程序申明****************/
void    zichengxu1(unsigned char i);    //子程序1申明
void    zichengxu2(unsigned char j);    //子程序2申明


/***************主程序***************.*/
void main(void)                 //主程序
{
P1M0=0X00;P1M1=0X00;            //需要事先执行且只执行一次的语句
while(1)
{
"主程序的主体";                  //根据任务需要编写的程序
zichengxu1(100);                //调用声明过的子程序
……;
}
}                               //{}都是成对出现的,注意按配对关系对齐

/***************子程序1***************/
void    zichengxu1(unsigned char i)     //子程序1
{
程序1;
}


/***************子程序2***************/
void    zichengxu2(unsigned char j)     //子程序2
{
程序1;
}
```

（3）单片机程序的执行过程

学习单片机的 C 语言编程，可以简单地认为 C 语言函数就是单片机的程序。C 语言的主函数就是单片机的主程序，C 语言的子函数就是单片机的子程序。

单片机程序主要分为三类：主程序、子程序、中断子程序。中断子程序在产品五中讲解。

主程序：主程序只能有 1 个，其名字必须为 main，它是程序的入口和循环起、止点。单片机 CPU 执行程序时，总是从 main 程序的第一条语句开始，按照书写的先后顺序执行；

当遇到转移类语句时,按照转移条件转移;当遇到调用子程序时,就去执行子程序,直到子程序执行完后,回到调用子程序的下一条语句继续执行。主程序可以调用任何一个子程序,子程序不能调用主程序;子程序之间可以相互调用。

如果一个子程序没有进入主程序调用和主程序调用的子程序调用,那么该子程序将永远不被执行。

子程序:实现某个特殊功能的模块。子程序的名字可以根据模块的功能任意取(但应避开 C 语言的关键字)。子程序必须在主程序前面声明过,才能使用。

(4) 子程序的定义和调用

定义一个子程序其实就是确定一个小的功能模块。

子程序一般形式如下:

   返回值类型说明符子程序名(形式参数表)
    {
   变量类型说明变量;
   语句;
   return(变量);
    }

其中,返回值类型说明符指明了本子程序的返回值的类型,在很多情况下,不要求子程序有返回值,此时类型说明符可以写为 void;子程序名是由用户自己定义的标识符;子程序名后有一个括号,括号中是形式参数;形式参数可以没有,但括号不可少;{} 中的内容称为子程序体,在子程序体中也有类型说明,这是对子程序体内部所用到的变量类型的说明;"return(变量);"语句是返回值语句,把子函数的值返回给调用的变量。

子程序定义的一般形式有多种:一种是无参数返回的子程序,一种是有参数返回的子程序,有形参子程序,无形参子程序等。

① 无返回值无形参的子程序。

例如:定义一个延时程序,主调函数调用延时程序。

笔记

```
void  yanshi()      //子程序说明部分
{
unsigned int y=10000;
while(y--);                      //子程序体
}
void  diaoyong()                 //主调函数,调用了延时程序
{
yanshi( );
……
}
```

第 1 行说明 yanshi 子程序是一个无返回值的子程序,标志为 void。第 2 到 4 行说明在 {} 中的函数体内,是子程序的内容,定义 y=10000,然后对 y 减一,直到减到 0 为止,因为没有什么实际的意义,只起占用时间的作用。第 6 到 8 行,说明在 diaoyong 函数体中调用了 yanshi( ) 程序,注意后面有分号。

② 无返回值有形参的子程序。

看一个例子：

```
    void   yanshi(unsigned int y)      //子程序说明部分,有形式参数
    {
    while(y--);                        //子程序体
    }
    void   diaoyong()                  //主调函数
    {
    yanshi(1000);                      //给形参赋值,实参
    ……
    }
```

第 1 行说明 yanshi 子程序是一个无返回值的子程序，但是有一个需要主调函数赋值的变量，就是（）中的 unsigned int y。第 7 行说明主调函数调用了 yanshi（）程序，并给 y 赋值 10000。

函数的形参和实参具有以下特点：

a. 形参只有在函数内部有效。函数调用结束返回主调函数后则不能再使用该形参变量。

b. 实参可以是常量、变量、表达式、函数等，无论实参是何种类型的量，在进行函数调用时，它们都必须具有确定的值，以便把这些值传送给形参。因此应预先用赋值、输入等办法使实参获得确定值。

c. 实参和形参在数量上、类型上、顺序上应严格一致，否则会发生"类型不匹配"的错误。

d. 函数调用中发生的数据传送是单向的。即只能把实参的值传送给形参，而不能把形参的值反向地传送给实参。因此在函数调用过程中，形参的值发生改变，而实参中的值不会变化。

③ 有返回值有形参的子程序。

举例如下：

```
    int max(int a,int b)
    {
    if(a>b)return a;
    else return b;
    }

    void main()
    {
    int z;
    z=max(8,12);
    ……
    }
```

程序的第 1 行至第 5 行为 max（）函数定义。程序第 9 行为调用 max（）的函数，并将结果（a 或 b）将返回给变量 z。

函数的值是指函数被调用之后，执行函数体中的程序段所取得的并返回给主调函数的值。

a. 函数的值只能通过 return 语句返回主调函数。return 语句的一般形式为：

return 表达式；

或者为：

return（表达式）；

该语句的功能是计算表达式的值，并返回给主调函数。在函数中允许有多个 return 语句，但每次调用只能有一个 return 语句被执行，因此只能返回一个函数值。

b. 函数值的类型和函数定义中函数的类型应保持一致。如果两者不一致，则以函数类型为准，自动进行类型转换。

c. 如函数值为整型，在函数定义时可以省去类型说明。

d. 不返回函数值的函数，可以明确定义为"空类型"，类型说明符为"void"。一旦函数被定义为空类型后，就不用 return 语句了，在主调函数中可以直接使用，主调函数也不用为它准备一个变量了。

2.2.1.6 LED 闪烁信号灯系统的仿真调试

（1）在 STC-ISP 软件中，安装 STC 单片机 Keil 版本的仿真驱动

把实验板和电脑的 USB 连接线接好，双击电脑窗口中的图标，打开 STC-ISP 软件，出现如图 2-5 所示界面，然后按照提示的步骤完成。

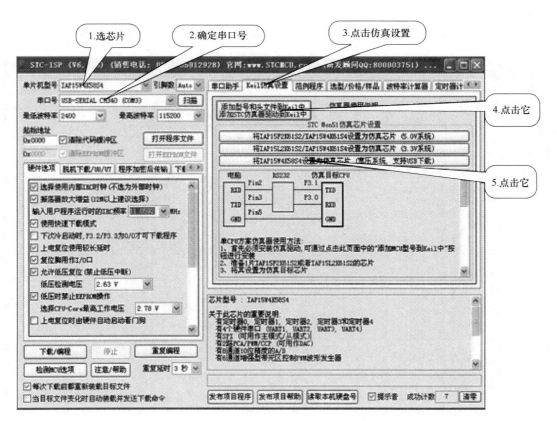

图 2-5　STC-ISP（V6.79B）软件

先选择单片机型号为 IAP15W4K58S4；串口号选择时，点击"扫描"，自动出现（如提示未安装 USB 驱动，请先安装驱动，安装驱动所需软件可以到 STC 网站查找），单击"Keil 仿真设置"页面，再单击"添加型号和头文件到 Keil 中　添加 STC 仿真器驱动到 Keil 中"，出现如图 2-6 所示窗口。在图 2-6 所示窗口中，定位到 Keil 的安装目录，单击"确定"。若出现图 2-7 所示提示框，表示添加成功。

图 2-6　找到 Keil C51 软件安装目录

图 2-7　STC MCU 型号添加成功提示框

型号添加成功后，单击"将 IAP15W4K58S4 设置为仿真芯片（宽压系统，支持 USB 下载）"选项后，出现图 2-8 所示页面，表示设置成功。只有 IAP 开头的单片机才有这个功

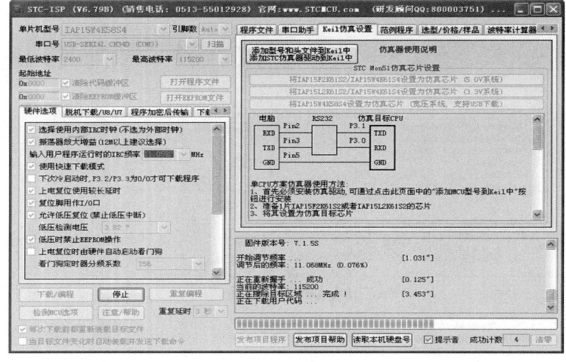

图 2-8　Keil 仿真驱动添加成功页面

能，STC 开头的单片机不能进行这些操作。

（2）在 Keil 软件中设置 STC 单片机仿真功能

右击 Project 窗口中的"Target 1"图标，如图 2-9 所示。

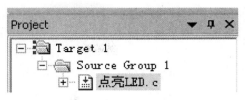

图 2-9 "Target 1"图标页面

在出现的对话框中，单击 Options for Target 'Target 1'... Alt+F7，出现如图 2-10 所示屏幕。按图 2-10 所示填写，Code Banking 选项为程序的起始地址和结束地址，将结束地址 End 改为 0xFFFF。

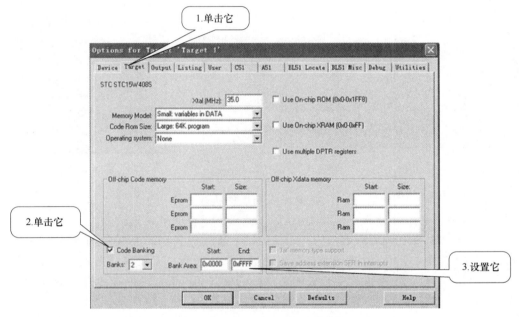

图 2-10 "Target 1"图标选项设置页面

设置完成后，单击页面中的 Output 选项，单击"Create HEX File"选项前的小方框，使之出现小钩，如图 2-11 所示。

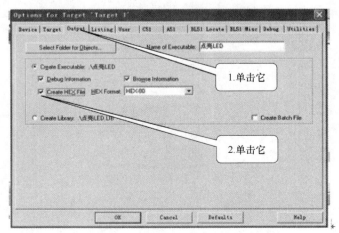

图 2-11 点击"Create HEX File"选项页面

设置完成后，单击页面中的 Debug 选项，如图 2-12 所示，再选择右上角的 Use 选项，使之出黑点，在下拉列表中选择 STC Monitor-51 Driver。将右边的 Run to main () 选项前打钩，单击右边的 Settings 选项，会出现如图 2-13 所示的对话框，COM Port 选择和 STC-IAP 下载软件中设置一定要一致，单击 OK，再单击 OK，设置结束。

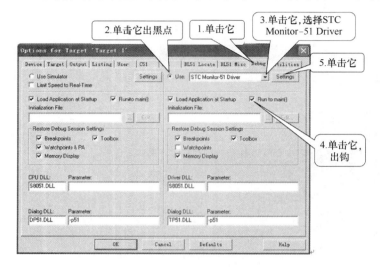

图 2-12 "Debug" 选项页面　　　　图 2-13 端口和波特率选项页面

以上设置完成后，编译程序，只有编译成功后的程序才能进行仿真调试。

（3）在 Keil 软件和实验板上完成 LED 闪烁信号灯系统的仿真调试过程

IAP15W4K58S4 单片机具有硬件仿真的功能，下面以一个 LED 信号灯闪烁的程序为例说明仿真调试过程。图 1-6 中的电路不能进行硬件仿真，这里用 STC 的实验板为载体做实验。

首先用 USB 口线把单片机和实验板连接，看见串口号正常，再单击"将 IAP15W4K58S4 设置为仿真芯片（宽压系统，支持 USB 下载）"选项卡，如图 2-14 所示。

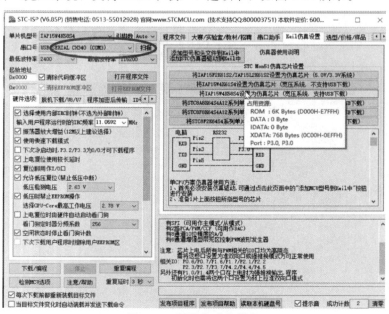

图 2-14 硬件仿真的设置

回到 Keil 软件中就可以实现仿真调试了。当程序编译无错误后，单击页面上方的图标（Start/Stop Debug Session），页面变化举例如图 2-15 所示。

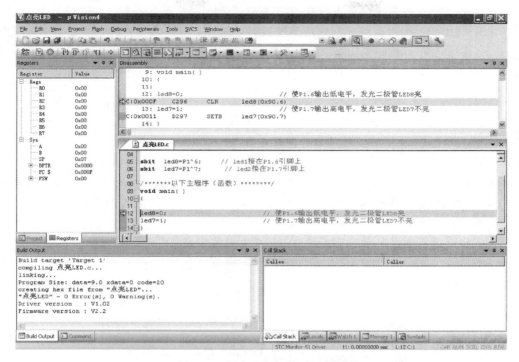

图 2-15 仿真运行初始页面举例

仿真界面问答

① 控制程序仿真运行的按钮都在哪里？代表什么意思？

Keil C51 能够实现程序单步和全速运行，具体由工具栏上的按钮来实现，详情如下：

• 复位按钮"RST"：单击此图标，能够使程序复位，程序将从地址 C：0000H 处执行，C 语言编写程序可以不用这个按钮。

• 全速运行"≣↓"：单击此图标，能够使程序全速运行，就是和真单片机一样。

• 停止运行"✕"：该图标原来是灰色（不可操作），在进入全速运行状态后会变成红色。如果要停下来，则可以按此图标。

• 单步进入"{}"：按此图标可以实现程序的单步执行。在遇到函数调用时，会跟踪进入函数体内。

• 单步跳过"{}"：单步执行，遇到函数时视作"1 条指令"来执行，不会跟踪进入。

• 单步跳出"{}"：在调试 C 语言程序时，如果希望从某个函数中提前返回，则可以按此图标。

• 执行到光标"{}"：用鼠标单击某条可执行的代码（深灰色标记的程序行）。然后按此图标，则程序开始全速执行，当遇到光标所在的行时，会自动停下来。如果单击不可执行的程序行（有浅灰色标记），试图让程序执行到该行，是不允许的，"{}"图标也会立即

笔记

变成灰色，不允许操作。

- 设置/清除断点"✋"：Keil C51 支持断点设置功能。单击需要设置断点的行，再单击此图标，我们会看到该行被一个红色的小方块标记。当程序全速运行时遇到断点，便会自动停下来。Keil C51 允许在同一个程序里设置多个断点。清除某个断点的方法是，将光标停在该行上，再按一次"✋"图标。另外一种设置/清除断点的快捷方法是，用鼠标在目标程序行的空白处双击。

- 清除所有断点"✋"：如果设置了多个断点，想一并清除，则可以按此图标。

② 如何在软件界面观察外部引脚状态和设置引脚状态？

单击菜单"Peripherals"，会弹出外围设备菜单。在 Peripherals 菜单里列出了标准 8051 的外围设备（相对于 CPU 内核而言）：中断、I/O 端口、串行口和定时器等。现在执行菜单"Peripherals ｜ I/O-Ports ｜ Port 1"，弹出 P1 端口的界面。在位 0～7 中，用 √ 表示高电平，无 √ 表示低电平。执行菜单"Peripherals ｜ Timer ｜ Timer 0"，弹出定时器 T0 的界面。参见图 2-16，弹出的外围设备菜单是可以操作的。

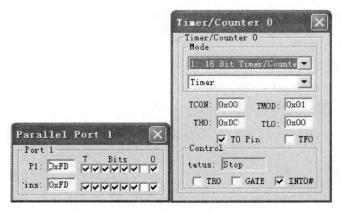

图 2-16 外围设备中的 P1 和 T0 对话框

③ 软件界面中各个窗口是什么意思？

Keil C51 调试界面的中间是源程序窗口，参见图 2-17。黄色箭头"➡"所指为当前即将执行但还没有执行的代码。以深灰色标记的程序行是可以执行的代码（当然，在调试过程中未必一定要去执行）。以浅灰色标记的程序行不可作为代码来执行，它们是注释、空行、标号或 ROM 数据表。以绿色标记的程序行表示曾经执行过的代码。

Keil C51 调试界面的左边是工程窗口。

单击工具栏的"🔍"图标，源程序窗口会自动切换成汇编窗口。在汇编窗口里，我们可以看到每条指令的存储地址和编码等信息，这些汇编指令是编译自动生成的。再次单击"🔍"，回到源程序窗口。

单击工具栏的"📋"图标，将显示出存储器窗口。8051 单片机的存储器分为多个不同的逻辑空间。如果要观察代码存储器的内容，就在地址栏"Address:"内输入"C:地址"，例如，C:0080H。同理，观察内部数据存储器输入"I:地址"，观察外部数据存储器输入"X:地址"。拖动存储器窗口右边的滚动条可观察其他存储单元。存储器窗口有"Memory #1～Memory #4"共 4 个观察子窗，可以用来分别观察代码存储器、内部数据存储器和外

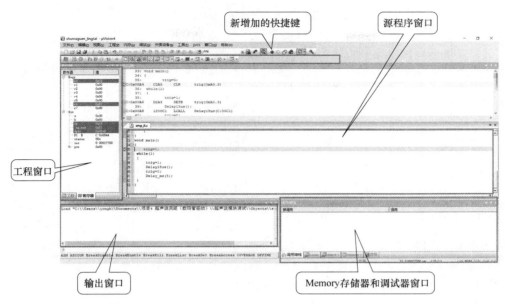

图 2-17　Keil C51 仿真调试界面

部数据存储器。存储器的内容是可以修改的。用鼠标右击打算要修改的存储单元，选择"Modify Memory at…"项，弹出修改对话框，可以随意修改存储单元的内容。

单击工具栏的"　"图标，将显示变量观察和堆栈窗口（Watch & Call Stack Window）。在 Locals 标签页，会自动显示局部变量的名称和数值。在 C 语言程序的函数中，每一对花括号"{}"内定义变量都是局部变量，能够自动显示。

在"Watch"标签页内，先用鼠标单击一次"type F2 to edit"，再按功能键"F2"，输入所要观察的局部或全局变量的名称，回车后就能显示出当前数值。

在"Call Stack"标签页内，可以实时地观察到堆栈的使用情况。

看到　位置，表示这是将要执行还未执行的第一条指令。点击一次单步　运行，执行一行，　下移一行，表示这是下一次将要执行的指令。反复点击　等按钮，运行程序，观察　的位置变化，可以总结出程序的执行过程。

笔记

评估

（1）读出 IAP15W4K58S4 单片机控制一个 LED 信号灯闪烁程序的执行过程。

（2）如果是两个 LED 交替闪亮，电路和程序怎么变？

（3）分别用单步运行、设置断点、执行到光标处、全速运行，体会程序的执行过程和执行结果。

（4）完成多位流水灯系统设计。

（5）观察街道上的霓虹灯花样变化，自行设计一个多变化霓虹灯系统。

2.2.2　交通灯演示器设计样例（程序不完整）

这里用最简单的十字路口的交通灯，给大家做一个样子，大家可以模仿它，做自己的项目。

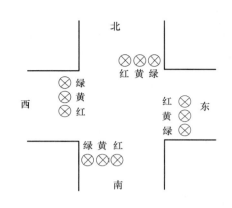

图 2-18　十字路口交通灯位置示意图

设计制作一个交通灯控制器，如图 2-18 所示，主要任务包括：

（1）确定需要添加哪些元器件。
（2）设计交通灯电路、完成元件合理布局、焊接、测试。
（3）绘制交通指示灯工作流程图。
（4）按照流程图设计程序。
（5）研究探讨保证单片机产品制作质量的方法。

2.2.2.1　程序流程图介绍

程序流程图介绍

程序流程图，是编程序时最基本、最重要的技术，它是进行程序编写和分析过程中最基本的工具。有了程序流程图，可以按照程序流程图顺利地写出程序，而不必在编写时临时构思。如果程序的运行结果不对，按照流程图逐步检查程序，很容易发现错误。因为，程序流程图表示了程序内各语句（或程序块）的操作内容，各语句（或程序块）间的逻辑关系，各语句（或程序块）的执行顺序。

流程图中，每个方框表示一个功能块，每个菱形框表示一个条件判断框，带箭头的线表示程序的走向，带箭头的线必须是单向的。程序的结构有三种：顺序结构、分支结构、循环结构。

（1）顺序结构

各操作是按先后顺序执行的，是最简单的一种基本结构，结构如图 2-19 所示。其中 A 和 B 两个框是顺序执行的，即在完成 A 框所指定的操作后，紧接着执行 B 框所指定的操作。

（2）分支结构

又称选择结构。根据是否满足给定条件，从两组操作中选择一种操作执行。某一部分的操作可以为空操作。结构如图 2-20（a）所示，条件 P 成立，执行 A，否则执行 B。结构如图 2-20（b）所示，说明条件 P 不成立，直接出去。结构如图 2-20（c）所示，说明条件 P 成立，直接出去。

笔记

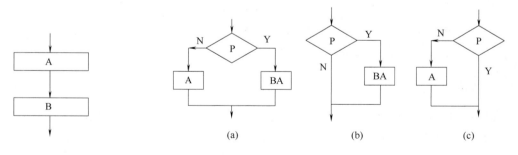

图 2-19　顺序结构示意图　　　　图 2-20　分支结构示意图

（3）循环结构

又称重复结构。即在一定条件下，反复执行某一部分的操作。循环结构又分为当型结构和直到型结构。当型结构：当条件成立时，反复执行某一部分的操作，当条件不成立时退出循环，见图 2-21，A 可能一次也没执行到。直到型结构：先执行某一部分的操作，再判断条件，直到条件成立时，退出循环；条件不成立时，继续循环，见图 2-22，特点：先执行，后判断，A 最少要执一次。

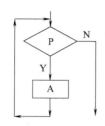

图 2-21　当型循环结构示意图

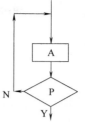

图 2-22　直到型循环结构示意图

2.2.2.2　简易交通灯演示器制作举例

（1）交通灯电路图

根据实际情况来看，实际中的交通灯是不可能直接连在单片机引脚上的，因为单片机引脚的驱动能力不够。如何扩展单片机 I/O 口的驱动能力我们到下一个产品中再学。这里我们做一个模拟的交通灯控制器，设计一个电路能够模拟交通灯的工作流程，用一个发光二极管代替一个大灯。具体电路如图 2-23 所示。

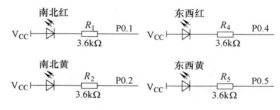

图 2-23　交通灯 LED 模拟灯电路

（2）交通灯程序流程图

根据任务要求，画出程序流程图如图 2-24 所示。

（3）交通灯程序

```
//程序名称 jiaotongdeng.c
//程序功能：交通灯控制
#include "stc15fxxxx.h"
#include <intrins.h>
sbit NanBeiHong = P0^1;//定义 P0^1 引脚
sbit NanBeiLv   = P0^2;
sbit NanBeiHuang = P0^3;
sbit DongXiHong = P0^4;
sbit DongXiLv   = P0^5;
sbit DongXiHuang = P0^6;
void Delay1ms();        //延时函数声明
/*******以下主程序（函数）********
**/
void main()
{
    unsigned int i;
    while(1)
    {
```

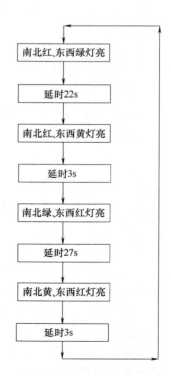

图 2-24　交通灯程序流程图

```
    /* * * * * * *对应流程图第一个框* * * * * * * * */
        NanBeiHong  =0;//南北红亮
        NanBeiLv    =1;//南北绿灭
        NanBeiHuang =1;//南北黄灭

        DongXiHong  =1;//东西红灭
        DongXiLv    =0;//东西绿亮
        DongXiHuang =1;//东西黄灭
    /* * * * * * *对应流程图第二个框* * * * * * * * */
        for(i=0;i<22;i++)
        {Delay1000ms();}//延时 22s
    /* * * * * * *对应流程图第三个框* * * * * * * * */
        NanBeiHong  =0;//南北红亮
        NanBeiLv    =1;//南北绿灭
        NanBeiHuang =1;//南北黄灭

        DongXiHong  =1;//东西红灭
        DongXiLv    =1;//东西绿亮
        DongXiHuang =0;//东西黄亮
    /* * * * * * *对应流程图第四个框* * * * * * * * */
        for(i=0;i<3;i++)
        {Delay1000ms();} //延时 3s
        ……//根据流程图,请同学们补全剩余的程序
    }
}
```

2.2.2.3　C语言知识学习（二）

（1）基本 for（）语句

格式：for（表达式 1；表达式 2；表达式 3）
　　　　　　　　　{
　　　　　　　　　循环体；//可以为空
　　　　　　　　　}

组成：

- 语句名称 for；
- 一对小括号"()"；
- "()"中的条件表达式："条件 1"一般是给变量赋值,确定循环次数的初值；"条件 2"是条件判断比较语句；"条件 3"是修改变量的值。3 个表达式之间用";"号隔开；
- 一对"{}"；
- "{}"中的语句是循环体。

执行过程：

① 计算条件表达式 1 的值；

② 判断是否满足表达式 2? 如果满足,去执行循环体；如果不满足,跳出循环；

③ 执行循环体，执行完循环体后，计算表达式 3，再转向步骤②。详细执行过程，如图 2-25 所示。

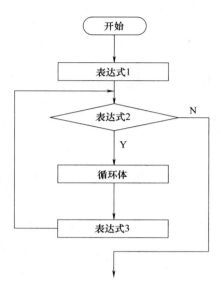

图 2-25　for 语句执行过程示意图

实例分析：

```
for(i=0;i<=21;i++)
{
yanshi(10000);
}
```

这个程序中，先执行"i=0"，再执行"i<=21"，满足条件，是真，执行循环体 yanshi（10000），当循环体 yanshi（10000）执行完，执行"i++"，执行完 $i=1$，小于 21，满足条件 2，继续执行循环体，……，直到执行"i++"使 i 等于 22，不满足"i<=21"条件时，for 语句执行结束。

(2) for () 语句几个特例

① 没条件只有循环体。如果某个表达式没有，可以空着，分号却不能少。这是死循环，因为没有条件限制，通常也可以放在主程序里。比如：

```
for(;;)
{
循环体；
}
```

② 只有条件，没有循环体。如果没有循环体，语句可以简写为：

```
for(表达式 1;表达式 2;表达式 3);
```

这里")"后面的";"不能少，这可以构成一个延时程序。

③ 嵌套。如果是嵌套，就是在一个 for 循环中包含另外一个 for 循环结构。值得注意的

是，内层 for 循环被当成外层 for 循环的循环体的一部分在执行。for 循环嵌套的一般形式为：

```
for(表达式 11;表达式 12;表达式 13)
{
   for(表达式 21;表达式 22;表达式 23)
   {
      for(表达式 31;表达式 32;表达式 33)
      {
         循环体；
      }
   }
}
```

评估

（1）如果加上人行道控制灯，看系统中需要改变的是哪些内容。
（2）做自己想做的其他 LED 灯项目。

2.2.3 技能训练

在实验板上完成，做自己规律的交通灯。老师验收合格，可以领取项目任务。

2.3 产品设计制作

2.3.1 按照合同，完成项目

模仿，是社会学习的重要形式之一。在职业技能、职业习惯、职业品质形成和养成过程中都离不开模仿。对于初学者来说，不要急于求成，把模仿做好、做懂，就可以了。模仿多了，慢慢地就可以自己设计了。

要求：尽量按照某个实际路口的交通灯运行时间流程和实际交通灯布局来做，这样我们才能获得一个比较大的成就感。驱动电路因为成本的关系这里就省略了，只做模拟控制器。在制作过程中，希望大家始终牢记：尽量保证此次设计的交通灯控制器能长期稳定正常工作。把你为此做的努力记录下来，哪怕是想法也记录下来。

2.3.2 作品交付与向上级汇报

① 作品交付。功能验收，主要内容如下：
a. 灯的个数与大小。
b. 灯的位置与颜色。
c. 亮灭时间。
d. 纠错方案。
② 与交通灯国家标准对接，查找差距。
交通灯国家标准（同学们自行查找），这里特别说明一点，不符合国家标准的产品，不

允许上市，属于非法产品。销售非法产品，必定会受到法律制裁。

③ 提交项目报告。

④ 和上级汇报工作。

2.3.3 档案整理和自我总结

同学们自我完成。

2.4 填写产品可以上线确认单

新品名称/规格：简易交通灯　　　　　　　　新品客户：

新品上线日期：　　　　　　　　　　　　　　新品负责人：

分类	确认操作	确认人签字	其他备注
人	新元件下发至采购部门		
	采购部门已经理解具体元件和设备的购买参数		
	电路图下发至PCB生产部门		
	PCB生产部门已经理解具体操作步骤		
	PCB电路图下发至焊接部门		
	焊接部门已经理解具体操作步骤		
	程序注入部门理解具体操作步骤		
	质检试验要求下发至质检试验部门		
	质检试验部门已经理解具体操作步骤		
	包装方法下发至包装部门		
	包装部门已经理解具体操作步骤		
	库房部门确认人员就位		
机	PCB生产部门工具可以支持新品生产		
	PCB生产部门设备可以支持新品生产		
	焊接部门工具可以支持新品生产		
	焊接部门设备可以支持新品生产		
	程序注入部门设备可以支持新品生产		
	质检试验工具可以支持新品生产		
	质检试验设备可以支持新品生产		
	包装部门工具可以支持新品生产		
	包装部门设备可以支持新品生产		
	库房确认新品货架和运输工具到位		
料	库房新品主料已经到位		
	库房新品辅料已经到位		
	库房新品包材已经到位		
法	技术部新品标准技术审核		
	品控组新品放行标准确认		
	计划部新品可安排生产计划		
环	环境因素不会影响新品生产		
	环境因素不会影响新品首次送货		

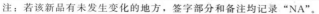

注：若该新品有未发生变化的地方，签字部分和备注均记录"NA"。

产品三

数码显示器

3.1 领取任务

一个单片机应用系统的开发,一般是从显示部分开始的,因为有了显示才会知道电路、程序等做得对不对。大多数单片机应用系统,比如控制仪表中,显示器部分都比较简单,常见的有数码显示和液晶显示两种。

本项目要求设计完成一个 5 位数码显示器,如图 3-1 所示。

(1) 任务内容(以实际条件为准)

制作数码显示器。显示内容如下:同学们补充_____。

(2) 任务指标(以实际条件为准)

灯的大小:同学们补充_____。

灯的个数:同学们补充_____。

显示速度:同学们补充_____。

图 3-1 5 位数码显示器实例

(3) 任务完成时限(以实际条件为准)

即日起,7 天内完成。

(4) 任务条件(本书条件)

仪器:普通万用表一台,STC 单片机实验箱一台。

软件:Keil 和 STC 单片机下载软件。

器件:两个 4 位共阴极的数码管,一个共阳极的数码管,1kΩ 以上且 10kΩ 以下电阻 20 个,74HC595 两个,单片机核心板一块。

(5) 合同(略)

3.2 知识点学习与技能训练

3.2.1 用单片机控制一位数码管显示数据

丁某某同学今天在食堂打饭,当拿饭卡打饭时,看见 IC 卡收银机上显示着很多数字,他很好奇。下午上课前,他迫不及待地问老师:IC 卡收银机也是单片机控制的吗?上面的数字是怎么显示出来的呢?

3.2.1.1 数码管工作原理

(1) 数码管结构

数码管由 8 个发光二极管(以下简称字段)构成,通过不同的组合可用来显示数字 0~9、字符 A~F、H、L、P、R、U、Y、符号"—"及小数点"."等。数码管的外形结构如

图 3-2（a）所示；数码管又分为共阴极和共阳极两种结构，如图 3-2（b）所示；两位数码管实物如图 3-2（c）所示。

（2）数码管工作原理

共阳极数码管的 8 个发光二极管的阳极连接在一起，公共阳极接高电平（一般接电源），其他引脚接段驱动电路输出端，如图 3-2（b）所示。当某段驱动电路的输出端为低电平时，则该端所连接的字段导通并点亮，根据发光字段的不同组合，可显示出各种数字或字符。此时，要求段驱动电路能吸收额定的段导通电流，还需根据外接电源及额定段导通电流来确定相应的限流电阻。

共阴极数码管的 8 个发光二极管的阴极连接在一起，如图 3-2（b）所示，通常公共阴极接低电平（一般接地），其他引脚接段驱动电路输出端，当某段驱动电路的输出端为高电平时，则该端所连接的字段导通并点亮，根据发光字段的不同组合可显示出各种数字或字符。同样，要求段驱动电路能提供额定的段导通电流，还需根据外接电源及额定段导通电流来确定相应的限流电阻。

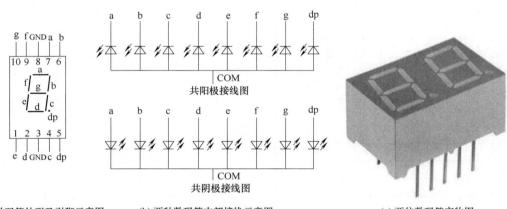

(a) 数码管外形及引脚示意图　　(b) 两种数码管内部接线示意图　　(c) 两位数码管实物图

图 3-2　常用的 7 段 LED 数码管的结构

（3）数码管字形编码

要使数码管显示出相应的数字或字符必须使段数据口输出相应的字形编码。对照图 3-2（a）和（b），字形编码各位定义如下。

数据线 D0 与 a 字段对应，D1 与 b 字段对应……，依此类推。如使用共阳极数码管，数据为"0"表示对应字段亮，数据为"1"表示对应字段灭；如使用共阴极数码管，数据为"0"表示对应字段灭，数据为"1"表示对应字段亮。例如要显示"0"，共阳极数码管的字形编码应为：11000000B（即 C0H）；共阴极数码管的字形编码应为：00111111B（即 3FH）。依此类推可求得数码管字形编码如表 3-1 所示。

表 3-1　数码管字形编码表

显示字符	字形	共阳极								字形编码	共阴极								字形编码
		D7	D6	D5	D4	D3	D2	D1	D0		D7	D6	D5	D4	D3	D2	D1	D0	
		dp	g	f	e	d	c	b	a		dp	g	f	e	d	c	b	a	
0	0	1	1	0	0	0	0	0	0	C0H	0	0	1	1	1	1	1	1	3FH
1	1	1	1	1	1	1	0	0	1	F9H	0	0	0	0	0	1	1	0	06H

续表

显示字符	字形	共阳极									共阴极							
		D7	D6	D5	D4	D3	D2	D1	D0	字形编码	D7	D6	D5	D4	D3	D2	D1	D0	字形编码
		dp	g	f	e	d	c	b	a		dp	g	f	e	d	c	b	a	
2	2	1	0	1	0	0	1	0	0	A4H	0	1	0	1	1	0	1	1	5BH
3	3	1	0	1	1	0	0	0	0	B0H	0	1	0	0	1	1	1	1	4FH
4	4	1	0	0	1	1	0	0	1	99H	0	1	1	0	0	1	1	0	66H
5	5	1	0	0	1	0	0	1	0	92H	0	1	1	0	1	1	0	1	6DH
6	6	1	0	0	0	0	0	1	0	82H	0	1	1	1	1	1	0	1	7DH
7	7	1	1	1	1	1	0	0	0	F8H	0	0	0	0	0	1	1	1	07H
8	8	1	0	0	0	0	0	0	0	80H	0	1	1	1	1	1	1	1	7FH
9	9	1	0	0	1	0	0	0	0	90H	0	1	1	0	1	1	1	1	6FH
A	A	1	0	0	0	1	0	0	0	88H	0	1	1	1	0	1	1	1	77H
B	B	1	0	0	0	0	0	1	1	83H	0	1	1	1	1	1	0	0	7CH
C	C	1	1	0	0	0	1	1	0	C6H	0	0	1	1	1	0	0	1	39H
D	D	1	0	1	0	0	0	0	1	A1H	0	1	0	1	1	1	1	0	5EH
E	E	1	0	0	0	0	1	1	0	86H	0	1	1	1	1	0	0	1	79H
F	F	1	0	0	0	1	1	1	0	8EH	0	1	1	1	0	0	0	1	71H
H	H	1	0	0	0	1	0	0	1	89H	0	1	1	1	0	1	1	0	76H
L	L	1	1	0	0	0	1	1	1	C7H	0	0	1	1	1	0	0	0	38H
P	P	1	0	0	0	1	1	0	0	8CH	0	1	1	1	0	0	1	1	73H
R	R	1	1	0	0	1	1	1	0	CEH	0	0	1	1	0	0	0	1	31H
U	U	1	1	0	0	0	0	0	1	C1H	0	0	1	1	1	1	1	0	3EH
Y	Y	1	0	0	1	0	0	0	1	91H	0	1	1	0	1	1	1	0	6EH
—	—	1	0	1	1	1	1	1	1	BFH	0	1	0	0	0	0	0	0	40H
.	.	0	1	1	1	1	1	1	1	7FH	1	0	0	0	0	0	0	0	80H
熄灭	熄灭	1	1	1	1	1	1	1	1	FFH	0	0	0	0	0	0	0	0	00H

一位共阳极数码管与单片机的连接电路

笔记

3.2.1.2 一位共阳极数码管与单片机的连接电路

一位共阳极数码管的显示电路如图 3-3 所示。

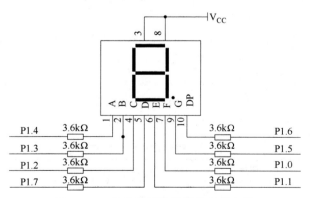

图 3-3 一位共阳极数码管的显示电路

3.2.1.3 用单片机控制数码管显示 "6" 程序

任务程序如下:

```
//程序名称:yiweishumaguan.c
//功能:一个数码管显示6(共阳极)
#include "stc15xxxxx.h"    //头文件stc15fxxxx.h,定义了stc15f系列单片机的特殊功能寄存器
#define   duanma   P1  //宏定义
/********以下主程序(函数)********/
void main()
{
while(1)
    {
    duanma=0x48;         //段码送6的码值,数码显示6
    }
}
```

3.2.1.4 C语言知识学习(三)

(1) C语言预处理命令

预处理命令以符号"#"开头。预处理的含义是在编译之前进行的处理。C语言的预处理主要有三个内容:宏定义、文件包含和条件编译。

① 宏定义又称为宏代换、宏替换,简称"宏"。比如:

```
#define   PAI   3.1415
#define   uint  unsigned int
```

以上两个语句的意思很好理解,就是编译之前确定一下 PAI 能代替 "3.1415", uint 能代替 "unsigned int"。可见掌握"宏"概念的关键是"代替"。

使用宏的注意事项:宏定义末尾不加分号";",宏定义可以写在文件的最开头,也可以写在中间。

② 文件包含,就是一个文件包含另一个文件的内容。比如:

```
#include   "reg51.h"
```

笔记

Keil 软件中,一个项目里面可以有很多个程序文件,通过包含关系,把它们连接在一起。这里的 reg51.h,是别人已经编好的一个头文件,它把 51 单片机中最常见的寄存器和寄存器地址给我们定义好了。例如 P1.2 引脚 "reg51.h" 里规定是 P1^2。

③条件编译 有些语句或文件希望在条件满足时才编译。其标准格式如下:

```
#ifdef   表达式
程序段 1
#else
程序段 2
#endif
```

当表达式成立时,编译程序段 1,当表达式不成立时,编译程序段 2。

④ 头文件的编写方法。

步骤一:用 Keil 软件,建立 yanshi.c 文件。

输入以下内容:

```
void  yanshi(unsigned int y)
{
   while(y--);
}
```

步骤二：用 Keil 软件，建立 yanshi.h 文件。
输入以下内容：

```
#ifndef  __yanshi__H__
#define  __yanshi__H__     //此处两句预处理的作用是防止该头文件被重复使用
extern void yanshi (unsigned int y);
#endif
```

步骤三：将 yanshi.h 和 yanshi.c 放在项目的文件夹里，并在 Keil 中将 yanshi.c 添加到项目中（右键左边的 Source Group n，选择 Add file to group 'Source group n'），要用到 yanshi () 函数的话用 include "yanshi.h" 就行了，例如：

```
#include <reg51.h>
#include "yanshi.h"
void main()
{
yanshi(60000);
while(1);
}
```

（2）常量

常量是在程序执行过程中不变的量。常量在程序中经常直接出现，不需要分配存储空间。如 123、4.9、0xf8、'a'、"computer"。

笔记

常量的分类：

① 不同进制的数据：

十进制。例：10，35，−1289。

八进制，以 0 开头。例：010，对应十进制的 8。

十六进制，以 0x 开头。例：0x10，对应十进制的 16。

② 字符型数据：普通字符用单引号括起来。在 C 语言中，字符型数据是用 ASCII 码来表示和储存的。例：'A' 其 ASCII 码值是 65，'a' 其 ASCII 码值是 97。

③ 符号常量：用符号代替一个指定的常量。对于符号常量应该先定义后使用。一旦定义，在程序中凡是出现常量的地方均可用符号常量名来代替。对使用了符号常量的程序在编译前会以实际常量替代符号常量。

定义格式如下：

　　#define 符号常量 常量

例：

```
#define  PAI    3.1415
#define  uint   unsigned int
#define  uchar  unsigned char
```

（3）变量

变量是程序运行时可以随时改变的量。变量存放在存储单元中，通过变量可以对存储单元内的数据进行修改、存取。定义变量时，需要确定变量的数值范围大小，决定占用多大的内存单元。比如延时子程序中的"k"是一种在程序执行过程中其值不断减 1 的量，这样的数据应存放在内存的 RAM 中。

定义变量就是为变量分配合适的内存单元，应根据变量在程序运行中可能出现的最大值来为变量安排合适的内存单元，即数据类型。

定义变量至少应说明两个方面的内容：①变量的名字，用来区分不同的变量（也就是不同的内存单元）；②变量所需要的内存空间大小，就是数据类型。

定义变量时应注意：

- 变量名不能与系统的关键字（保留字）同名；
- 变量名不能重复（在同一函数中或所有的全局变量）；
- 在定义变量时可以同时对变量赋值，如果没有赋值的话默认为 0；
- 变量的名字区分大小写；
- 如果对变量实际所赋的值超出了变量所定义类型的范围，将产生溢出；
- 变量必须先定义后使用。

（4）C 语言数据类型

数据是计算机操作的对象，任何程序设计都要进行数据的处理。具有一定格式的数字或数值叫作数据，数据的不同格式叫作数据类型。

划分数据类型的意义：为了科学地分配单片机内存单元，就是根据实际要存储的数据大小来安排适当字节数的内存单元。具体见表 3-2。

表 3-2 KeilC51 基本数据说明

序号	数据类型	位数	字节数	数值范围
1	unsigned char	8	1	0～255
2	char	8	1	-128～$+127$
3	unsigned int	16	2	0～65535
4	int	16	2	-32768～$+32767$
5	unsigned long	32	4	0～4294967295
6	signed long	32	4	-2147483648～$+2147483647$
7	float	16+16	4	$-3.402823E+38$～$+3.402823E+38$
8	bit	1		1、0
9	sfr	8	1	单片机内部特殊功能寄存器区
10	sfr16	16	2	单片机内部 16 位特殊功能寄存器
11	sbit	1		特殊功能寄存器中的可位寻址位

① 字符型：占用 1 个内存单元；它又分为无符号字符型和有符号字符型。

无符号字符型：标示符号为 unsigned char，可以存储数值范围是 0～255。例如：

```
unsigned char a;
unsigned char b,c;
unsigned char z=214;
unsigned char x='m';    //将 m 的 ASCII 码赋给 x
```

有符号字符型：标示符号为 char，可以存储数值范围是-128～$+127$。这时最高位被规定为符号位（0 为正数，1 为负数），故真正的数值位只有 7 位。例如：

```
    char    a;
    char    temp,s=-32;
    char    b=65;
```

② 整型数据：占用两个内存单元。

无符号整型：标示符号为 unsigned int，可以存储数值范围是 0～65535。例如：

```
    unsigned int a;
    unsigned int c=4325;
    unsigned int y=64325;
```

有符号整型：标示符号为 int，可以存储数值范围是-32768～+32767，最高位是符号位（0 为正数，1 为负数）。例如：

```
    int a;
    int b,d,tem;
    int a=435,b=-2139,c=-15534;
```

③ 长整型：占 4 个字节，包括有符号长整型（signed long）和无符号长整型（unsigned long）。unsigned long 可以存储：0～4294967295；signed long 可以存储-2147483648～+2147483647。

④ 单精度浮点型：占 4 个字节单元，标示符号为 float，可存储数值范围是-3.402823E+38～+3.402823E+38。例如：

```
    float    a=9.435;
    float    b=-0.98;
```

⑤ 位类型：bit 只占 1 位。其值不是 1 就是 0。

⑥ 特殊功能寄存器：sfr 占用 1 个内存单元。其值必须是 51 单片机的特殊功能器地址。例如：

笔记

```
    sfr    P1=0X90;    //就是用 P1 代表内部 RAM 的 0x90 单元
```

⑦ 特殊功能寄存器的可位寻址位：sbit 用来表示特殊功能寄存器的可位寻址位。例如：

```
    sbit    LED7=P0^0;    //就是用 LED7 来表示 P0 口的第 0 位
    sbit    deng=P2^5;    //就是用 deng 来表示 P2 口的第 5 位
```

评估

（1）分别编写程序，用单片机控制一位数码管显示不同的数字，如：0、1、2、3、4、5、6、7、8、9、a、b、c、d、e、f。

（2）编写一位数码管轮流显示 0～9 的程序，时间间隔为 1s。

3.2.2 用多联数码管和 74HC595 芯片 8 位动态显示

一个数码管需要 8 到 9 个引脚，如果需要接 8 个数码管，就是最少要 8×8=64 个引脚，单片机 I/O 口不够用，怎么办？

3.2.2.1 八位数码管与单片机的连接电路

八位数码管动态显示电路如图 3-4 所示。图中，用到两个四联的数码管和两个 74HC595

用多联数码管和 74HC595 芯片 8 位动态显示

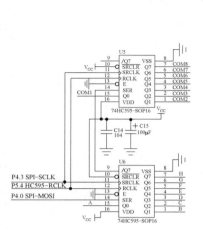
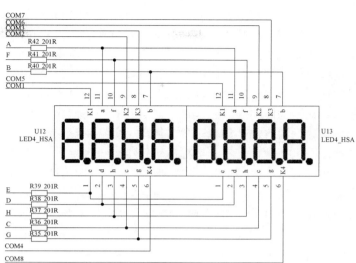

图 3-4 八位数码管动态显示电路

芯片。后面分别加以介绍。

3.2.2.2 多联数码管与动态显示技术

多联数码管，就是把多个数码管封装为一个整体，常见的有两个、三个和四个的，本系统采用四个的。为了减少封装引脚，多联数码管的每一个单元的字段（a～dp）是公用的，就是说 4 个数码管的 a 是连在一起的，b 是连在一起的，c 也是连在一起的，在同一个时刻，每个数码管得到的数据是一样的。数码管的引脚如图 3-5（a）所示。虽然公共端（COM）是独立的，但是多联数码管在同一个时刻只能显示相同的数字，这可如何是好呢？

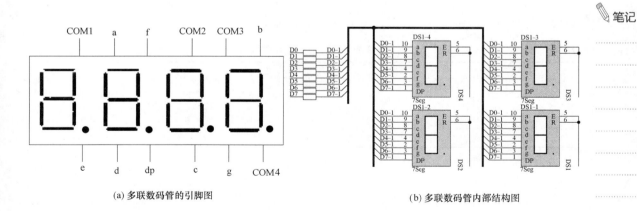

(a) 多联数码管的引脚图　　　　　　　(b) 多联数码管内部结构图

图 3-5 多联数码管

若要各位数码管能够显示出不同的字符，就必须采用动态扫描显示方式。即在某一时刻，只让某一位的"位"选线处于导通状态，而其他各位的"位"选线处于关闭状态。同时，段线上输出相应"位"要显示字符的字形编码。这样在同一时刻，只有选通的那一位显示出字符，而其他各位则是熄灭的。然后换下一个位码和下一个数字，如此循环下去，就可以使各位数码管显示出将要显示的字符。但是，为什么看起来是同时亮呢？

虽然这些字符是在不同时刻出现的，而且同一时刻，只有一位显示，其他各位熄灭，由于数码管具有余辉特性和人眼有视觉暂留现象，只要每位数码管显示间隔足够短，给人眼的视觉印象就会是连续稳定地显示，这和电影、电视、动画片的原理相同。

数码管不同位显示的时间间隔可以通过调整延时程序的延时长短来实现。数码管显示的时间间隔也能够确定数码管显示时的亮度，若显示的时间间隔长，显示时数码管的亮度将亮些，若显示的时间间隔短，显示时数码管的亮度将暗些。若显示的时间间隔过长的话，数码管显示数据时将产生闪烁现象。所以，在调整显示的时间间隔时，既要考虑到显示时数码管的亮度，又要数码管显示数据时不产生闪烁现象。

数码管由 7 个条形的 LED 和右下方一个圆形的 LED 组成，这样一共有 8 个段线，恰好适用于 8 位的并行系统。数码管有共阴极和共阳极两种，共阴极数码管的公共阴极接地，当各段阳极上的电平为"1"时，该段点亮，电平为"0"时，该段熄灭；共阳极数码管的公共阳极接+5V，当各段阴极上的电平为"0"时，该段点亮，电平为"1"时，该段熄灭。

多联数码管显示字符的方法解决了，那么单片机是如何控制它的呢？首先单片机的 I/O 口的驱动能力就不够，尤其是对于公共端，显然，这里必须加驱动电路了。数码管的驱动电路有很多种，比如三极管驱动，74LS138 加 74LS245 驱动等。在这里我们采用单片机引脚使用最少的方法：74HC595 驱动，这里只用到单片机 3 个引脚，而且与数码管的个数无关。无论用到多少个数码管，都只是 3 个引脚。

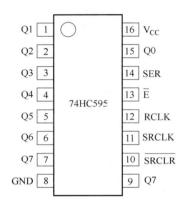

图 3-6　74HC595 引脚排列图

3.2.2.3　74HC595 简介与按时序图编程

（1）74HC595 简介

74HC595 芯片是一种串入并出的芯片，在电子显示屏、数码显示器制作当中有广泛的应用。其引脚排列如图 3-6 所示，各引脚的功能如表 3-3 所示。

表 3-3　74HC595 芯片引脚功能表

引脚号	引脚名称	输入/输出	说明	接器件
1、2、3、4、5、6、7、15	Q1、Q2、Q3、Q4、Q5、Q6、Q7、Q0	输出	并行数据输出脚	接数码管
14	SER	输入	串行数据输入脚	接单片机
12	RCLK	输入	锁存器时钟输入脚	接单片机
11	SRCLK	输入	寄存器时钟输入脚	接单片机
13	E	输入	使能端、低电平有效	接 GND
10	SRCLR	输入	清除端、低电平有效	接 VCC
16	VCC(+5V)	电源	电源	接 VCC
8	GND	地	地	接 GND
9	Q7'	输出	串行数据输出端	另外一片 74HC595

13 脚 E，使能端，使之能工作的意思。当该引脚的电压是低电平时，芯片才能正常工作，否则不工作。10 脚 SRCLR，输出清零引脚。当该引脚是低电平时，输出被清零，并保持不变，因此正常工作时，该引脚为高电平。

信号输出脚，每个脚驱动电流是 35mA 以上，满足小型数码管的需要。1~7、15 脚 Q0~Q7，并行数据输出引脚，接数码管的段码引脚或者位码引脚；9 脚 Q7′，串行数据输出脚，可用于多个 74HC595 芯片之间的级联。

信号输入脚，电信号和单片机匹配。SER 串行信号输入脚，所有的位码信号和段码信号都要从这一个脚输入，因此只能传完一位信号、再传一位信号地输入，是典型的串行输入。

SRCLK 串行时钟输入脚。当信号采用串行输入时，74HC595 中每个传递时刻的传递关系如图 3-7 所示，按时间顺序的 8 次传递过程见图 3-8 的工作时序图。这个传递的时刻就由 SRCLK 脚控制，在它的每一个上升沿，传递数据，其他时刻数据保持不变。如果要传递 8 次数据，单片机从 SER 脚送来 8 次数据，每次 SRCLK 脚只需高低电平变化一次即可。成功传递一位的时间间隔是几十纳秒（100MHz 的移位频率）。

Q00 → Q10
Q10 → Q20
Q20 → Q30
Q30 → Q40
Q40 → Q50
Q50 → Q60
Q60 → Q70
Q70 → Q7′

图 3-7 某时刻 74HC595 串行数据传递示意图

RCLK 脚，见图 3-8，当 RCLK 脚为上升沿时，原来存放在 Q00~Q70 的数据才会 8 位同时传输到对应的 Q0~Q7 中，因此称为并行传输。当 RCLK 脚为其他情况时，Q0~Q7 中数据保持不变。

按时序图编程方法说明如下：

第一步，确定编程中用到的引脚。这里主要是三个引脚，SER 串行数据输入脚、SRCLK 脚、RCLK 脚。

第二步，见图 3-8（a），做好初始化工作。SRCLR 接 "1"、OE 接 "0"，用电路直接接好。SER 是将要发送的数据，由单片机送来 0。SRCLK=0，由单片机送来低电平。Q00 到 Q7′是中间的输出。

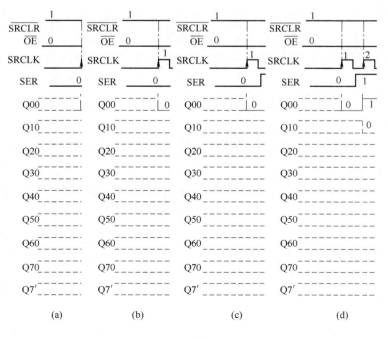

图 3-8

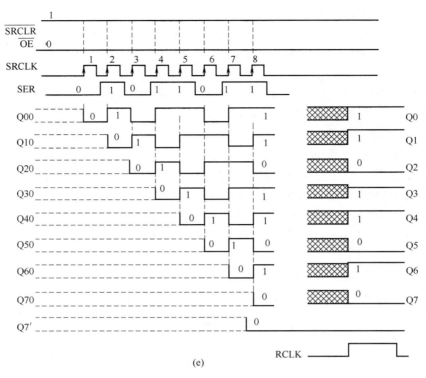

图 3-8　74HC595 芯片在本系统中的工作时序图

第三步，见图 3-8（b），发送第一个数据。SRCLK＝1，由单片机送来高电平。第一个数据送出，Q00＝0。然后 SRCLK＝0，由单片机送来低电平，准备发送下一个数据。

第四步，见图 3-8（c），准备第二个数据。

第五步，见图 3-8（d），发送第二个数据。SRCLK＝1，等到 SRCLK＝0 之后，Q00＝1，Q01＝0，数据顺序后传。要理解这是为什么，见电路图 3-9，SER 信号接的是 8 个移位寄存器，数据就是在时钟脉冲 SRCLK 信号作用下，一位一位向后传的。其他位的信号，就不再赘述了。

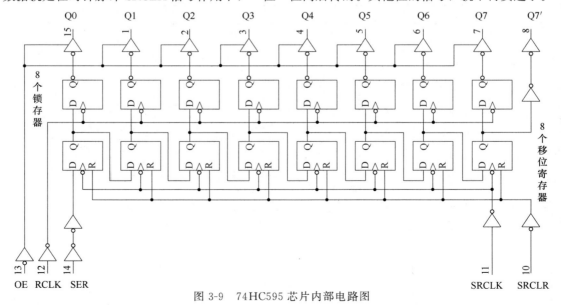

图 3-9　74HC595 芯片内部电路图

最后一步，并行输出。当8个数据通过 SER 传入 74HC595 以后，由于 RCLK 时钟没有到，并行数据没有输出。当 RCLK＝1，8 位并行数据就输出了。为了下次输出准备，RCLK＝0。

(2) 74HC595 相关程序说明

串行输入数据存储程序如下：

```
void song_595(unsigned char dat) //74HC595 芯片 8 位串行数据寄存程序
{
    unsigned char i; //定义循环次数
    for(i=0; i<8; i++) //for 语句确定次数循环
    {
        dat <<=1; //左移指令。dat <<=2 是左移 2 位, dat <<=3 是左移 3 位
        P_HC595_SER   =CY; //左移时最高位将进入 CY 中, 最低位补零。最高位数据进入 74HC595
        P_HC595_SRCLK=1; // SRCLK 上升沿来, 最高位数据存入 Q00, 其余顺序移位存储
        P_HC595_SRCLK=0; // SRCLK 下降沿来, 为下一次数据输入做准备
    }
}
```

并行数据信号直接输出到数码管上，因此 74HC595 输出程序就是数码管显示程序，具体如下：

```
void   xianshi1wei(unsigned char weima,  unsigned char   duanma)   //显示 1 位程序
{
song_595(T_COM[weima]);          //输出位码到移位寄存器
song_595(t_abcdefgdp[duanma]);    //输出段码到移位寄存器
P_HC595_RCLK=1;           //RCLK 上升沿来, 数据到数码管
P_HC595_RCLK=0;           //锁存输出数据
}
```

知识小问答

1. 什么叫三态输出？

答：就是有高电平、低电平和高阻（电阻很大，就是不导通的意思）三种状态。通常在一些输出驱动芯片里常见。74HC595 在不工作的时候输出处于高阻状态。

2. 什么是移位寄存器？

答：所谓的存储器，就是暂时存放数据的意思，就像大家出门在火车站存包一样，把物品暂时存放一下，一段时间后再取走，数据从什么地方进，就从什么地方出。移位寄存器，比如站成一排传递物品，从一个地方传到下一个地方，每次都这样。

3. 什么是锁存器？

答：就是信号像锁住了一样，只有满足在某个条件时，信号才会发生变化。

4. 怎么看控制信号是低电平有效还是高电平有效？

答：这个可以看引脚真值表。74HC595 芯片引脚真值表见表 3-4。H＝高电平状态、L＝低电平状态、↑＝上升沿、↓＝下降沿、Z＝高阻、NC＝无变化、×＝无效或者高低电平均可。表中左边是输入，右边是对应的输出。

表 3-4　74HC595 芯片引脚真值表

输入引脚					输出引脚
SER	SRCLK	SRCLR	RCLK	OE	
×	×	×	×	H	Q0～Q7 输出高阻
×	×	×	×	L	Q0～Q7 输出有效值,0 或者 1
×	×	L	×	×	移位寄存器清零
L	↑	H	×	×	移位寄存器 Q00 存储 L,其他位顺序向上传递
H	↑	H	×	×	移位寄存器 Q00 存储 H,其他位顺序向上传递
×	↓	H	×	×	移位寄存器状态保持
×	×	×	↑	×	输出存储器锁存移位寄存器中的状态值到 Q0～Q7
×	×	×	↓	×	输出存储器状态保持

3.2.2.4　八位数码管显示不同数字流程图

八位数码管显示流程图如图 3-10 所示。

3.2.2.5　编程实现多位数码管显示不同的数字

```
#include"stc15w.h"
#include"intrins.h"
/********** 本地常量声明 **********/
unsigned char code  t_abcdefgdp[ ]={               //段码共阴
//       0    1    2    3    4    5    6    7    8    9    A    B    C    D    E    F
       0x3F,0x06,0x5B,0x4F,0x66,0x6D,0x7D,0x07,0x7F,0x6F,0x77,
       0x7C,0x39,0x5E,0x79,0x71};
     unsigned  char code   T_COM[ ]={0xfe,0xfd,0xfb,0xf7,0xef,
0xdf,0xbf,0x7f};//位码,共阴


/********** IO 口定义 **********/
sbit    P_HC595_SER   =P4^0;        //pin 14SER
sbit    P_HC595_RCLK  =P5^4;        //pin 12RCLK
sbit    P_HC595_SRCLK =P4^3;        //pin 11SRCLK
/********** 向 HC595 发送一个字节函数 **********/
void song_595(unsigned char dat)
{
    unsigned char i;
    for(i=0; i<8; i++)
    {
        dat <<=1;
        P_HC595_SER   =CY;
        P_HC595_SRCLK =1;
        P_HC595_SRCLK =0;
    }
}
/**************** 显示函数 ********************/
void   xianshi1wei(unsigned char weima,  unsigned char duanma)
```

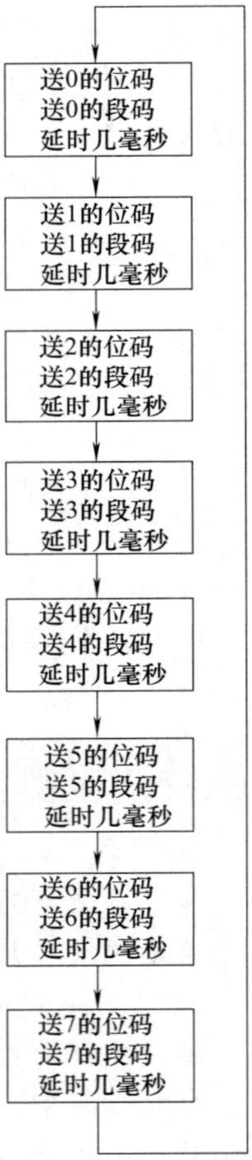

图 3-10　八位数码管显示流程图

送0的位码
送0的段码
延时几毫秒

送1的位码
送1的段码
延时几毫秒

送2的位码
送2的段码
延时几毫秒

送3的位码
送3的段码
延时几毫秒

送4的位码
送4的段码
延时几毫秒

送5的位码
送5的段码
延时几毫秒

送6的位码
送6的段码
延时几毫秒

送7的位码
送7的段码
延时几毫秒

```
{
    song_595(T_COM[weima]);              //输出位码
    song_595(t_abcdefgdp[duanma]);       //输出段码
    P_HC595_RCLK=1;
    P_HC595_RCLK=0;                      //锁存输出数据
}
/*******延时子程序*********/
void Delay3ms()         //@11.0592MHz
{
    unsigned char i, j;

    _nop_();
    _nop_();
    i=33;
    j=66;
    do
    {
        while (--j);
    } while (--i);
}/***************  主函数  ***************/
void main(void)
{
    while(1)
    {
        xianshi1wei (0,1);
        Delay3ms( );     //延时 3ms

        xianshi1wei (1,2);
        Delay3ms( );     //延时 3ms

        xianshi1wei (2,3);
        Delay3ms( );     //延时 3ms

        xianshi1wei (3,4);
        Delay3ms( );     //延时 3ms

        xianshi1wei (4,5);
        Delay3ms( );     //延时 3ms

        xianshi1wei (5,6);
        Delay3ms( );     //延时 3ms
```

```
        xianshi1wei( 6,7);
        Delay3ms( );       //延时 3ms

        xianshi1wei (7,8);
        Delay3ms( );       //延时 3ms
    }
}
```

3.2.2.6　C 语言知识学习（四）

（1）数组知识

① 数组是将类型相同按照特定顺序排列的一组数存放在存储器（ROM 或 RAM）中，所以数组在内存中是一个连续的数据块。数据块中的每一个数就是数组的一个元素。数组的每个元素的类型必须一样。数组就是把同一类的数据（比如整数、实数、字符等）放在一起，统一存放，统一定义，方便编程。在 C 语言中，数组必须先定义后使用。

C 语言知识学习（四）

② 定义一个数组，需要说明该数组的数据类型（也就是各个元素的数据类型）和数组的名字，数组的名字代表这个数组的第一个元素在内存中的地址。

所以只要知道数组的名字就可以找到该数组的第一个元素在内存中的位置，再根据该数组的数据类型，就可以推算出该数组其他元素在内存中的位置。

③ 数组的定义与初始化。数组可以放在 ROM 和 RAM 中，如果是放在 RAM 中，则可以不初始化（赋初值），在系统运行时才根据需要进行赋值。如果数组放在 ROM 中就必须赋初值，因为 ROM 在程序运行时不能进行数据更改。所以根据数组放的位置可分为动态数组（放 RAM 中）和静态数组（放 ROM 中）。由于单片机的 RAM 有限，静态数组一般应放在 ROM 中。

④ 静态数组的定义方法：

笔记

数组类型　code　数组名[元素个数]＝{…};

code 表示数组以代码形式存在于 ROM 中，这样其元素的值在下载程序时就固化到 ROM 中，运行程序时不能更改。各元素之间用逗号隔开。

例如：数码管的段码一般以数组形式放在 ROM 中。

　　unsigned char code　duanma[10]＝{0xc0,0xf9,0xa4,0xb0,0x99,0x92,0x82,0xf8,0x80,0x90};

当数组已经定义了初值，[ ] 中的 10 可以省略，系统会自己计算数组的元素个数。

⑤ 动态数组的定义方法：

数组类型　数组名[元素个数]＝{…};

char　ch[20] ;　　//字符数组 ch,有 20 个元素,各元素默认值为存储单元里面原来的值

当数组中的元素全为字符时(即字符串数组)，可以用如下方法定义：

　　unsigned char　code　zufu[ ]＝"大家好";//有汉字字库
　　unsigned char　code　zufu[ ]＝"abcd";　　//这时内存中存放的是对应字符的 ASCII 码值
　　unsigned char　code　zufu[ ]＝"你好 ab";//有汉字字库
　　unsigned char　zufu[ ]＝"你好 ab";

⑥ 数组的引用：

数组的元素名：数组的元素号从 0 开始。

例如：

 uchar shuzi[ ]={0,1,2,3,4,5};//无符号字符型名字是 shuzi

说明：

shuzi[0] //代表数组的第一个元素，即 0
shuzi[4]=8; //把 8 赋给数组的 4 号元素，即 shuzi[ ]={0,1,2,3,4,8}
a=shuzi[2]; //把数组的 2 号元素赋给 a 变量，a=2
P0=shuzi[1]; //P0=00000001B
shuzi[0]=4; //即 shuzi[ ]={4,1,2,3,4,8}
shuzi[3]= 'e'; //把 e 的 ASCII 码赋给数组的 3 号元素

（2）指针简介

① 指针的概念：变量在内存中所在的存储单元的地址即为该变量的指针。通过指针可以找到某一个变量的地址，从而获得该变量的值。

② 指针的定义：定义指针就是确定一个内存单元来存放另一个变量的地址。定义指针的方法是利用指针说明符：" * "。例如：

 int *p; //定义了一个整型指针。p 只能用来存放整型变量的地址
 char *m;//定义了一个无符号字符型指针。m 只能用来存放无符号字符型变量的地址

③ 指针的初始化：将某一个变量的地址放到该指针中就叫作指针的初始化（赋值）。例如：

 int a;
 int *p;
 a=214;
 p=&a; //取变量 a 的地址送到指针变量 p 中。&a 表示取 a 的地址

④ 通过指针取变量的值，例如：

 int a=157,u; //定义变量 a 并赋初值 157，定义一个变量 u
 int *p; //定义指针 p
 P=&a; //将指针 p 指向变量 a
 u=*p; //取 p 所指变量的值赋给变量 u=157

⑤ 数组的指针就是数组第一个元素的地址，例如：

 uchar code shuzu[]={1,3,5,7,9};
 uchar *p,*q,t,m;
 p=&shuzu[0];
 q=&shuzu[4];
 t=shuzu[2];
 p=shuzu [ ];   //p 指向数组的首元素

> 评估

(1) 编写 8 位数码管显示 8421563.6 的程序。
(2) 通过自己的努力，学习多维数组的用法。
(3) 学习其他的 I/O 接口扩展方法。

3.2.3　设计一个仪表的数码管数值显示器

单片机的使用，是系统数字化的标志之一。用单片机完成数值显示是单片机在测量仪表中必须完成的任务。某温度控制器有 8 个数码管显示器，其外形如图 3-11 所示，请设计程序显示 SV＝800.0，PV＝798.5。

图 3-11　温度控制器面板示意图

一个数码管只能显示一位数字，多位数码管怎么正确显示不同的多位数呢？最好的方法是分工。这里我们把 8 个数码管的分工规定如下：

上排从右向左数，第一个数码管规定显示 PV 的末位，起名为 WEIX0；

第二个数码管规定显示 PV 的个位，起名为 WEIX1；
第三个数码管规定显示 PV 的十位，起名为 WEIX2；
第四个数码管规定显示 PV 的百位，起名为 WEIX3。

下排从右向左数，第一个数码管规定显示 SV 的末位，起名为 WEIX4；
第二个数码管规定显示 SV 的个位，起名为 WEIX5；
第三个数码管规定显示 SV 的十位，起名为 WEIX6；
第四个数码管规定显示 SV 的百位，起名为 WEIX7。

每一位数码管要显示的数字如何获取呢？这里以 WEIX1＝8 为例，说明求取过程。

笔记

第一步，PV 乘 10 使得 PV 变成整数，结果是 7985；
第二步，7985 除 1000，此时商是 WEIX3＝7，余数是 985；
第三步，985 除 100，此时商是 WEIX2＝9，余数是 85；
第四步，85 除 10，此时商是 WEIX1＝8，余数是 5，是 WEIX0。

3.2.3.1　C 语言知识学习（五）

这里讲解一下 C 语言的常用运算符。

① 赋值运算符及其表达式：＝赋值运算符号。
例如：

```
char a,b,c,f;
a=32;
b=0X57;
c=a+b;
f=c;
P0=f;
c=P3;
```

② 算术运算符及其表达式：＋、－、＊、/、％。

/（除）求商：两个浮点数相除结果为浮点数，两个整数相除结果为整数。例如：

7/2＝3；　5.76/7.2＝0.80001；

％（求余数）：求余运算的两个对象必须是整数。例如：

235％100＝35；

③ 自增（自减）运算符：＋＋、－－。
a. 前增1和前减1：＋＋a；　　//先使a＝a＋1，再使用a；
　　　　　　　　　－－a；　　//先使a＝a－1，再使用a；
b. 后增1和后减1：a＋＋；　　//先使用a，再执行a＝a＋1；
　　　　　　　　　a－－；　　//先使用a，再执行a＝a－1。

例如：

int　a＝4,b,c＝4,e；
b＝＋＋a；　//运行后:a＝5;b＝5；
e＝－－c；　//运行后:e＝3;c＝3；

int　a＝4,b,c＝4,e；
b＝a＋＋；　//运行后:a＝5;b＝4；
e＝c－－；　//运行后:c＝3;e＝4；

④ 关系运算符：关系运算符的运算结果只有1或0这两种结果，也就是逻辑真（1）或者假（0）。

运算符有：＞、＜、＞＝、＜＝、＝＝、！＝。

例1：

int　a＝233,b＝54；
a＞b；　//运算结果为真(1)
a＜b；　//运算结果为假(0)
a＞＝b；//运算结果为真(1)
a＜＝b；//运算结果为假(0)

例2：我们要求在P1口的状态为0xff时，将P0口的LED全部点亮：

```
#include <reg52.h>
Void  main()
{
while(P1==0xff)   //判断P1口是否为0xff，"=="常用来判断循环条件
    {
    P0=0X00；   //点亮P0口的灯
    }
P0=0Xff；   //熄灭P0口的灯
}
```

例3：要求当P1口任何一支引脚为低电压（0）时，这时P0口的奇数灯点亮，如果P0口全是高电压（1）就只让P0.0的灯亮，可用下面的程序：

```c
#include<reg52.h>
void main()
{
  while(P1!=0XFF)   //括号中是判断P1口是否为0xff
  {
  P0=0XAA;   //点亮P0口奇数的灯
  }
  P0=0XFE;   //点亮P0.0口的灯
}
```

⑤ 逻辑运算符：&&、||、!。

逻辑运算符的运算结果只有真（1）或假（0）两种。

&&：逻辑与。当参与运算的各个部分都为真时，其结果就是真，只要有一个是假，其结果就是假。例如：

```
int   a=32,b=56,c=47,d;
d=(a>b)&&(b>c);                // d 的值为 0(假)
d=(b>a)&&(b>c);                //d 的值为 1(真)
d=(a<b)&&(b<60)&&(c==47);      // （真）
d=(a!=21)&&(b<73);   //真
```

||：逻辑或。当参与运算的各个部分中有一个是真（1）时，其运算结果就是真，当各个部分都是0（假）时，其运算结果就是假。例如：

```
int a=32,b=56,c=47,d;
d=(a>b)||(b>c);                //1
d=(b>a)||(b>c);                //1
d=(a<b)||(b<60)||(c==47);      // 1
d=(a!=21)||(b<73);             // 1
```

!：逻辑非。把逻辑运算的结果取反。例如：

```
int   a=43,b=98,c=56,d;
d=!(a>c);                      //1
d=(a>c)&&(!(b<c));             //0
d=!((a>c)&&(d<a)&&(a!=b));     //1
d=!((a>c)||(d<a)||(a!=b));     //0
d=!((a>c)&&(d<a)||(a!=b));     //0
while(!P0.6)                   //如果P0.6为高电平(1)就不执行循环体
{
……
}
```

⑥ 位运算符：&、|、^、<<、>>、~。

&：按位与。用来将某个变量的指定位清0（置0）。例如：

    char   a＝0x12;
    a＝a&0x55; //将该变量的偶数位清0,奇数位不变
    char   b＝0xfd;
    b＝b&0xfe; //将b的最低位清0

|：按位或。用来将某个变量的指定位置1。例如：

    int   a＝0x12; //将该变量的偶数位置1,奇数位不变
    a＝a|0x55;
    char   b＝0x56;
    b＝b|0xfe; //将b的最低位置1

^：按位异或（相同出0，不同出1）。

~：按位取反。将某个变量的每一位都取反（0变1、1变0）。

<<左移、>>右移：主要用于对变量进行位操作，一般用来取变量的最低位或最高位。例如：取a的最高位。

    int   a＝0x31;
    a＝a<<1;   //把a左移1位后再赋给a,经过此操作后a的值会发生变化,同时最
                        高位(最左边的一位)被移到了PSW的最高位(即CY)中。所以通过
                        CY的值就可得知最高位是0还是1。

也可以用下面的方法得到a的最高位：

    a＝a&0x80;

例如：取a的最低位。

    int a＝0x45,b＝0x01,c;
    c＝a&b;   //通过该运算后,就可以对c进行判断,如果c不等于0,就说明a的最低位
                是1,否则c的最低位是0。

一个仪表的数码管显示器程序示例

3.2.3.2　一个仪表的数码管显示器程序示例

```
#include"stc15w.h"
#include"intrins.h"
/＊＊＊＊＊＊＊＊＊＊＊＊＊＊　本地常量声明　＊＊＊＊＊＊＊＊＊＊＊＊＊＊＊/
unsigned char code   t_abcdefgdp[ ]={0x3F,0x06,0x5B,0x4F,0x66,0x6D,0x7D,0x07,
0x7F,0x6F,0xBF,0x86,0xDB,0xCF,0xE6,0xED,0xFD,0x87,0xFF,0xEF,0x46};
//标准字库,共阴。前十位不带小数点数字,后十位带小数点数字
unsigned   char code   T_COM[ ]={0xfe,0xfd,0xfb,0xf7,0xef,0xdf,0xbf,0x7f};//位码,
共阴
/＊＊＊＊＊＊＊＊＊＊＊＊＊＊　IO口定义　＊＊＊＊＊＊＊＊＊＊＊＊＊＊＊/
sbit     P_HC595_SER＝P4^0;        //pin 14    SER
sbit     P_HC595_RCLK＝P5^4;       //pin 12    RCLK
```

```c
sbit    P_HC595_SRCLK=P4^3;     //pin 11   SRCLK
/************* 本地变量声明 ***************/
unsigned char    WEI[8];    //显示缓冲
/******SV、PV 值的按位处理子程序********/
void shujufenjie(float PV,float SV)
{
    unsigned int shujuPV,shujuSV;
    shujuPV=PV*10;
    shujuSV=SV*10;
    WEI[0]=shujuPV/1000;            //PV 千位
    WEI[1]=(shujuPV%1000)/100;      //PV 百位
    WEI[2]=(shujuPV%1000)%100/10+10; //PV 十位  小数点处理
    WEI[3]=(shujuPV%1000)%100%10;   //PV 个位
    WEI[4]=shujuSV/1000;            //SV 千位
    WEI[5]=(shujuSV%1000)/100;      //SV 百位
    WEI[6]=(shujuSV%1000)%100/10+10; //SV 十位  小数点处理
    WEI[7]=(shujuSV%1000)%100%10;   //SV 个位
}
/****************延时 3ms 函数*******************/
void Delay3ms( )//(略)
/**************向 74HC595 发送一个字节函数***********/
void song_595(unsigned char yinjiaoshuju)
{
    unsigned char i;
    for(i=0;i<8;i++)
    {
        yinjiaoshuju<<=1;
        P_HC595_SER  =CY;
        P_HC595_SRCLK=1;
        P_HC595_SRCLK=0;
    }
}
/*************** 显示函数 ****************/
void xianshi1wei(unsigned char weima,unsigned char duanma)
{
song_595(T_COM[weima]);             //输出位码
song_595(t_abcdefgdp[duanma]);      //输出段码
P_HC595_RCLK=1;
```

```
P_HC595_RCLK=0;              //锁存输出数据
}

void  xianshi8wei( )
{
        xianshi1wei(0,WEI[0]);
        Delay3ms();      //延时3ms
        xianshi1wei(1,WEI[1]);
        Delay3ms();      //延时3ms
        xianshi1wei(2,WEI[2]);
        Delay3ms();      //延时3ms
        xianshi1wei(3,WEI[3]);
        Delay3ms();      //延时3ms
        xianshi1wei(4,WEI[4]);
        Delay3ms();      //延时3ms
        xianshi1wei(5,WEI[5]);
        Delay3ms();      //延时3ms
        xianshi1wei(6,WEI[6]);
        Delay3ms();      //延时3ms
        xianshi1wei(7,WEI[7]);
        Delay3ms();      //延时3ms
}
/**************     主函数     *****************/
void main(void)
{
    while(1)
    {
    Shujufenjie(798.6,800.0);
    Xianshi8wei( );
    }
}
```

3.2.3.3 数码显示器经验总结

各种仪器设备不同,其显示器也不一样,但是工作原理都差不多,就是做两件事情:在什么位置显示和显示什么内容。

实施建议:

① 在这个项目的实施过程中,硬件上用到的元器件很多,引脚更多,要注意每个元器件引脚的连接关系;软件上要分清每个显示单元的对应的单片机I/O口和要显示的数据。

② 调试过程介绍。数码管显示的调试。平时我们看到数码管同时点亮着,实际上,在任意一个时刻,只有一位数码管被点亮。我们可以进一步把每位数码管的扫描动作细分为以下几个步骤:

- 输出当前位数码管的段码信号；
- 开启当前位数码管的位选信号；
- 启动毫秒级延时；
- 关闭数码管的位选信号；
- 下一位数码管，并重复上述 4 个步骤，如此周而复始。

当我们发现数字是闪烁的，是延时时间长了。如果是乱码，就把毫秒级延时放大到秒级延时，甚至更长，观察每个数码管的显示数据规律对不对？如果数据不对，可能是段码数据送错了；如果位数和位置不对，那是位码出错。

项目里规定的数送去数码管了但不显示，此时，可能是接口电路不对、数码管共阴共阳不对等。

总体调试，主要是要真正理解每个子程序的功能和作用，了解电路的工作原理，对整体程序结构认识充分，就好找错和改错了。

评估

编写 8 位数码管，按照"小时-分钟-秒"的格式，显示时间的程序。如 12-53-23。

3.3 产品设计制作

3.3.1 按照合同，完成项目

要求：尽量按照某个实际路口的交通灯运行时间流程和实际交通灯布局来做，这样我们才能获得一个比较大的成就感。驱动电路因为成本的关系这里就省略了，只做模拟控制器。在制作过程中，希望大家始终牢记：尽量保证此次设计的交通灯控制器能长期稳定正常工作。把你为此做的努力记录下来，哪怕是想法也记录下来。

3.3.2 作品交付与向上级汇报

① 作品交付。功能验收，主要内容如下：
a. 可以显示的位数。
b. 显示器的位置与颜色。
c. 显示内容。
d. 显示器寿命。
② 与显示器国家标准对接，查找差距。
显示器国家标准（同学们自行查找），这里特别说明一点，不符合国家标准的产品，不允许上市，属于非法产品。销售非法产品，必定会受到法律制裁。
③ 提交项目报告。
④ 和上级汇报工作。

3.3.3 档案整理和自我总结

同学们自我完成。

3.4 填写产品可以上线确认单

新品名称/规格：数码显示器　　　　　　　　新品客户：
新品上线日期：　　　　　　　　　　　　　　新品负责人：

分类	确认操作	确认人签字	其他备注
人	新元件下发至采购部门		
	采购部门已经理解具体元件和设备的购买参数		
	电路图下发至 PCB 生产部门		
	PCB 生产部门已经理解具体操作步骤		
	PCB 电路图下发至焊接部门		
	焊接部门已经理解具体操作步骤		
	程序注入部门理解具体操作步骤		
	质检试验要求下发至质检试验部门		
	质检试验部门已经理解具体操作步骤		
	包装方法下发至包装部门		
	包装部门已经理解具体操作步骤		
	库房部门确认人员就位		
机	PCB 生产部门工具可以支持新品生产		
	PCB 生产部门设备可以支持新品生产		
	焊接部门工具可以支持新品生产		
	焊接部门设备可以支持新品生产		
	程序注入部门设备可以支持新品生产		
	质检试验工具可以支持新品生产		
	质检试验设备可以支持新品生产		
	包装部门工具可以支持新品生产		
	包装部门设备可以支持新品生产		
	库房确认新品货架和运输工具到位		
料	库房新品主料已经到位		
	库房新品辅料已经到位		
	库房新品包材已经到位		
法	技术部新品标准技术审核		
	品控组新品放行标准确认		
	计划部新品可安排生产计划		
环	环境因素不会影响新品生产		
	环境因素不会影响新品首次送货		

注：若该新品有未发生变化的地方，签字部分和备注均记录"NA"。

笔记

产品四 医院病床呼叫系统演示器

4.1 领取任务

病床呼叫系统是一种应用于医院病房、养老院等地方，用来联系沟通医护人员和病人的专用呼叫系统。病床呼叫系统的优劣直接影响到病人的安危，历来受到各大医院的普遍重视。它要求及时、准确可靠、简便可行、利于推广。

病床呼叫系统的使用流程是当病人按下开关时，病床边会有提示音出现，同时在护士值班室的显示器上会显示相应号码，同时也有提示音出现，等等。

本产品比前一产品增加了很多按钮。按钮是仪器仪表中必备的一类操作元件，实现用户信号的输入。按钮的输入信号是数字信号"0"或者"1"。本任务里，按钮代表具有按钮输入信号特点的一类设备器件，比如光电开关、霍尔开关等数字传感器。

同学们，我们试着和＊＊区华强医院的院长一起，共同解决一下华强医院的病床呼叫系统设计问题。到学校附近的医院考察一下，设计完成一个能解决实际问题的＊＊＊＊呼叫系统方案并模拟实施。

（1）任务内容（以实际条件为准）

做一个医院病床呼叫系统演示器。功能如下：<u>同学们补充</u>。

（2）任务指标（以实际条件为准）

笔记

<u>同学们补充</u>。

（3）任务完成时限（以实际条件为准）

即日起，7 天内完成。

（4）任务条件（本书条件）

仪器：普通万用表一台，STC 单片机实验箱一台。

软件：Keil 和 STC 单片机下载软件。

新增器件：5V 继电器 1 个，光电耦合器 1 个，5×5 不自锁按钮若干，9013 三极管 1 个，1kΩ 电阻 2 个，100Ω 电阻 4 个，10kΩ 电阻 1 个，1N4007 二极管 1 个，蜂鸣器，自制系统需要的其他器件等。

（5）合同（略）

4.2 知识点学习与技能训练

4.2.1 单片机控制大功率设备的启停

单片机允许的电压是 5V 左右的直流电压，它能控制交流 220V 以上的设备吗？用单片机控制一个 220V 交流电动机的启停，按一下 1♯按钮，交流电机启动；按一下 2♯按钮，交流电机停止。

4.2.1.1 如何把电机接到单片机上

单片机是一个弱电器件，大都工作在 5V 电压以下，甚至更低，驱动电流在毫安级以下。要用于一些大功率场合，比如控制电动机，显然是不行的。要有一个中间环节来衔接，这个环节就是所谓的"功率驱动"。另外，像电动机等大功率设备，工作时会产生强大的电磁干扰，这些电磁干扰一旦窜入单片机系统，不但会影响到控制效果，还可能把单片机系统烧毁。因而功率驱动时，还要注意抗干扰的问题。

（1）小型直流电磁继电器基本常识

继电器驱动是一个典型的、简单的功率驱动例子。继电器的种类很多，能和单片机配合使用的主要是小型直流继电器，分为两种：一种是电磁继电器，一种固态继电器。这里只介绍电磁继电器。

电磁继电器是一种电子控制器件，它实际上是用较小的电流去控制较大电流的一种"自动开关"，如图 4-1（a）所示。如图 4-1（b）所示为继电器的内部结构，电磁继电器一般由铁芯、线圈、衔铁、触点等组成。如图 4-1（c）所示为继电器的电路符号，继电器线圈在电路中用一个长方框符号表示，在长方框内或长方框旁标上继电器的文字符号"J"。继电器的触点有两种表示方法：一种是把它们直接画在长方框一侧，这种表示方法较为直观；另一种是按照电路连接的需要，把各个触点画到各自的控制电路中，通常在同一继电器的触点与线圈旁分别标注上相同的文字符号。

工作时，在线圈两端加上一定的电压，线圈中就会流过一定的电流，产生电磁效应，衔铁在电磁力吸引作用下，克服返回弹簧的拉力，吸向铁芯，带动衔铁的动触点与静触点吸合。线圈断电后，电磁吸力随之消失，衔铁在弹簧反作用力下返回原来的位置，动触点与原来的静触点释放。这样吸合、释放，达到了在电路中的导通、切断的目的。可见，继电器一般有两个电路：一个是控制电路，一般是低压的；另一个是工作电路，工作电路可能是低压，也可能是高压。

继电器的常用电气参数如下。

线圈额定工作电压：继电器正常工作时线圈所需要的电压，也是控制电路的控制电压。常见的是 5V、6V、9V、12V 等几种。

线圈额定工作电流：这个参数一般没有标示，可以用万用表欧姆挡测出线圈电阻，再根据额定电压推算出来。

触点切换电压和电流：指继电器触点允许加载的电压和电流，决定了继电器能控制的电压和电流的大小，使用时电压电流不能超过此值，否则很容易损坏继电器的触点。

图 4-1（a）中：SRD-5VDC-SL-C 是继电器的型号，不同厂家之间有不同表示方法，其

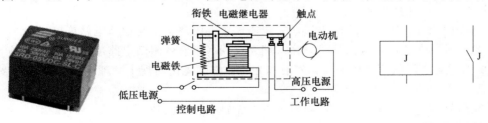

(a) SRD-5VDC-SL-C 继电器的外形图　　(b) 继电器内部结构图　　(c) 继电器的电路符号

图 4-1　继电器

中的 5VDC 指继电器线圈的工作电压为直流 5V。

10A 250VAC：说明该继电器的触点可以用在交流 250V 时，最大可开关 10A 的负载。

10A 125VAC：说明该继电器的触点可以用在交流 125V 时，最大可开关 10A 的负载。

10A 28VDC：说明该继电器的触点可以用在直流 28V 时，最大可开关 10A 的负载。

（2）光耦、三极管驱动和继电器驱动电路

驱动电路如图 4-2 所示。继电器的触点处于交流 220V 的电路中，当触点闭合时，电动机接通电源工作，当触点断开时，电动机无电停机。继电器的线圈接在直流 12V 电路中，当单片机引脚是低电平时，VT 三极管导通，继电器线圈得电，常开触点吸合，电机工作。当单片机引脚是高电平时，VT 三极管截止，继电器线圈失电，常开触点断开，电机停止。光耦的输入端接 5V 电源，输出端接 12V 电源。单片机引脚为低电平时，光耦导通，VT 三极管不导通，电机停止，否则电机工作。

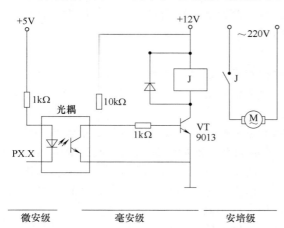

图 4-2 中二极管的作用是当继电器线圈失电的时候，给线圈中的电流一个闭合通路，使电流能够平稳下降。如果没有二极管，线圈中的电流可能发生突变，感应出高电压，损坏单片机。

图 4-2 光耦、三极管、继电器驱动电路

（3）光电耦合器的使用

光电耦合器（简称光耦）是把发光器件（如发光二极管）和光敏器件（如光敏三极管）组装在一起，通过光线耦合，实现构成电-光和光-电的转换器件。图 4-3 所示为常用的光电耦合器原理图。图 4-4 为用光耦直接驱动继电器的原理图（容易烧坏光耦）。

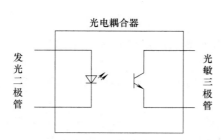

图 4-3 常用光电耦合器内部结构图

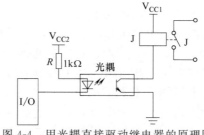

图 4-4 用光耦直接驱动继电器的原理图

光耦的主要性能特点如下：

① 隔离性能好，输入端与输出端，完全实现了电隔离，易与逻辑电路连接；

② 光信号单向传输，输出信号对输入端无反馈，可有效阻断电路或系统之间电的联系，但并不切断它们之间的信号传递，光发射和光敏器件的光谱匹配十分理想，响应速度快，传输效率高；

③ 光信号不受电磁干扰，工作稳定可靠，无触点、寿命长；

④ 抗共模干扰能力强，能很好地抑制干扰并消除噪声，工作温度范围宽，符合工业和军用温度标准；

⑤ 线性光耦的电流传输特性曲线接近直线，并且小信号时性能较好，可用于模拟量传输。常用的线性光耦是 PC817A-C 系列、TLP512 等。非线性光耦的电流传输特性曲线是非线性的，这类光耦适合于开关信号的传输，不适合于传输模拟量。

4.2.1.2 交流电机的驱动电路图

通过按钮控制的交流电机驱动电路如图 4-5 所示。

4.2.1.3 按钮控制电机的启停流程图

按钮控制电机启停流程图，如图 4-6 所示。

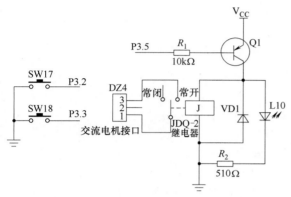
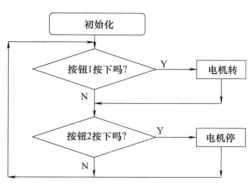

图 4-5 交流电机驱动电路图（只适用于做临时实验）　　图 4-6 按钮控制电机启停流程图

4.2.1.4 按钮控制交流电机的启停程序

任务程序如下：

```c
//程序名称：DJqiting.c
//程序功能：按一下按钮17，电机启动；按一下按钮18，电机停止。
#include"STC15xxxxx.H"
sbit  anniu17=P3.2;
sbit  anniu18=P3.3;
sbit  dianji=P3.5;

/*******以下主程序(函数)*********/
void main()
{
while(1)
    {
    if(anniu17==0)
        {
        dianji=1;
        }
    if(anniu18==0)
        {
        dianji=0;
```

        }
      }
}

4.2.1.5　C语言知识学习（六）

C语言知识学习（六）if语句用法

if 语句用法：if 语句是一种条件判断语句，根据条件的不同情况，执行不同语句块。

标准格式：

if（条件表达式）
　　{
　　语句块 1；
　　}
else
　　{
　　语句块 2；
　　}

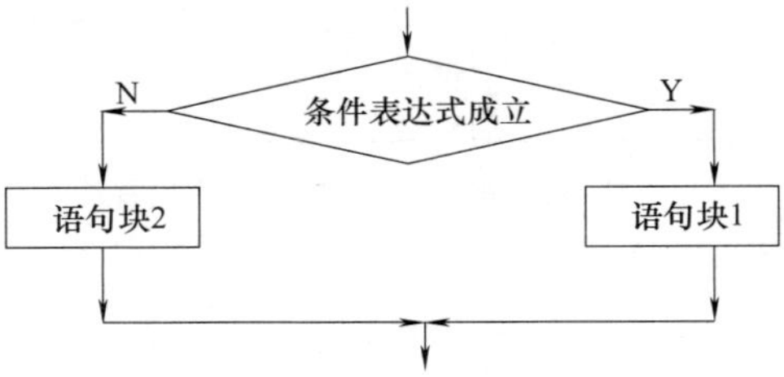

图 4-7　标准 if 语句执行过程

组成：
- 语句名称 if；
- () 及里面的条件表达式；
- {} 及里面的语句块 1；
- 语句名称 else；
- {} 及里面的语句块 2。

执行过程：

如图 4-7 所示。如果 if 旁边小括号中的条件表达式是真（满足条件）就执行语句块 1，否则就执行语句块 2。

实例分析：

```
#include "STC15Fxxxx.H"
void main()
{
while(1)
    {
        if(P3!=0xFF)
        {
            P2=0xAA;
        }
        else
        {
            P2=0x55;
        }
    }
}
```

该程序完成的功能如图 4-8 所示，如果 P3 口上所有引脚不都是高电平，那么 P2＝0xAA；否则，P2＝0x55。两种情况选一种。

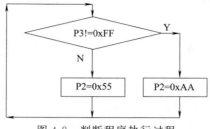

图 4-8　判断程序执行过程

注意事项：
① 如果不满足 if 后面的条件，什么都不用做的话，可以省略 else，例如：

```
#include "STC15Fxxxx.H"
void  yanshi(unsigned  int  y)
{
while(y--);
}
void  main( )
{
    while(1)
    {
      if（P3!＝0xFF)          //没有else,不满足条件时跳过{}向下执行
      {
        P2＝0xAA;             //满足条件才会被执行
        yanshi(60000);
      }
      P2＝0xff;               //总会被执行,与if条件无关
    }
}
```

② if 语句的嵌套。if 语句中的 else 总是跟与它靠得最近的那个 if 配对。为了能清晰地看出 if 和 else 的配对关系，经常在书写时，相互配对的 if-else 使用后退对齐的方法书写。相应的格式和实例如下。

if（条件表达式 1）
{
语句块 1；
}
else　if（条件表达式 2）
　{
　语句块 2；
　}
　　else　if(条件表达式 3)

```
        {
        语句块 3；
        }
    语句块 4；
    ……
```

执行过程是：
- 如果条件表达式 1 成立，就执行语句块 1，然后去执行语句块 4；
- 表达式 1 不成立，看条件表达式 2 成立不成立，如果表达式 2 成立，就执行语句块 2，然后执行语句块 4；
- 表达式 2 也不成立，再看条件表达式 3 成立不成立，如果表达式 3 成立就执行语句块 3，然后执行语句块 4；
- 如果所有条件不成立，就直接执行语句块 4。

if 语句的嵌套实例：

```
unsigned   char   a;
a=P3;
void main()
{
while(1)
{
if (ε==0xff)
    {P2=0xFF;}
    else   if (a==0xfe)
         {P2=0xfe;}
         else   if (a==0xfd)
              {P2=0xfd;}
              else {P2=0x00;}
}
}
```

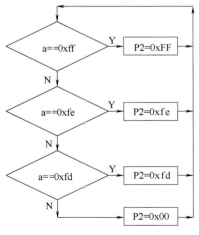

图 4-9　if 语句的嵌套实例流程图

该程序完成的功能如图 4-9 所示，具体说明如下：
- 如果 P3==0xff 成立，则 P2=0xFF，然后回到"while（1）"，继续再判断 P3=0xff 成立不成立；
- 如果 P3=0xff 不成立，则判断 P3==0xfe 成立不成立，如果成立，P2=0xfe，然后回到"while（1）"，继续再判断 P3=0xff 成立不成立；
- P3==0xfe 也不成立，再看 P3==0xfd 成立不成立，如果成立，P2=0xfd，然后回到"while（1）"，继续再判断 P3=0xff 成立不成立；
- 如果所有条件不成立，P2=0x00；然后回到"while（1）"，继续再判断 P3=0xff 成立不成立。

评估

1. 完成任务设计：按一下按钮1，蜂鸣器响，按一下按钮2，蜂鸣器不响。按钮是不自锁的按钮。

2. 完成任务设计：按一下按钮1，LED1亮LED2灭，按一下按钮2，LED2亮LED1灭。按钮是不自锁的按钮。

3. 使用光电传感器和单片机等器件，设计一个光控灯系统，具体要求是有光灯灭，无光灯亮。

4. 设计一个模拟汽车转向控制器。

安装在汽车不同位置的信号灯，是汽车驾驶员之间及驾驶员向行人传递汽车行驶状况的语言工具。一般包括转向灯、刹车灯、倒车灯等，其中，汽车转向灯包括左转灯和右转灯。本设计中用两个按钮S0、S1（是自锁按钮）来模拟驾驶员发出的命令，两个LED灯分别模拟左转灯和右转灯。两者的对应关系如下：

左转按钮S0	右转按钮S1	左转指示灯LED1	右转指示灯LED2
没按1	没按1	不亮1	不亮1
按下0	没按1	闪亮0	不亮1
没按1	按下0	不亮1	闪亮0
按下0	按下0	闪亮0	闪亮0

5. 自己学习按钮相关的知识。按钮的种类有哪些？评价按钮好坏的性能指标有哪些？不同场合，使用什么样的按钮？按钮的寿命如何测试？

4.2.2 简易抢答器设计制作

简易抢答器设计制作

某学校欲举行知识竞赛类活动，需要购置一批抢答器。我们一起设计吧。

设计一个简易抢答器。一个数码管显示组号，四个抢答按钮供选手抢答，具体要求如下：

① 上电后数码管显示"0"，表示可以抢答；

② 抢答时，哪一组选手最先按下，显示哪一组的组号，后按下的组无效；

③ 抢答成功后延时30s，供选手答题，然后进入下一轮抢答。

4.2.2.1 简易抢答器中按钮的电路图

按钮的电路图如图4-10所示，数码显示电路图见产品三，只要把两个图中引脚合理分配一下，连接在一起就可以了。按钮都是不自锁的按钮，必要时可以使用导线接通和断开，模拟做抢答器测试。

4.2.2.2 简易抢答器程序流程图

简易抢答器流程图如图4-11所示。

4.2.2.3 简易抢答器程序

用switch语句完成，程序如下：

```
#include    "stc15xxxxx.h"
#include    "intrins.h"
#define     KeyValue     P3
/**************     本地常量声明     ****************/
unsigned char code t_display[]={             //标准字库
```

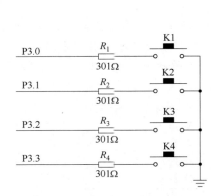

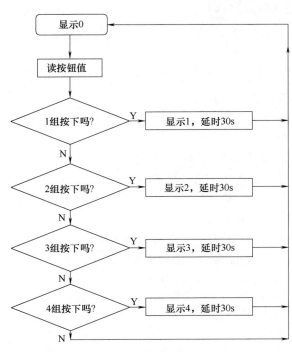

图 4-10　简易抢答器按钮部分电路图　　　　图 4-11　简易抢答器流程图

```
//      0    1    2    3    4    5    6    7    8    9    A    B    C    D    E    F
     0x3F,0x06,0x5B,0x4F,0x66,0x6D,0x7D,0x07,0x7F,0x6F,0x77,0x7C,0x39,0x5E,
0x79,0x71};
unsigned char code T_COM[ ]={0xfe,0xfd,0xfb,0xf7,0xef,0xdf,0xbf,0x7f};   //位码,共阴
/**************IO口定义****************/
sbit    P_HC595_SER=P4^0;    //pin 14    SER
sbit    P_HC595_RCLK=P5^4;   //pin 12    RCLK
sbit    P_HC595_SRCLK=P4^3;  //pin 11    SRCLK
/*************  向HC595发送一个字节函数   *************/
void Send_595(unsigned char dat)
{
     unsigned char i;
     for(i=0; i<8; i++)
     {
         dat<<=1;
         P_HC595_SER=CY;
         P_HC595_SRCLK=1;
         P_HC595_SRCLK=0;
     }
}
```

/＊＊＊＊＊＊＊＊＊＊＊＊＊＊ 显示函数 ＊＊＊＊＊＊＊＊＊＊＊＊＊＊/
```c
void DisplayScan(unsigned char display_index, unsigned char  display_data)
{
    Send_595(T_COM[display_index]);        //输出位码
    Send_595(t_display[display_data]);     //输出段码
    P_HC595_RCLK=1;
    P_HC595_RCLK=0;                        //锁存输出数据
}
```
/＊＊＊＊＊＊1s 延时子程序＊＊＊＊＊＊＊＊/
自己编。
/＊＊＊＊＊＊30s 延时子程序＊＊＊＊＊＊＊＊/
```c
void Delay30000ms()         //@11.0592MHz
{   unsigned char i;
    for(i=0;i<30;i++){ Delay1000ms();}
}
```

/＊＊＊＊＊＊＊＊＊＊＊＊＊＊＊ 主函数 ＊＊＊＊＊＊＊＊＊＊＊＊＊＊＊＊/
```c
void main(void)
{
    DisplayScan(0,0);      //显示 0
    while(1)
    {
      switch(KeyValue & 0x0f)
        {
            case 0x0e：DisplayScan(0,1); Delay30000ms();DisplayScan(0,0); break;
            case 0x0d：DisplayScan(0,2); Delay30000ms();DisplayScan(0,0); break;
            case 0x0b：DisplayScan(0,3); Delay30000ms();DisplayScan(0,0); break;
            case 0x07：DisplayScan(0,4); Delay30000ms();DisplayScan(0,0); break;
            default：break;
        }
    }
}
```

4.2.2.4 C语言知识学习（七）

（1）switch 语句用法

switch 在 C 语言中，它经常跟 case 一起使用，是一个判断选择语句，常称为开关语句，可以实现多选一。

标准格式：

switch(变量)
{
case 变量第一种取值:程序块 1; break;

```
    case  变量第二种取值:程序块2；break；
    case  变量第三种取值:程序块3；break；
    case  变量第四种取值:程序块4；break；
    ……
    default:break；
}
```

C语言知识学习（七）

组成：
- 语句名称 switch；
- () 及小括号里的变量；
- {} 指令边界；
- case 变量取值：程序块 n；break；
- default：break。

执行过程：

switch 语句执行时，首先读出 switch 旁边小括号中"变量"的值，然后根据"变量"的值从上到下作比较，当某个 case 旁边的值与"变量"值相同时，就执行这个 case 语句右边的程序块，直到遇到 break 为止。break 语句是必须有的，它用来结束 switch 语句中某个条件语句的执行。

如果所有 case 旁边的值都不等于 switch 语句的"变量"值，就执行 default 后面的默认语句。不过，default 部分是可选的。如果没有这一部分，并遇到所有 case 语句都不匹配，那么，就不作任何处理而进入后续程序段的执行。

可见，一个 switch 语句可以代替多个 if-else 语句组成的分支结构，而 switch 语句从思路上显得更清晰。

（2）break 语句用法

当 break 用于开关语句 switch 中时，可使程序跳出 switch 而执行 switch 以后的语句；如果没有 break 语句，则会从满足条件的地方［即与 switch（变量）括号中变量匹配的 case］开始执行，直到 switch 语句结束，再执行 switch 以后的语句。

笔记

当 break 语句用于 do-while、for、while 循环语句中时，可使程序终止循环，而执行循环后面的语句。通常 break 语句与 if 语句连在一起，如"if（a==0）break；"，满足条件时便跳出循环。在多层循环中，一个 break 语句只向外跳一层。

（3）continue 语句用法

continue 作用为结束本次循环，即跳出循环体中下面尚未执行的语句。对于 while 循环，继续求解循环条件。而对于 for 循环程序流程接着求解 for 语句头中的第三个条件表达式。

continue 语句和 break 语句的区别是：continue 语句只结束本次循环，而循环还将继续执行。而 break 语句则是结束整个循环过程，不再判断执行循环的条件是否成立。

比较以下两个循环程序的不同：

程序一：

```
a=0;c=0;
for(i=0;i<100;i++)
{
  a++;
```

```
if(a<8)break;
c++;
}
```

程序二：
```
a=0;c=0;
for(i=0;i<=100;i++)
{
a++;
if(a>=8)continue;
c++;
}
```

结论是：程序一 for 语句只循环 8 次，然后就跳出循环，for 语句不再执行了，c=8。
程序二循环到 a=8 前，c 变量不加 1，之后继续循环。程序二得到的结论是：for 语句循环了 100 次，在 a 小于 8 以前循环 1 次，c 加 1 次 1；在 a 大于等于 8 以后，c=8 不变。

(4) goto 语句

goto 语句要求和标号配合使用，格式如下：

标号：语句；
　　……
　　goto　标号；
　　……

标号是编程序的人给某条语句或某段程序起的名字，表明程序中代码段的位置。标号加在某个执行语句的前面，其后面使用冒号"："作为分隔符。标号的命名规则遵循标识符的规定。

goto 语句的功能是把程序控制转移到标号指定的语句，即执行 goto 语句之后，程序从指定标号处的语句继续执行。标号可以在 goto 之前，也可以在 goto 之后。

例如：
```
            b=0;c=0;
            for(i=0;i<5;i++)
            {……
            if(i==2)goto Biaohao ;
            c++;
Biaohao：b++;
            }
```

执行结果是，循环了 5 次，到第三次时 c 变量不加 1，b=0+1+2+3+4，c=0+1+3+4。

评估

（1）用 switch 语句编写模拟汽车转向控制器程序。
（2）用 if 语句编写简易抢答器程序。

（3）如果真有两个按钮同时按下了，分析抢答器会如何执行？本抢答器能够区分的最小两组时间间隔是多大？

（4）查看市场上售卖的抢答器种类与功能，保留资料，待学习更多单片机应用知识以后，自己完成它，加油！

4.2.3 按钮按下次数记录器设计制作

小明调仪表数据时，按一下按钮，数据就加1，他觉得很简单，就自己试着给单片机编了一个程序，也想实现相同的功能，发现没有那么简单。

单片机接一个按钮和一位数码管，上电时数码管显示0，按一下按钮，数码管上的数字就加1；当数码管上的数字加到9后，再加1，能够自动回到0，之后继续重复上述过程。试试这个程序行不行？

```c
//程序名称：j_luanniucishu.c
//功能：按一下按钮数码管加1，用八位数码管的第一位实现
#include "szc15xxxxx.h"
#include "intrins.h"
/***************本地常量声明****************/
unsigned char code t_display[]={        //标准字库
//  0    1    2    3    4    5    6    7    8    9    A    B    C    D    E    F
    0x3F,0x06,0x5B,0x4F,0x66,0x6D,0x7D,0x07,0x7F,0x6F,0x77,0x7C,0x39,0x5E,
0x79,0x71};
unsigned char code T_COM[]={0xfe,0xfd,0xfb,0xf7,0xef,0xdf,0xbf,0x7f};//位码，共阴
unsigned char KeyCounter;       //次数记录
/***************IO口定义****************/
sbit    P_HC595_SER=P4^0;    //pin 14   SER
sbit    P_HC595_RCLK=P5^4;   //pin 12   RCLK
sbit    P_HC595_SRCLK=P4^3;  //pin 11   SRCLK
sbit    key=P3^3;
/***************本地函数声明****************/
/*********向HC595发送一个字节函数**********/
void Send_595(unsigned char dat)
{
    unsigned char i;
    for(i=0;i<8;i++)
    {
        dat<<=1;
        P_HC595_SER=CY;
        P_HC595_SRCLK=1;
        P_HC595_SRCLK=0;
    }
}
```

/ * * * * * * * * * * * * * * * 显示函数 * * * * * * * * * * * * * * * * * /
```
void DisplayScan(unsigned char display_index, unsigned char  display_data)
{
    Send_595(T_COM[display_index]);           //输出位码
    Send_595(t_display[display_data]);        //输出段码
    P_HC595_RCLK=1;
    P_HC595_RCLK=0;                           //锁存输出数据
}
```

/ * * * * * * * * * * * * 主函数 * * * * * * * * * * * * * * /
```
void main(void)
{
    DisplayScan(0,0);                //显示0
    while(1)
    {
        if(key==0)
        {
            KeyCounter++;
            if(KeyCounter==10)   KeyCounter=0;
            DisplayScan(0,KeyCounter);
        }
        while(key==0);//等待按钮抬起
    }
}
```

4.2.3.1 按钮去抖动的方法与开关式传感器不规则数据的处理

开关式传感器、按钮和键盘，作为外部数据和人们操作命令进入单片机的主要接口，准确无误地辨认所处的状态和每个键的动作，是系统能否正常工作的关键。

多数按钮和键盘的按键使用机械式弹性开关。由于机械触点的弹性作用，一个按键开关在闭合及断开的瞬间必然伴随着一连串的抖动。某些开关传感器的状态变化也会产生抖动，波形与按钮抖动相似。常见的抖动波形如图 4-12 所示。

抖动过程的长短是由按键的机械特性决定，一般是 5～20ms。

为了使单片机对一次按键动作只确认一次，必须消除抖动的影响，可以从硬件及软件两个方面着手。若采用硬件去抖动电路，那么 N 个键就必须配有 N 个去抖动电路，需要购买很多元器件，当按键的个数比较多时，电路变得很复杂，也不够经济。

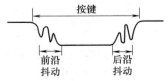

图 4-12　按键开关瞬间抖动波形

在这种情况下，可以采用软件的方法进行去抖动。即当第一次检测到有按键按下时，先用软件延时（5～10ms），而后再确认键电平是否依旧维持闭合状态的电平。若保持闭合状态电平,则确认此键已按下,从而消除抖动影响。

4.2.3.2 用数码管记录按钮按下的次数程序

```c
#include "stc15xxxxx.h"
#include "intrins.h"
/************ 本地常量声明 *************/
unsigned char code t_display[]={                    //标准字库
// 0    1    2    3    4    5    6    7    8    9    A    B    C    D    E    F
   0x3F,0x06,0x5B,0x4F,0x66,0x6D,0x7D,0x07,0x7F,0x6F,0x77,0x7C,0x39,0x5E,
0x79,0x71};
unsigned char code T_COM[]={0xfe,0xfd,0xfb,0xf7,0xef,0xdf,0xbf,0x7f};//位码,共阴
unsigned char KeyCounter;         //次数记录
/************ IO口定义 *************/
sbit P_HC595_SER=P4^0;       //pin 14  SER
sbit P_HC595_RCLK=P5^4;      //pin 12  RCLK
sbit P_HC595_SRCLK=P4^3;     //pin 11  SRCLK
sbit key=P3^3;
/************ 本地函数声明 *************/
/********* 向HC595发送一个字节函数 *********/
void Send_595(unsigned char dat)
{
    unsigned char i;
    for(i=0;i<8;i++)
    {
        dat<<=1;
        P_HC595_SER=CY;
        P_HC595_SRCLK=1;
        P_HC595_SRCLK=0;
    }
}
/************** 显示函数 ****************/
void DisplayScan(unsigned char display_index,unsigned char display_data)
{
    Send_595(T_COM[display_index]);         //输出位码
    Send_595(t_display[display_data]);      //输出段码
    P_HC595_RCLK=1;
    P_HC595_RCLK=0;                         //锁存输出数据
}
/******* 延时子程序 ********/
void Delay10ms()       //@11.0592MHz
{
```

```
    unsigned char i,j;
    i=108;
    j=145;
    do
    {
       while(--j);
    }while(--i);
}
/***************  主函数  ******************/
void main(void)
{
   DisplayScan(0,0);      //显示 0
   while(1)
     {
     if(key==0)
        {
          Delay10ms();
            if(key==0)
              {
                 KeyCounter++;
                 if(KeyCounter==10)  KeyCounter=0;
                 DisplayScan(0,KeyCounter);
              }
              while(key==0);
        }
     }
}
```

评估

（1）设计一个用 4 位数码管记录按钮按下次数的电路和程序。

（2）学习数字光电传感器、霍尔传感器等传感器相关知识，试着和单片机连接，设计检测系统。

4.2.4 用四个组合按钮修改仪表上显示的数据

很多仪表上都是只有 4 个按键，如图 4-13 所示，但是可以完成修改数据、调整仪表功能，这是如何实现的呢？

8 位数码管分别显示 PV 和 SV 值，四个按钮的功能分别是 S1 进入/退出修改功能、S2 换位、S3 加 1、S4 减 1。

PV 是实际值，是从现场采集来的信号，不应该由工作人员修改。所以这里只需要修改 SV 的值。

图 4-13　4 个按键的仪表面板举例

① S1 按钮的工作过程：这是一个自锁的按钮，按下后能保持，键值为 0，当再次按下后，才能抬起，抬起后，键值为 1。S1 按钮的工作过程是：按下系统工作于正常工作状态，抬起工作于调整 SV 值的状态。

② S2 换位按钮的工作过程：这是一个不自锁的按钮，上电后，指向末位（左一），一次没按，设位号为 0；按一次指向个位（左二），位号为 1；再按一次指向十位（左三），位号为 2；再按一次指向百位（左四），位号为 3；再按一次指向末位（左一），位号回到 0。它只有在修改状态下有效。

③ S3 加 1 按钮的工作过程：这是一个不自锁的按钮，当 S3 按下一次后，位号等于几，就给那一位加 1。比如位号为 3，那么百位加 1，SV 就加 100。它也只有在修改状态下有效。

④ S4 减 1 按钮的工作过程：这是一个不自锁的按钮，当 S4 按下一次后，位号等于几，就给那一位减 1。比如位号为 3，那么百位减 1，SV 就减 100。它也只有在修改状态下有效。

4.2.4.1　组合按钮电路图

8 位数码管显示的电路图参照图 3-4，按钮部分电路图如图 4-10 所示。

4.2.4.2　程序

```
#include "stc15w.h"
#include "intrins.h"
sbit GongnengShezhi=P3^0;           //设置按键
sbit xuanweiAnniu=P3^1;             //选位按键
sbit jia1Anniu=P3^2;                //加 1 按键
sbit jian1Anniu=P3^3;               //减 1 按键
sbit  P_HC595_SER=P4^0;             //pin 14   SER
sbit  P_HC595_RCLK=P5^4;            //pin 12   RCLK
sbit  P_HC595_SRCLK =P4^3;          //pin 11   SRCLK
unsigned char weihao=0;
unsigned char LED[8];               //每位要显示的数字
unsigned char weihao;
float  PV,SV;
unsigned char code t_display[]={    //标准字库
0x3F,0x06,0x5B,0x4F,0x66,0x6D,0x7D,0x07,0x7F,0x6F,  //0 1 2 3 4 5 6 7 8 9
0xBF, 0x86, 0xDB, 0xCF, 0xE6, 0xED, 0xFD, 0x87, 0xFF, 0xEF, 0x46, 0x00 }; //
0.1.2.3.4.5.6.7.8.9.-1    unsigned   char code   T_COM[ ]={0xfe,0xfd,0xfb,0xf7,
0xef,0xdf,0xbf,0x7f};               //位码,共阴
/***********向 HC595 发送一个字节函数***********/
void Send_595(unsigned char dat)
```

{//程序略}
/ * * * * * * * * * * * 显示函数 * * * * * * * * * * * * /
void xianshi1wei (unsigned char weima, unsigned char duanma)
{//程序略}
/ * * * * * * * * * * * *10ms 延时子程序* * * * * * * * * * * /
void Delay10ms()   //@11.0592MHz
{//程序略}
/ * * * * * * * * * * * *3ms 延时子程序* * * * * * * * * * * /
void Delay3ms( )   //@11.0592MHz
{//程序略}
/ * * * * * * * * * * * 数据分解处理函数 * * * * * * * * * * * /
void   shujufenjie()
{
    unsigned int   shujuPV,shujuSV;
    shujuPV=PV*10;
    shujuSV=SV*10;
    LED[0]=shujuPV/1000;   //千位
    if(LED[0]==0)LED[0]=21;
    LED[1]=(shujuPV%1000)/100;   //百位
    if((LED[0]==0)&&(LED[1]==0))LED[1]=21;
    LED[2]=(shujuPV%1000)%100/10+10; //十位 小数点处理
    LED[3]=(shujuPV%1000)%100%10;   //个位
    LED[4]=shujuSV/1000;
    if(LED[4]==0)LED[4]=21;
    LED[5]=(shujuSV%1000)/100;
    if((LED[4]==0)&&(LED[5]==0))LED[5]=21;
    LED[6]=(shujuSV%1000)%100/10+10;
    LED[7]=(shujuSV%1000)%100%10;
}
/ * * * * * * * * * * * * 选位程序* * * * * * * * * * * * * * /
void   XuanweiChengxu( )
{if(xuanweiAnniu==0)
{
Delay10ms( );
if(xuanweiAnniu==0)
{
weihao++;
if (weihao>=4){weihao=0;}
while(xuanweiAnniu==0);
}}}

/**************加1按钮程序**************/
```c
void Jia1Chengxu()
{
if(jia1Anniu==0)
{
Delay10ms();
if(jia1Anniu==0)
{
switch(weihao)
{
case  0:SV=SV+0.1;if(SV>999.9)SV=0; break;
case  1:SV=SV+1; if(SV>999.9)SV=0;break;
case  2:SV=SV+10;if(SV>999.9)SV=0;break;
case  3:SV=SV-100; if(SV>999.9)SV=0;break;
default:break;
}
while(jia1Anniu==0);
}}}
```
/**************减1按钮程序**************/
```c
void Jian1Chengxu( )
{//减1程序同学们自己编一下,试一试。}
```
/**************显示程序**************/
```c
void  xianshi8wei( )
{//程序略}
```
/**************主函数**************/
```c
void main(void)
{
   PV=800.0;SV=798.5;
   while(1)
   {
      if(GongnengShezhi==0)
{
   XuanweiChengxu( );
   Jia1Chengxu( );
   Jian1Chengxu( );
   shujufenjie( );
   xianshi8wei( ); // 添加 xianshi8wei( )程序  自己编
}
else
 {
shujufenjie( );
```

xianshi8wei( );
}}}

评估

(1) 添加减 1 按钮程序和 8 位数码管显示程序，完善本程序。
(2) 查找局部变量与全局变量相关知识。在本程序中，哪些变量是全局变量，哪些变量是局部变量？
(3) 编写查找一个仪表内数据并进行修改的程序。

4.2.5 矩阵式键盘编程方法与简单多输入系统程序规划设计

如图 4-14 所示，超市收银台和超市的电子秤，使用的键盘按键很多，多到比单片机的引脚还多，它们是怎样连接到单片机的呢？单片机又是如何读取按键值的呢？

具体任务如下：设计一个 4×4 键盘，当按下 1#键，数码管显示 1；按下 2#键，数码管就显示 2，以此类推。

4.2.5.1 矩阵式键盘

结构与工作原理。在键盘中按键数量较多时，为了减少 I/O 口的占用，通常将按键排列成矩阵形式，如图 4-15 所示。在矩阵式键盘中，每条水平线和垂直线在交叉处不直接连通，而是通过一个按键加以连接。这样，一个端口（如 P0 口）就可以构成 4×4=16 个按键，比直接将端口线用于键盘多出了一倍，而且线数越多，优势越明显，比如再多加一条线就可以构成 20 键的键盘。由此可见，在需要的键数比较多时，采用矩阵法来做键盘是合理的。

矩阵式结构的键盘编程显然比直接法要复杂一些，键号的识别也要复杂一些，这里介绍一种比较简单的方法，如图 4-15 所示。

图 4-14 电子秤及电子秤的键盘

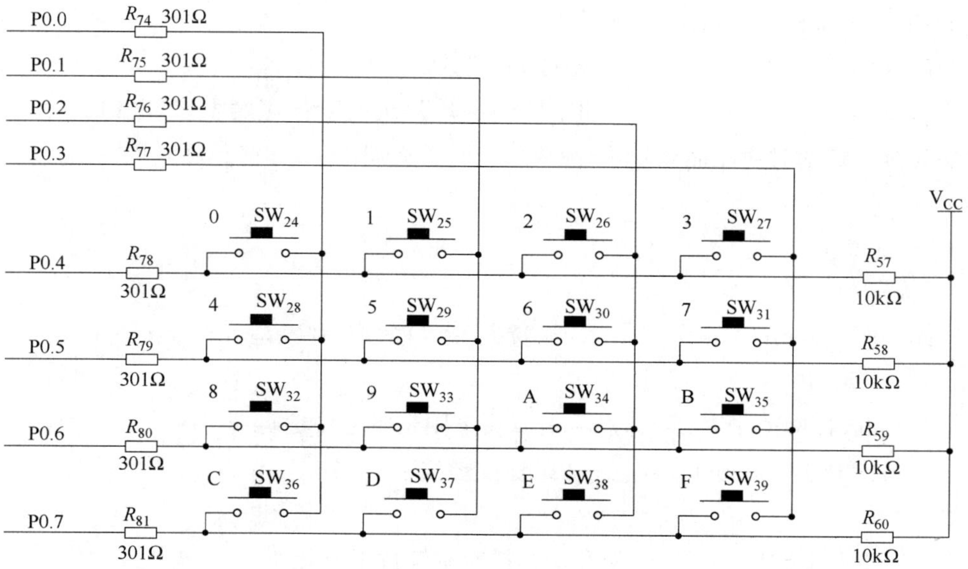

图 4-15 矩阵式键盘

第一步，先让列线为高电平，行线为低电平，即 P0=0X0F。如果没有按键按下，那么从 P0 口读回来的信号还是 0X0F。如果有按键按下，那么从 P1 口读回来的信号中列线上就会有一个低电平，哪一列为低，哪一列中至少有一个按键按下。这样就确定了按键的列号，再把列号保存起来，例如 x=P0。

第二步，让行线为高电平，列线为低电平，即 P0=0XF0。有按键按下，从 P0 口读回来的信号中，行线上就会有一个低电平，这样就确定了按键的行号。把行号保存起来，例如 y=P0。

第三步，获取键值，就是确定按键行号、列号信息。设键值存放在 k 中，则 k=x | y。

第四步，把 z 的值和按键标识联系起来。

4.2.5.2 扫描程序

```
/***行列键扫描程序   使用XY查找4×4键的方法,只能单键,速度快****/
//注意P0口配置为弱上拉
/*************电路图********************
          Y  P04      P05      P06      P07
     X        |        |        |        |
    P00 ---- K00 ---- K01 ---- K02 ---- K03
              |        |        |        |
    P01 ---- K04 ---- K05 ---- K06 ---- K07
              |        |        |        |
    P02 ---- K08 ---- K09 ---- K10 ---- K11
              |        |        |        |
    P03 ---- K12 ---- K13 ---- K14 ---- K15
              |        |        |        |
***************************************/
        void   getx(  )           //获取键值
        {
        unsigned char   x,y,z;
            P0=0x0f;              //先对P0置数,行扫描
            _nop_();              //因为STC单片机的工作速度太快,送到引脚上的电平
需要经过一定的时间才能稳定,一般要4个时钟周期以上,才能正确读取
            _nop_();
            _nop_();
            _nop_();
            if(P0!=0x0f)          //读回P0口的值,判断是否有键按下
            {
                Delay10ms();      //--- 若真按下则延时去按键抖动 ---
                if(P0!=0x0f)      //确认按键按下
                {
                    x=P0;         //保存行扫描时有键按下时状态
                    P0=0xf0;      //列扫描
```

```
            _nop_();     //因为STC单片机的工作速度太快,送到引脚上的电平需要
经过一定的时间才能稳定,一般要4个时钟周期以上
            _nop_();
            _nop_();
            _nop_();
            y=P0;        //保存列扫描时有键按下时状态
            z=x|y;       //取出键值
            switch(z)    //判断键值(哪一个键按下)
            {
                case 0x77: k=0; break; //对键值赋值
                case 0x7b: k=1; break;
                case 0x7d: k=2; break;
                case 0x7e: k=3; break;
                case 0xb7: k=4; break;
                case 0xbb: k=5; break;
                case 0xbd: k=6; break;
                case 0xbe: k=7; break;
                case 0xd7: k=8; break;
                case 0xdb: k=9; break;
                case 0xdd: k=10;break;
                case 0xde: k=11;break;
                case 0xe7: k=12;break;
                case 0xeb: k=13;break;
                case 0xed: k=14;break;
                case 0xee: k=15;break;
                default:break;
            }
            while(P0!=0xf0);   //等待按钮释放,保证按下一次,读一次
        }
    }
}
```

4.2.5.3 简单多输入系统程序规划设计

图 4-16 中,是两种家用电器的按钮与显示界面,在家电行业有很多这样的家用电器,在其他行业,比如医用仪器、工业仪表等,也有这样的仪器设备。图 4-16 中,当每个按钮按下,要执行一个独立功能的时候,如何编程呢?这里以洗衣机为例来说明编程方法。

第一步:我们可以事先针对每个按钮的功能,编写出相应的子程序或指令,如针对停止按钮,编写程序 Duandian(),针对棉快洗按钮,编写程序 Miankuaixi(),等等。

(a) 一种自动烹饪锅的按钮与显示界面

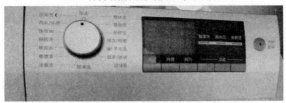

(b) 一种洗衣机的按钮与显示界面

图 4-16　家用电器中的按钮与显示器

第二步：给每个按钮赋上自己的键号。

第三步：在主程序中，按照键号调用不同的按钮功能子程序即可，见表 4-1。

表 4-1　按键对应名称及功能子程序

键号 k	按键名称	功能与子程序名称
1	停止	Duandian()；
2	棉快洗	Miankuaixi()；
3	混合洗	Hunhexi()；
4	化纤洗	Huaxianxi()；
5	强力/特渍	Qiangli()；
6	羊毛洗	Yangmaoxi()；
……	……	……

对应的主程序有两种，一种是由 switch() 语句完成，另一种是由 if() 语句完成。switch() 语句完成例子如下：

```
while(1)
{
    switch(k)    //判断键值(哪一个键按下)
    {
    case 1：Duandian();       break;
    case 2：Miankuaixi();     break;
    case 3：Hunhexi();        break;
    case 4：Huaxianxi();      break;
    case 5：Qiangli();        break;
    case 6：Yangmaoxi();      break;
        ……
    default：break;
    }
    ……
```

}
if（）语句完成例子如下：
while(1)
{
   if(k==1){ Duandian()；……}
   if(k==2){ Miankuaixi()；……}
   if(k==3){ Hunhexi()；……}
   if(k==4){ Huaxianxi()；……}
   ……
}

评估

（1）设计一个3×3键盘，当按下1♯键，数码管显示1；按下2♯键，数码管就显示2，以此类推。

（2）思考全自动洗衣机、多功能的微波炉、多功能的电饭锅、多功能的电磁炉等家电的程序框架。都有哪些子程序？子程序与按键是什么关系？主程序是怎样的？

4.3 产品设计制作

4.3.1 功能实现

① 按照合同实施。
② 本项目的重点是按钮的使用和布线的基本方法。
③ 市面上按钮的种类繁多，选择合适的按钮很重要。
④ 程序编写中，注意多分支流程的转接，注意参数在不同子程序间的传递关系。
⑤ 总结按钮控制型程序框架及特点。
⑥ 实地考察一家医院的病床呼叫系统，看看都有哪些设备，需要哪些材料，施工工程有哪些，还需要学习哪些知识。

笔记

4.3.2 作品交付与向上级汇报

① 作品演示。
② 小组讨论，主要问题如下：
  a. 用实例说明单片机主程序与主程序的关系。
  b. 说明完成这个单片机项目应按照什么步骤进行。
  c. 完成单片机项目需要准备哪些物品？各有何用？
  d. 项目中参数是怎样在主程序、子程序间传递的？
  e. 单片机电路设计中你是如何保证电路设计的正确性的？
  f. 你在完成项目过程中，走了哪些弯路？把你的经验收获和大家分享一下。
③ 提交项目报告。
④ 和上级汇报工作。

4.3.3 档案整理和自我总结

同学们自我完成。

4.4 填写产品可以上线确认单

新品名称/规格：医院病床呼叫系统演示器　　　　新品客户：
新品上线日期：　　　　　　　　　　　　　　　　新品负责人：

分类	确认操作	确认人签字	其他备注
人	新元件下发至采购部门		
	采购部门已经理解具体元件和设备的购买参数		
	电路图下发至 PCB 生产部门		
	PCB 生产部门已经理解具体操作步骤		
	PCB 电路图下发至焊接部门		
	焊接部门已经理解具体操作步骤		
	程序注入部门理解具体操作步骤		
	质检试验要求下发至质检试验部门		
	质检试验部门已经理解具体操作步骤		
	包装方法下发至包装部门		
	包装部门已经理解具体操作步骤		
	库房部门确认人员就位		
机	PCB 生产部门工具可以支持新品生产		
	PCB 生产部门设备可以支持新品生产		
	焊接部门工具可以支持新品生产		
	焊接部门设备可以支持新品生产		
	程序注入部门设备可以支持新品生产		
	质检试验工具可以支持新品生产		
	质检试验设备可以支持新品生产		
	包装部门工具可以支持新品生产		
	包装部门设备可以支持新品生产		
	库房确认新品货架和运输工具到位		
料	库房新品主料已经到位		
	库房新品辅料已经到位		
	库房新品包材已经到位		
法	技术部新品标准技术审核		
	品控组新品放行标准确认		
	计划部新品可安排生产计划		
环	环境因素不会影响新品生产		
	环境因素不会影响新品首次送货		

注：若该新品有未发生变化的地方，签字部分和备注均记录"NA"。

产品五

按时间工作的控制器

5.1 领取任务

设计一个多功能仪表,完成以下功能:
① 有正常的启动、停止按钮和急停按钮;
② 有两台电机需要控制,特点是相隔 10min 启动,停止的时候同时停止;
③ 当急停按钮按下时,电机全部停下,如果急停按钮没有抬起,电机不能再次启动;
④ 在正常时,分别在显示器上显示两台电机的工作时间;急停时,显示 FFFF 表示故障;
⑤ 能把电机 1 的工作时间,传回电脑上,1s 一次;
⑥ 能把电机的状态回传给电脑,1s 一次。
(1) 任务内容(以实际条件为准)
功能如下:___同学们补充___。
(2) 任务指标:(以实际条件为准)
___同学们补充___。
(3) 任务完成时限(以实际条件为准)
即日起,7 天内完成。
(4) 任务条件(本书条件)
需要普通万用表一台,STC 单片机实验箱一台,导线若干。
自己自主实验的其他器件。
(5) 合同(略)

5.2 知识点学习与技能训练

5.2.1 认识单片机内部存储器和特殊功能寄存器

当我们玩手机时,需要按照规定的流程去操作,如果一步操作错误,就可能无法实现目标,这是为什么呢?具体学习任务有:
1. 了解 IAP15W 系列单片机内部结构。
2. 了解单片机内部存储器结构与数据存放方法。
3. 了解特殊功能寄存器。
4. 了解 stc15w.h 头文件。

5.2.1.1 IAP15W4K58S4 单片机内部结构

认识单片机内部存储器和特殊功能寄存器

IAP15F 系列单片机内部结构原理图如图 5-1 所示。CPU 作为整个系统的管理中心，负责管理所有其他部件，它和其他部件都有联系，因而我们好像看不到 CPU 在哪里。有一个好的办法是，看除 CPU 以外的主要部件，把 CPU 以外的部件找完后，剩下的就都是 CPU 了。除 CFU 以外的主要部件有：存储器（AUX-RAM、RAM 地址寄存器、256BRAM、8～63.5KB 的程序存储器）、5 个定时器/计数器、4 个串口、8 个并行 I/O 口、ISP/IAP、CCP/PCA/PWM、SPI、PSW、ADC、掉电唤醒专用定时器、内部高可靠复位、内部高精度 R/C 时钟。其他部分就是 CPU 了。

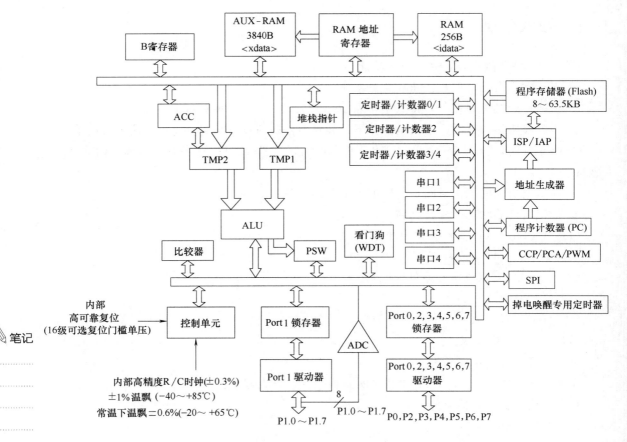

图 5-1 IAP15F 系列单片机内部结构原理图

如果把单片机比作一个家的话，CPU 相当于房子和主人，内部存储器相当于房子里的各种家具和多种室内用品，东西多生活才会方便；电源、复位电路、时钟好比是食物和空气，不可缺少；看门狗、定时器、PWM、A/D、低电压检测等好比是外面的朋友，是给 CPU 帮忙的；I/O 口是 CPU 对外工作的手脚和感知外部信息的通道。

这些部件的主要功能介绍会在产品五和产品六中完成。产品五中介绍存储器、定时器、中断、串行通信功能，产品六中介绍看门狗、PWM、A/D 等其他功能。

5.2.1.2 单片机内部存储器结构与数据存放方法

MCS-51 的存储器可分为两类：程序存储器和数据存储器。

（1）程序存储器

MCS-51 单片机程序存储器最多具有 64KB（不同型号有差别），IAP15W4K58S4 有 58KB，用来存放用户程序、数据和表格等信息。程序存储器的特点是，掉电后数据也不丢失，程序执行过程中数据不能修改，如果要修改，必须在特定的情况下才行，比如下载程序时存入。IAP15W4K58S4 的程序存储器和我们常用的 U 盘一样，是 Flash 的，可以在线直接更改数据，比如水表、电表、煤气表的累积数据存储。这是这款单片机优于其他单片机的一个方面，具体用法看手册相关内容。单片机启动复位后，程序总是从 0000H 单元开始执行程序。

（2）数据存储器

数据存储器也称为随机存取数据存储器，它们是用于存放程序执行的中间结果和过程数据的，部分单元还可以按位使用（位寻址）。掉电数据就丢失，在单片机正常工作中可以随时存入、取出数据。

IAP15W4K58S4 单片机的数据存储器有三个地址空间：内部数据存储区（RAM），外部数据存储区［包括内部扩展数据存储区 AUX-RAM（有的单片机称之为 SRAM）］和特殊功能寄存器区（SFR）。

IAP15W4K58S4 内部数据存储区有 256B 的用户数据存储区，分为高 128B 和低 128B 两个部分。低 128B 中又分为：32B 的工作寄存器区、16B 位存储区、80B 的用户使用区。特殊功能寄存器区（SFR）有 128B，也称为专用寄存器区，与内部数据存储区高 128B 共用地址，但是寻址方式（存取数据的指令）不同，因此不会混淆。外部数据存储区，随着单片机生产技术的提高，很多型号的单片机把外部数据存储区一次性封装到单片机里，称为内部扩展数据存储区 SRAM。

IAP15W4K58S4 内部有 4KB 的 SRAM 区，其在物理和逻辑上都分为两个地址空间：内部 RAM（256B）和内部扩展 RAM（3840B）。

（3）数据存放到不同存储区的方法

在我们用 C 语言定义变量时，如果不对存储区定义，那么系统会自动默认变量存放在 MCS-51 内部 RAM 的低 128B。显然这个存储区域并不是很大，很多时候需要使用其他的存储区，其用法见表 5-1。

表 5-1 单片机存储区与使用举例

C51 关键字	单片机存储区	大小	使用举例	特点
bit	RAM 中 16B 的位存储区	128 位	bit biaozhi1＝0；	按位处理
sbit	特殊功能寄存器中可以按位使用的寄存器		sbit deng＝P1^1；	只针对按位使用的特殊功能寄存器
data	内部数据存储区 RAM 低 128B	128B	int y；	存储速度最快，可以省略不写
idata	内部数据存储区 RAM 中 256B，主要用于 RAM 高 128B	256B	idata int y；或者 int idata y；	速度稍慢
xdata	片外数据存储区，包括内部扩展区 SRAM	最多 64KB	xdata int y；或者 int xdata y；	速度最慢，存储空间大小与型号有关
code	程序存储区 ROM	64KB	code float pai＝3.14；或者 float code pai＝3.14；	与程序一起装入 ROM

5.2.1.3 特殊功能寄存器

（1）为什么有特殊功能寄存器

特殊功能寄存器为 SFR，是 Special Function Register 的缩写。最早的单片机芯片内仅有 CPU 的专用处理器。1976 年，MCS-48 单片机内集成了 8 位 CPU、I/O 接口、8 位定时器/计数器，寻址范围不大于 4KB，简单的中断功能，无串行接口。从此，单片机内不断扩展功能，现在的单片机普遍带有串行通信、多级中断处理系统、16 位定时器/计数器，片内集成的 RAM、ROM 容量加大，寻址范围可达 64KB。近年来，一些单片机内还集成了 A/D 转换接口等其他功能。就好像手机，最初只能打电话，后来能发短信，再后来能照相、能上网、能 GPS 导航等，功能越来越多。现在单片机的功能也是越来越多。

特殊功能寄存器是 MCS-51 单片机中每个特殊功能对应的寄存器，用于存放相应功能的控制命令、状态或数据。它是单片机中最具有特色的部分。现在单片机中几乎所有特殊功能的增加和扩展，都是通过增加特殊功能寄存器，来达到目的的。所以，单片机特殊功能寄存器越多，它的功能也越多。

（2）51 单片机中最基本的特殊功能寄存器有哪些

51 单片机最基本的特殊功能寄存器见表 5-2。其中与 CPU 直接相关的寄存器有：B、ACC、PSW、DPH、DPL、SP、PC；

与 I/O 口有关的寄存器：P0、P1、P2、P3；

与中断有关的寄存器：IE、IP；

与定时器有关的寄存器：TH1、TH0、TL1、TL0、TMOD、TCON；

与串行通信有关的寄存器：SBUF、SCON、PCON。

表 5-2 51 单片机最基本的特殊功能寄存器

标识符	名称	地址	复位后的初值
*ACC	累加器	0E0H	00H
*B	B 寄存器	0F0H	00H
*PSW	标志寄存器	0D0H	00H
SP	堆栈指针	81H	07H
DPTR	数据指针（包括 DPH 和 DPL）	83H 和 82H	00H
*P0	并行口 P0	80H	FFH
*P1	并行口 P1	90H	FFH
*P2	并行口 P2	0A0H	FFH
*P3	并行口 P3	0B0H	FFH
*IP	中断优先级控制	0B8H	00H
*IE	允许中断控制	0A8H	00H
TMOD	定时器/计数器方式控制	89H	00H
*TCON	定时器/计数器控制	88H	00H
TH0	定时器/计数器 0（高位字节）	8CH	00H
TL0	定时器/计数器 0（低位字节）	8AH	00H
TH1	定时器/计数器 1（高位字节）	8DH	00H
TL1	定时器/计数器 1（低位字节）	8BH	00H
*SCON	串行控制	98H	00H
SBUF	串行数据缓冲器	99H	00H
PCON	电源控制	87H	00H
PC	程序计数器（存放下一条将要执行的指令的 16 位存储单元地址）		0000H

注：带 * 的寄存器可按字节和按位寻址（寻址，就是找到数据存放的地址，按字节寻址，其实就是按字节使用，按位寻址，就是按位使用）。

这里重点介绍三个特殊功能寄存器 PSW、PC、DPTR。

PSW 程序状态寄存器（Program Status Word）是单片机 CPU 的一部分，PSW 用来存放体现当前指令执行结果的各种状态信息，如有无进位（C 位）等。PSW 各位的定义如下：Cy（PSW.7，也称 C）进位/借位标志；AC（PSW.6）辅助进位标志；F0 及 F1（PSW.5 及 PSW.1）用户标志位；RS1 及 RS0（PSW.4 及 PSW.3）工作寄存器组选择控制位；OV（PSW.2）溢出标志；P（PSW.0）奇偶校验标志位，由硬件置位或清 0。其中进位 Cy，经常写为 C，在单片机 C 语言编程中，比较常用，比如在数据的左移右移时，移出的数据都移到 Cy 里面了，再就是 P 有时也会用到。

PC 寄存器是 CPU 中的程序计数器，16 位寄存器。单片机程序按顺序预先装入存储器 ROM 的某个区域中后，单片机工作时会按顺序一条一条取出指令来加以执行。因此，必须有一个电路能找出指令所在的单元地址，该电路就是程序计数器 PC。当单片机开始执行程序时，给 PC 装入第一条指令所在地址，它每取出一条指令（如为多字节指令，则每取出一个指令字节），PC 的内容就自动加 1，以指向下一条指令的地址，使指令能顺序执行。只有当程序遇到转移指令、子程序调用指令，或遇到中断时（后面将介绍），PC 才转到所需要的地方去。

DPTR 数据指针是 80C51 中一个功能比较特殊的寄存器。从结构上看，DPTR 是一个 16 位的特殊功能寄存器，其高位字节寄存器用 DPH 表示，低位字节寄存器用 DPL 表示，DPTR 既可以作为一个 16 位的寄存器来处理，也可以作为两个独立的 8 位寄存器来使用。主要功能是存放 16 位地址，作为片外 RAM、ROM 寻址用的地址寄存器，故称数据指针。有的单片机为了高效数据存取，会有两个 DPTR，即 DPTR 和 DPTR1。IAP15W4K58S4 单片机中就有两个 DPTR 寄存器。

5.2.1.4 stc15w.h 头文件

stc15w.h 头文件中 sfr 指令的说明：sfr 指令的作用是，按字节为指定的特殊功能寄存器声明一个存储地址。如第一条"sfr　P0＝0x80"此处声明一个变量 P0，并指定其存储地址为特殊功能寄存器区 0x80（这是单片机特殊功能寄存器区 SFR 中固定的地址）。以后编程序，我们可能要经常翻看头文件。如果在头文件中特殊功能寄存器的地址能够被 8 整除，说明这个特殊功能寄存器可以按位使用，否则只能按字节使用。

使用时，#include<stc15w.h>头文件后，编写应用程序时 P0 就可以直接使用而无须定义，对 P0 的操作就是对内部特殊功能寄存器 P0 口的操作。这里有个通常的约定，在头文件里，特殊功能寄存器的名称全是大写。

评估

（1）上宏晶科技有限公司网站上，查看 STC 各种单片机的参数和价格，会按要求选购单片机。

（2）参看 stc15w.h，说出每一个特殊功能寄存器的作用。

5.2.2 多个独立闪烁灯系统设计

为单片机编写程序时，如果主程序中有几个独立的按时间并行工作的程序，比如 10 个不同规律闪烁灯，要求同时进行，怎么办呢？用一个单片机完成三个闪烁灯，一个是 500ms 闪一次，一个是 1000ms 闪一次，还有一个是 800ms 闪一次。

5.2.2.1 共用"闹钟"编程法介绍

共用"闹钟"编程法，它的道理就好比中国人共用一个北京时间的道理是一样的。

多个独立闪烁灯程序运行效果演示

比如三个闪烁灯，一个是 500ms 闪一次，一个是 1000ms 闪一次，还有一个是 800ms 闪一次的。编程序时，先编写闹钟的程序（定时器初始化程序），并设置闹钟响铃时间为 1ms 响一次；再编写"听响"的中断程序（定时器中断程序），并在中断程序中设置三个计数变量，分别为 L1、L2、L3，闹钟每响铃一次，L1、L2、L3 都加 1。

在主程序中，判断 L1、L2、L3 的值。当 L1 加到 250 次，灯 1 取反，同时 L1 清零；当 L2 加到 500 次，灯 2 取反，同时 L2 清零；当 L3 加到 400 次，灯 3 取反，同时 L3 清零。这样就可以同时实现三个灯的闪烁了。

5.2.2.2 三个独立闪烁灯程序

```
#include "stc15w.h"

sbit    deng1=P3^0;
sbit    deng2=P1^6;
sbit    deng3=P1^7;     //三个灯引脚定义

unsigned   int   L1,L2,L3;//计数计时变量定义
//定时 1ms 初始化程序
void Timer0Init(void)      //1000μs@11.0592MHz
{
    AUXR |=0x80;     //定时器时钟 1T 模式
    TMOD &=0xF0;     //设置定时器模式
    TL0 =0xCD;       //设置定时初值
    TH0 =0xD4;       //设置定时初值
    TF0 =0;          //清除 TF0 标志
    TR0 =1;          //定时器 0 开始计时
}
//定时 1ms 中断程序
void   timer0_ISR(void)interrupt 1      //定时器 T0 的中断号是 1
{
    L1++;    //灯 1 计时变量
    L2++;    //灯 2 计时变量
    L3++;    //灯 3 计时变量
}

//主程序如下：
void main( )
{
P3M0=0;P3M1=0;P1M0=0;P1M1=0;
Timer0Init();   //T0 初始化程序
IE|=0X82；   //开 T0 中断

while(1)
```

```
    {
    if(L1>=250){L1=0;deng1=! deng1;}    //灯1闪
    if(L2>=500){L2=0;deng2=! deng2;}    //灯2闪
    if(L3>=400){L3=0;deng3=! deng3;}    //灯3闪
    }
}
```

5.2.2.3　3个独立闪烁灯程序的解读

（1）1ms定时器初始化程序的生成（激活定时/计数器）

```
void Timer0Init(void)         //1000μs@11.0592MHz
{
    AUXR |=0x80;        //定时器0时钟1T模式
    TMOD &=0xF0;        //设置定时器0模式
    TL0 =0xCD;          //设置定时初值
    TH0 =0xD4;          //设置定时初值
    TF0 =0;             //清除TF0标志
    TR0 =1;             //定时器0开始计时
}
```

这段程序的作用是把定时器0从单片机芯片内部激活，吩咐它1ms响一次，并让它现在就开始计时。

Timer0Init（void）——定时器/计数器的初始化程序，由STC下载软件自动生成。操作流程如图5-2所示。选择定时器0、定时器模式选16位重装初值、定时器时钟选1T、系统频率11.0592MHz、定时时长选1000μs，以上内容设置好后，点击生成C代码，再点击复制代码，然后到程序文件中粘贴即可。

当出现"当前的设定无法产生指定的时间"时，表示当前时间设定超过了定时器的设定范围。这是因为我们的单片机的定时器是16位的，最多可以存放的数据是65536个数，而计时就是数数。

特殊功能的初始化程序主要作用：激活相应的特殊功能，选择特殊功能的工作方式，启动特殊功能，开启总中断和特殊功能对应的中断，等等。

（2）1ms执行1次的中断程序

```
//定时1ms中断程序
void  timer0_ISR(void)interrupt 1    //定时器T0的中断号是1
{
    L1++;
    L2++;
    L3++;
}
```

首先强调一下，这段程序不能放在主程序中。它是定时器0达到定时时间一次，就执行一次的一个特殊程序。它受定时器0控制，如果定时器0的定时时间不到，它就永远不会被执行。达到一次，就执行一次。执行一次，L1、L2、L3三个变量加1一次，执行100次，就加到100，证明定时时间到了100ms。可见L1、L2、L3就是计数的。

这样就会有一个问题，在程序执行的过程中，它会插队。它不管程序执行到什么地方，

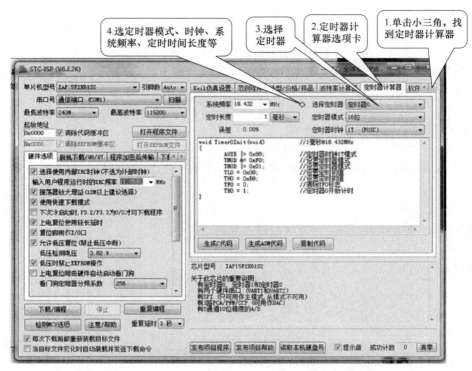

图 5-2 用 STC-ISP 软件生成定时器初始化程序的操作流程示意图

只要定时器 0 给个信号，它就执行，就去插队。插队就一定不好吗？这里的插队是好事。插队会中断主程序的执行，因此叫中断程序。

（3）主程序的解读

主程序如下：

笔记

void main( )
{
P3M0=0;P3M1=0;P1M0=0;P1M1=0;
Timer0Init();   //T0 初始化程序：只执行一次，把钟表取出来，调好
IE|=0X82;   //开 T0 中断，这个必须开。作用是确定中断程序可以插队
                  //不允许插队，中断程序将永远没有机会执行
while(1)
{
if(L1>=250){L1=0;deng1=! deng1;}   //L1>=250,灯 1 亮灭时间
if(L2>=500){L2=0;deng2=! deng2;}   //L2>=500,灯 2 亮灭时间
if(L3>=400){L3=0;deng3=! deng3;}   //L3>=400,灯 3 亮灭时间
}
}

初始化程序、中断程序、主程序，三个程序的配合关系是：初始化程序激活时钟并调好时间，时钟自己运行并 1ms 叫中断程序执行一次；中断程序每执行一次，使 L1、L2、L3 加一次 1；主程序就是查看 L1、L2、L3 等于多少了，如果达到规定的数了，就给它们清零，并使相应的引脚取反。三个独立闪烁灯就闪烁了。

特殊功能就是这样独立工作，并通过中断程序，向其它程序传递信息的。中断程序是如何插队的呢？请往下学习。

评估

(1) 自己解读程序。
(2) 自己做四个独立的闪烁灯。

5.2.3 用定时器完成动态数码显示

单片机内部有很多特殊功能，它们和CPU构成了一个团队。CPU是队长，其他的特殊功能（指中断、定时/计数等功能）是队员，而且每个队员都身怀绝技。因而，CPU就有了两个工作要做：一个是自己分内的工作，就是主程序；另一个是管理队员的工作，称为中断程序。为什么称为中断程序呢？因为队员会随时来插队，打断主程序的工作，主程序就会时不时地被中断。

单片机使用了特殊功能，就像我们有了朋友，原来一个人独自工作，现在变成了一个团队工作。今天，用定时器来完成动态数码显示。

用定时器完成动态数码显示，解决产品四中数码管亮度不均的问题。

产品四主程序中，死循环部分程序如下：

```
while(1)
{
    XuanweiChengxu( );
    JiayiChengxu( );
    shujufenjie( );
    xianshi( );
}
```

在这个程序中，8个数码管的亮度是不一样的。那是因为，实际上有一个数码管上分配的时间长度不是真正的3ms，而是大于3ms。你读读程序看，是哪一个数码管显示时间最长？另外，用延时程序来作计时，CPU执行延时程序的时候，就不能再干其他的事了。那么，如何能做到8个数码管一样亮，还能让主程序空闲下来呢？

笔记

5.2.3.1 定时/计数器简介

在工业生产中需要计数的场合非常多，例如线缆行业在电线生产出来之后要测量长度，怎么测呢？行业中有很巧妙的方法，用一个周长是1m的轮子，将电缆绕在上面一周，由线缆带动轮转，这样轮转一周就是线长1m，再把轮子转过圈数转换成脉冲，所以只要记下脉冲个数的多少，就可以知道走过的线有多长了。

对于一个时钟，1h等于60min，1min等于60s，就是说只要计数脉冲的间隔相等，则计数值就代表了流逝的时间。可见，计数和定时的原理是一样的，就是数数。为了计时方便，可以直接使用单片机的晶振时钟，一个1MHz的晶振，它提供给计数器的脉冲时间间隔是一个机器周期的话，1T时是1μs。

单片机中的定时器和计数器的区别是，计数器是记录外部脉冲的个数，而定时器则是记录单片机内部机器周期的个数，原理都是数数。

5.2.3.2 开通定时器中断

IAP15W4K58S4单片机一共有21个特殊功能（也称为中断源），如果不使用，默认是不开通。统一管理这 21 个特殊功能的系统，称为中断系统，中断系统是单片机实现多任务管理的方法之一。

在 IAP15W4K58S4 中断系统中，中断的允许（开通特殊功能）或禁止（不开通特殊功能）是由片内可进行位寻址（按位使用）的 8 位中断允许特殊功能寄存器 IE（Interrupt Enable Register）、IE2（Interrupt Enable 2 Register）和 INT_CLKO 来控制的，其各位功能分别见表 5-3～表 5-5。

表 5-3 中断允许寄存器 IE 各位功能

D7	D6	D5	D4	D3	D2	D1	D0
EA	ELVD	EADC	ES	ET1	EX1	ET0	EX0

注：EA——"开关"，如果它等于 0，则所有中断都被禁止响应。
ELVD——低电压中断允许控制位。ELVD=1，允许响应；反之不允许。
EADC——ADC 转换中断允许控制位。EADC=1，允许响应；反之不允许。
ES——串行口中断允许控制位。ES=1，允许串行口中断响应，ES=0，禁止响应中断。
ET1——定时器 1 中断允许控制位。ET1=1，允许响应；反之不允许。
EX1——外中断 1 中断允许控制位。EX1=1，允许响应；反之不允许。
ET0——定时器 0 中断允许控制位。ET0=1，允许响应；反之不允许。
EX0——外中断 0 中断允许控制位。EX0=1，允许响应；反之不允许。

表 5-4 中断允许寄存器 IE2 各位功能

D7	D6	D5	D4	D3	D2	D1	D0
—	ET4	ET3	ES4	ES3	ET2	ESPI	ES2

注：ET4——定时器 4 的中断允许位。ET4=1，允许定时器 4 产生中断；ET4=0，禁止。
ET3——定时器 3 的中断允许位。ET3=1，允许定时器 3 产生中断；ET3=0，禁止。
ES4——串行口 4 中断允许位。ES4=1，允许串行口 4 中断；ES4=0，禁止。
ES3——串行口 3 中断允许位。ES3=1，允许串行口 3 中断；ES3=0，禁止。
ET2——定时器 2 的中断允许位。ET2=1，允许定时器 2 产生中断；ET2=0，禁止。
ESPI——SPI 中断允许位。ESPI=1，允许 SPI 中断；ESPI=0，禁止。
ES2——串行口 2 中断允许位。ES2=1，允许串行口 2 中断；ES2=0，禁止。

笔记

表 5-5 外中断允许和时钟输出寄存器 INT_CLKO 各位功能

D7	D6	D5	D4	D3	D2	D1	D0
—	EX4	EX3	EX2	MCKO-S2	T2CLKO	T1CLKO	T0CLKO

注：EX4——外部中断 4（INT4）中断允许位。EX4=1 允许中断，EX4=0 禁止。
EX3——外部中断 3（INT3）中断允许位。EX3=1 允许中断，EX3=0 禁止。
EX2——外部中断 2（INT2）中断允许位。EX2=1 允许中断，EX2=0 禁止。
外部中断 2、3、4 都只能下降沿触发。MCKO-S2、T2CLKO、T1CLKO、T0CLKO 与中断无关，在这里不作介绍。

当 IAP15W4K58S4 单片机复位时，默认不用特殊功能，所有中断都关闭，IE＝0、IE2＝0，INT_CLKO＝0。当需要用特殊功能时，别忘了开中断。

【例 5-1】要开通定时器 0，如何编程？

答：EA＝1；//如果已经开通，不需要重复开通
ET0＝1；

【例 5-2】要开通定时器 3，如何编程？

答：EA＝1；//开总中断，如果已经开通，不需要重复开通
IE2＝IE2｜0X20；// IE2 不能按位使用。用按位"或"的方法置位
//IE2＝IE2&0X5f；关闭定时器 3 中断，用按位"与"的方法清零

5.2.3.3 如何确定中断程序的中断号

单片机的中断程序和普通程序是通过使用 interrupt 关键字和中断号来区分的。interrupt 是用来区分普通程序还是中断程序的关键字。中断号用来区分是哪一个特殊功能（也称为中断源）的中断程序，单片机有几个特殊功能，就有几个中断源，有几个中断号。不同型号的单片机，中断源的个数不同，对应的中断号也可能不同，使用时需要在相应型号的单片机手册中查找。IAP15W4K58S4 单片机中断号与中断源对应关系如图 5-3 所示。

图 5-3　中断号与默认优先级

5.2.3.4 用定时器完成动态数码显示的主程序

＃include　"stc15w.h"
＃include　"595.h"
＃include　"shujuchuli.h"
＃include　"IO.h"

unsigned char LED[8],SMGweihao;
float　PV，　SV；
//T4 初始化程序

用定时器完成动态数码显示程序调试演示

```
void Timer4Init(void)        //1ms@11.0592MHz
{
    T4T3M |=0x20;       //定时器时钟1T模式
    T4L =0xCD;          //设置定时初值
    T4H =0XD4;          //设置定时初值
    T4T3M |=0x80;       //定时器4开始计时
}
//T4中断程序
void timer4_ISR(void)interrupt 20   //定时器4的中断号是20
{
    SMGweihao++;                    //1ms加1次,亮过数码管位置号加1
    if(SMGweihao>=8){SMGweihao=0;}  //一共只有8个数码管,保证1ms换1个亮
    shujufenjie();
    xianshi1wei(SMGweihao,LED[SMGweihao]);//处于SMGweihao位置,亮LED[SMGweihao]值
}
/***************  主函数  ***************/
void main(void)
{
    P4M0=0;P4M1=0;  P5M0=0;P5M1=0;
    Timer4Init();//T4初始化程序
    EA=1;
    IE2|=0X40;//开T4中断
    PV=80.0;SV=98.5;
    while(1);       //主程序无事可做,原地踏步,等待中断
}
```

5.2.3.5 中断程序在什么条件下会被执行

首先中断程序是不会被其他程序调用的,它也不会出现在主程序里,它是独立的。

中断程序是中断条件达到后,就会自动被执行的一类特殊程序,达到条件一次被执行一次,如果条件永远达不到,就永远不会被执行。一旦中断条件达到,正在执行的主程序会自动停止执行,转去执行中断程序,中断程序执行完,再转到原来的主程序断点处继续执行原来的主程序,实现了中断程序的插队。

初始化程序就是用来设定中断条件的。假如初始化程序中设定T4定时器1ms中断一次,对应T4中断程序就会1ms被执行一次。初始化程序中设定T4定时器2ms中断一次,那么中断程序就会2ms被执行一次。这就是中断程序与普通程序的区别。

使用中断时,分为两部分:一部分称为中断初始化程序,一部分称为中断程序。

如果把动态数码显示程序放入T4的中断程序中,生成的初始化程序如下(用STC单片机好处之一就是这个初始化程序是自动生成的):

```
void Timer4Init(void)        //1ms@11.0592MHz
{
    T4T3M |=0x20;       //定时器时钟1T模式
```

```
    T4L =0xCD；          //设置定时初值
    T4H =0XD4；          //设置定时初值
    T4T3M |=0x80；       //定时器4开始计时
}
```

中断程序可以这样写：

```
Void  timer4_ISR(void)interrupt  20    //定时器4的中断号是20
{
SMGweihao++；                                   //1ms加1次，数码管位号加1
if(SMGweihao>=8){ SMGweihao ==0 }    //一共只有8个数码管，保证1ms换1
                                                              个亮
xianshi1wei(SMGweihao,wei[SMGweihao]);//处于SMGweihao位置，亮wei[SMG-
                                                              weihao]值
}
```

这两段程序可以这样来解读：Timer4Init( )程序确定数码管更换时间，timer4_ISR( )确定哪一个数码管亮，每个数码管亮1ms。

知识小问答

单片机响应中断的过程有哪些？

单片机响应中断分为以下几个过程。

① 执行每个汇编指令时察看是否有中断请求。对于单片机的CPU来说，其每一个机器周期都顺序地检查其自身的中断源，察看是否有中断请求。

② 判断应不应该响应中断。如有中断请求，新的中断请求的中断源的优先级与正在处理的中断源同级或更低时，CPU不会响应这个中断请求，直至正在处理的中断服务程序执行完以后才能去处理新的中断请求。

③ 察看是不是中断的时候。现行的机器周期正是所执行指令的最后一个机器周期、CPU正在执行RETI指令（汇编语言的中断程序返回指令）、执行访问中断控制寄存器IE和IP的汇编指令，以上三种情况下，单片机都不会立即响应中断，CPU至少需要再执行一条汇编指令，才能响应新的中断。

④ 如何响应中断。首先保护断点，即保存下一条要执行的指令的地址，就是把这个地址送入堆栈（在RAM中）；接下来寻找中断入口，根据不同的中断源所对应的中断号，查找不同的入口地址；找到中断程序；最后执行中断程序。

⑤ 如何返回。执行完中断程序后，执行指令RETI（汇编语言的中断程序返回指令），从堆栈中弹出下一条要执行的指令的地址，返回到主程序断点处继续执行。中断响应结束。

什么是堆栈？

答：堆栈是一种执行"后进先出"或"先进后出"算法的数据结构。设想有一个直径不大、一端开口一端封闭的竹筒。有若干个写有编号的小球，小球的直径比竹筒的直径略小。现在把不同编号的小球放到竹筒里面，可以发现一种规律：先放进去的小球只能后拿出来，反之，后放进去的小球能够先拿出来。堆栈也是这样一种数据结构，它是在内存中开辟一个存储区域，数据一个一个顺序地存入（也就是"压入——push"）这个区域之中，再一个一个地取出。

有一个地址指针SP，叫作堆栈指针，总指向最后一个压入堆栈的数据所在的地址单元。

最先放入数据的单元叫作"栈底"。数据一个一个地存入,这个过程叫作"入栈"。在入栈的过程中,每有一个数据进入堆栈,堆栈指针 SP 就自动加 1。读取堆栈中的数据时,数据自动出栈,堆栈指针中的地址数自动减 1。这个过程叫作"出栈"(pop)。如此就实现了后进先出的原则。

堆栈是单片机中最基本的一种数据处理方法,比如子程序的调用、中断服务程序的调用,在单片机中都是用堆栈实现的。

什么是 FIFO?

答:FIFO(First Input First Output),即先进先出队列。在超市购物之后,推着购物车来到收银台,排在结账队伍的最后,前面的客户一个个离开,我们就一步一步地前进,这就是一种先进先出机制。先排队的客户先行结账离开,后面的跟进。

FIFO 在单片机中运用也不少,比如用在单片机与其他高速设备之间通信、历史数据的顺序存储与顺序更新,等等。

评估

(1) 写出程序的执行过程,分析中断程序和主程序的关系。
(2) 如果改成定时器 3 来完成,程序如何改?
(3) 编程完成 8 个数码管显示不同的数字,同时有 3 个独立规律的 LED 灯在闪亮。

5.2.4 用定时器设计可调时间的 24 小时时钟

动态显示可以在定时器里完成,矩阵键盘可以在定时器里完成吗?计时器是人们日常生活和工业生产中不可或缺的器件,不但用途广,而且用法多样。下面再练习一个。

用一个定时器完成可以修改时间的 24 小时时钟!显示样式:时-分-秒;有小时加 1 减 1 按钮,有分钟加 1 减 1 按钮,有秒加 1 减 1 按钮。

5.2.4.1 把矩阵键盘扫描程序植入定时器中断程序中的思路

思路很简单。把键盘扫描程序与去抖动结合起来,详见程序流程图 5-4。

5.2.4.2 可调时间的 24 小时时钟的程序

```c
#include  "stc15w.h"
#include  "595.h"
#include  "shujuchuli.h"
#include  "IO.h"
#include  "intrins.h"
unsigned char LED[8],SMGweihao,z1,z2,y,x,x1,shi,fen,miao;
unsigned  int  ms;
//T4 初始化程序
void Timer4Init(void)        //1ms@11.0592MHz
{
    T4T3M |=0x20;      //定时器时钟 1T 模式
    T4L =0xCD;    //设置定时初值
    T4H =0xD4;    //设置定时初值
    T4T3M |=0x80;      //定时器 4 开始计时
}
```

可调时间的
24 小时时钟
的程序

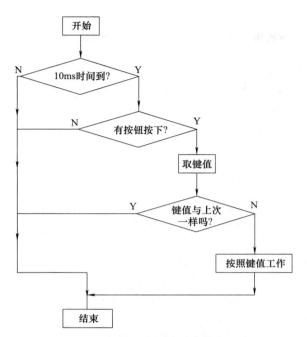

图 5-4　10ms 扫描 1 次的读矩阵键盘的流程图

```c
//T4 中断程序
void    timer4_ISR(void)interrupt    20//定时器 4 的中断号是 20
{
//动态显示
SMGweihao++;//1ms 加 1 次,亮过数码管位置号加 1
if(SMGweihao>=8){SMGweihao=0;}//一共只有 8 个数码管,保证 1ms 换 1 个亮
shujufenjie();
xianshi1wei(SMGweihao,LED[SMGweihao]);//处于 SMGweihao 位置,亮 LED[SMGweihao]值

//生成时分秒信号
ms++;//1ms 信号
if(ms>=1000)            //1s 到了
  {ms=0;miao++;
    if(miao>=60)        //1min 到了
    {miao=0;fen++;
      if(fen>=60)       //1h 到了
      { fen=0;shi++;if(shi>=24)shi=0; }   //1 天到了
    }
  }
}
//键盘扫描
P0M0=0; P0M1=0;
P0=0x0f;   //为矩阵键盘扫描做准备
```

笔记

```
    x1++;          //1ms 信号
    if(x1>=10)//10ms 去抖动时间到
    {x1=0;
    if(P0!=0x0f)//有按键按下
    {
    x=P0;P0=0xf0;_nop_();_nop_();_nop_();_nop_();
    y=P0;          //保存列扫描时有键按下时状态
    z1=x|y;        //取出键值
    if(z1!=z2)     //如果相等,说明上次按下没有抬起
      { z2=z1;//保存当前键值
      switch(z2)   //按照键值工作
        {case 0x77: shi++;if(shi>=24)shi=0; break;
          case 0x7b: shi--;if(shi==255)shi=23; break;
          case 0x7d: fen++;if(fen>=60)fen=0; break;
          case 0x7e: fen--;if(fen==255)fen=59; break;
          case 0xb7: miao++;if(miao>=60)miao=0; break;
          case 0xbb: miao--;if(miao==255)miao=59; break;
          default:break;
          }
        } }
      else  z2=0;
    }
    }
/************* 主函数 *******************/
void main(void)
{
    P4M0=0; P4M1=0;P5M0=0; P5M1=0;
    Timer4Init();//T4 初始化程序
    EA=1;
    IE2|=0X40;//开 T4 中断
    shi=1;   fen=5;   miao=30;
    while(1);
}
```

> 📝 评估

(1) 写出程序的执行过程,分析中断程序和主程序的关系。
(2) 如果改成定时器 2 来完成,电路和程序如何改?
(3) 主程序空着真的好吗?
(4) 修改程序,完成一个带时间显示的医院病床呼叫系统。

5.2.5 用计数器设计一个频率计

今天继续学习单片机的定时器/计数器。我们经常需要记录一个信号出现的频率。如果一个信号 1s 出现了 1000 次,我们就称这个信号的频率是 1000Hz。现在我们就开始自制一

个频率计吧。

频率的定义,单位时间内完成周期变化的次数,是描述周期变化频繁程度的量。根据这个定义,我们简化一下,就测量每秒脉冲的个数。因此,编程时需要一个 1s 的定时,再需要一个计数器记录 1s 内信号源中脉冲的个数。

本次任务需要两块实验板:

① 一块实验板完成一个 1kHz 左右的信号源;或者有脉冲信号源也可以,脉冲幅值范围 0～5V,频率 10～10kHz。

② 另一块实验板完成频率计,并把频率值显示出来。

5.2.5.1　STC15W4K58S4 单片机定时器/计数器 T0 的工作原理

STC15W4K58S4 单片机一共有 5 个定时器/计数器,它们都是既可以作定时器用,也可以作计数器用。作定时器时,设置过程是在初始化程序中完成的,由系统软件生成。但是作计数器用时,需要我们人工设置完成。

图 5-5 所示为 STC15W4K58S4 单片机 T0 的逻辑电路结构示意图,这是宏晶公司的原创。由图 5-5 可知其工作原理如下:

在 K1,系统时钟进入计数器分为两种模式,12T(时钟除 12)和 1T(不除 12)模式,设置方法是 AUXR.7=0,K1 往上接通是 12T(12 个时钟脉冲计数器加 1),否则 AUXR.7=1,1T 模式。

到 K2,如果 $C/\overline{T}=0$ 就是用作定时器(图 5-5 中功能选择开关 K2 往上打),如果 $C/\overline{T}=1$ 就是用作外部脉冲计数器(图 5-5 中功能选择开关 K2 往下打)。可见,一个定时器/计数器同一时刻要么作定时用,要么作计数用,不能同时用。

到 K3,定时器/计数器启停控制。通过电路分析可知,当 GATA=0 时,非门 1 输出为 1,或门 2 输出也是 1,与门 3 的输出就由 TR1 来决定。当 TR1=1,K3 合上,脉冲进入计数器,计数器工作;当 TR1=0,K3 打开,脉冲不能进入计数器,计数器不加数。

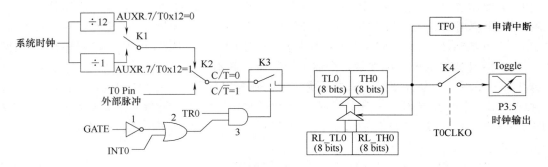

图 5-5　T0 的逻辑电路结构示意图

当 GATA=1 时,基本可以不用,工作过程读者自行分析吧。

当脉冲进入 TH0、TL0 后,TH0、TL0 自动对脉冲进行加 1 计数。当 TH0、TL0 加到全满(16 进制的 FFFFH)时,再来一个脉冲,系统会把预先存放在 RL_TH0、RL_TL0 中的数,自动传送到 TH0、TL0 中,好为下一轮计数做准备。同时置位 TF0 申请中断,告诉 CPU 计时时间到了,中断程序可以插队了;还同时查看 K4 开关,如果 K4 闭合会对外输出一个电平变化(原来是高电平,现在变低电平;原来是低电平,现在变高电平)。

定时器/计数器 T0、T1 的工作方式,在寄存器 TMOD 中相应的功能设置,见表 5-6 和表 5-7。

表 5-6 T0、T1 特殊功能寄存器 TMOD 各位功能

D7	D6	D5	D4	D3	D2	D1	D0
GATE	C/$\overline{T}$	M1	M0	GATE	C/$\overline{T}$	M1	M0
T1 各工作方式控制字				T0 各工作方式控制字			

M1M0：定时器/计数器一共有四种工作方式，2 位正好是四种组合，见表 5-7。

表 5-7 T0 中 M1M0 与工作方式

M1M0	操作方式	功能描述
00	方式 0	16 位自动重装定时器/计数器。由 TL0 的 8 位和 TH1 的 8 位构成 16 位的计数器
01	方式 1	16 位不自动重装定时器/计数器。由 TL0 的 8 位和 TH1 的 8 位构成 16 位的计数器
10	方式 2	8 位自动重装定时器/计数器(不用学)
11	方式 3	不可屏蔽中断 16 位自动重装载，实时操作系统用节拍定时器

对定时器/计数器 T0，其工作模式 3 与工作模式 0 是一样的。唯一不同的是：当定时器/计数器 0 工作在模式 3 时，只需允许 ET0（IE.1 定时器/计数器 T0 中断允许位）＝1，不需要允许 EA（IE.7 总中断使能位）就能打开定时器/计数器 0 的中断，此模式下的定时器/计数器 T0 中断与总中断使能位 EA 无关；一旦工作在模式 3 下的定时器/计数器 0 中断被打开（ET0=1），那么该中断是不可屏蔽的（就是中断一旦开启就不能关闭），该中断的优先级是最高的，即该中断不能被任何中断所打断，而且该中断打开后，既不受 EA 控制，也不再受 ET0 控制，当 EA＝0 或 ET0＝0 时都不能屏蔽该中断。故将此模式称为不可屏蔽中断的 16 位自动重装载模式。

5.2.5.2 STC15W4K58S4 单片机内部的 5 个 16 位定时器/计数器简介

STC15W4K58S4 单片机内部设置了 5 个 16 位定时器/计数器：16 位定时器/计数器 T0、T1、T2、T3 和 T4。5 个 16 位定时器都具有计数和定时两种工作方式。对定时器/计数器 T0 和 T1，用 TMOD 中相对应的控制位 C/T 来选择 T0 或 T1 为定时器还是计数器。对定时器/计数器 T2，用 AUXR 中的控制位——T2_C/T 来选择 T2 为定时器还是计数器；对定时器/计数器 T3，用 T4T3M 中的控制位——T3_C/T 来选择 T3 为定时器还是计数器；对定时器/计数器 T4，用 T4T3M 中的控制位——T4_C/T 来选择 T4 为定时器还是计数器。

笔记

定时器/计数器的核心部件是一个加 1 计数器，其本质是对脉冲进行加 1 计数。只是计数脉冲来源不同：如果计数脉冲来自系统时钟，则为定时方式，此时定时器/计数器每 12 个时钟或者每 1 个时钟得到一个计数脉冲，计数值加 1；如果计数脉冲来自单片机外部引脚（T0 为 P3.4，T1 为 P3.5，T2 为 P3.1，T3 为 P0.7，T4 为 P0.5），则为计数方式，每来一个脉冲加 1。

当定时器/计数器 T0、T1 及 T2 工作在定时模式时，特殊功能寄存器 AUXR 中的 T0x12、T1x12 和 T2x12 分别决定是系统时钟/12 还是系统时钟/1（不分频）后，让 T0、T1 和 T2 进行计数。当定时器/计数器 T3 和 T4 工作在定时模式时，特殊功能寄存器 T4T3M 中的 T3x12 和 T4x12 分别决定是系统时钟/12 还是系统时钟/1（不分频）后，让 T3 和 T4 进行计数。当定时器/计数器工作在计数模式时，对外部脉冲计数不分频。

定时器/计数器 0 有 4 种工作模式：模式 0（16 位自动重装载模式），模式 1（16 位不可重装载模式），模式 T2（8 位自动重装模式），模式 3（不可屏蔽中断的 16 位自动重装载模式）。定时器/计数器 1 除模式 3 外，其他工作模式与定时器/计数器 0 相同，T1 在模式 3 时无效，停止计数。定时器 T2 的工作模式固定为 16 位自动重装载模式。T2 可以当定时器使用，也可以当串口的波特率发生器和可编程时钟输出。定时器 T3、定时器 T4 与定时器 T2

一样，它们的工作模式固定为 16 位自动重装载模式。T3/T4 可以当定时器使用，也可以当串口的波特率发生器和可编程时钟输出。STC15W4K58S4 单片机定时器/计数器的相关寄存器详见表 5-8 和表 5-9，这里不详细介绍了，具体参看相关手册。

表 5-8 STC15W4K58S4 单片机定时器/计数器的相关寄存器

符号	描述	地址	位地址及其符号 MSB							LSB	复位值
TCON	Timer Control	88H	TF1	TR1	TF0	TR0	IE1	IT1	IE0	IT0	0000 0000B
TMOD	Timer Mode	89H	GATE	C/T̄	M1	M0	GATE	C/T̄	M1	M0	0000 0000B
TL0	Timer Low0	8AH									0000 0000B
TL1	Timer Low1	8BH									0000 0000B
TH0	Timer High0	8CH									0000 0000B
TH1	Timer High1	8DH									0000 0000B
IE	中断允许寄存器	A8H	EA	ELVD	EADC	ES	ET1	EX1	ET0	EX0	0000 0000B
IP	中断优先级寄存器	B8H	PPCA	PLVD	PADC	PS	PT1	PX1	PT0	PX0	0000 0000B
T2H	定时器 2 高 8 位寄存器	D6H									0000 0000B
T2L	定时器 2 低 8 位寄存器	D7H									0000 0000B
AUXR	辅助寄存器	8EH	T0x12	T1x12	UART_M0x6	T2R	T2_C/T̄	T2x12	EXTRAM	S1ST2	0000 0001B
INT_CLKO AUXR2	外部中断允许和时钟输出寄存器	8FH	EX4	EX3	EX2	—	T2CLKO	T1CLKO	T0CLKO		x000 x000B
T4T3M	T4 和 T3 的控制寄存器	D1H	T4R	T4_C/T̄	T4x12	T4CLKO	T3R	T3_C/T̄	T3x12	T3CLKO	0000 0000B
T4H	定时器 4 高 8 位寄存器	D2H									0000 0000B
T4L	定时器 4 低 8 位寄存器	D3H									0000 0000B
T3H	定时器 3 高 8 位寄存器	D4H									0000 0000B
T3L	定时器 3 低 8 位寄存器	D5H									0000 0000B
IE2	Interrupt Enable register	AFH	—	ET4	ET3	ES4	ES3	ET2	ESPI	ES2	x000 0000B

表 5-9 STC15W4K58S4 单片机各个定时器/计数器的相关功能设置表

功能与控制	T0	T1	T2	T3	T4
大小	16 位	16 位	16 位	16 位	16 位
计数/定时设置	TMOD 中 D2 位 C/T	TMOD 中 D6 位 C/T	AUXR 中 T2_C/T	T4T3M 中 T3_C/T	T4T3M 中 T4_C/T
外脉冲进入脚	P3.4	P3.5	P3.1	P0.7	P0.5
定时器脉冲分频	AUXR 中的 T0x12	AUXR 中的 T1x12	AUXR 中 T2x12	T4T3M 中的 T3x12	T4T3M 中的 T4x12
工作模式	TMOD 中低 M1M0 四种工作模式：16 位自动重装载，16 位不自动重装载，16 位自动重装载且不可屏蔽中断模式	TMOD 中 M1M0 四种工作模式，常用为 16 位自动重装载模式和 16 位不自动重装载	固定为 16 位自动重装载模式	固定为 16 位自动重装载模式	固定为 16 位自动重装载模式

续表

功能与控制	T0	T1	T2	T3	T4
计数器名称	TH0、TL0	TH1、TL1	T2H、T2L	T3H、T3L	T4H、T4L
启停控制位	TCON 中 D4 位 TR0	TCON 中 D6 位 TR1	AUXR 中 T2R	T4T3M 中 T3R	T4T3M 中 T4R
中断开启	IE 中 EA 和 ET0	IE 中 EA 和 ET1	IE 中 EA 和 IE2 中 ET2	IE 中 EA 和 IE2 中 ET3	IE 中 EA 和 IE2 中 ET4
时钟信号输出控制	AUXR2 中 T0CLKO	AUXR2 中 T1CLKO	AUXR2 中 T2CLKO	T4T3M 中 T3CLKO	T4T3M 中 T3CLKO
时钟信号输出脚	P3.5	P3.4	P3.0	P0.4	P0.6
中断号	1	3	12	19	20

5.2.5.3　如何把定时器/计数器设置成计数器，并人工编写其初始化程序

把定时器/计数器设置成计数器：

把 T0、T1 设置成计数器，是在寄存器 TMOD 中完成的，见表 5-9。把 D6 位 C/$\overline{T}$ 设置为 1，T1 就设置成计数器了，指令是 TMOD＝TMOD｜0X40（TMOD＝TMOD&0XbF，就是定时器）；把 D2 位 C/$\overline{T}$ 设置为 1，T0 就设置成计数器了，指令是 TMOD＝TMOD｜0X04（TMOD＝TMOD&0XFb，就是定时器）。M1M0：定时/计数器一共有四种工作方式，2 位正好是四种组合，见表 5-9。

把 T2 设置成计数器，是在寄存器 AUXR 中完成的，见表 5-9。把 D3 位 T2_C/$\overline{T}$ 设置为 1，T2 就设置成计数器了，指令是 AUXR＝AUXR｜0X08（AUXR＝AUXR&0Xf7，就是定时器）。

把 T3、T4 设置成计数器，是在寄存器 T3T4M 中完成的，见表 5-8、表 5-9。把 D6 位 T4_C/$\overline{T}$ 设置为 1，T4 就设置成计数器了，指令是 T3T4M＝T3T4M｜0X40（T3T4M＝T3T4M&0Xbf，就是定时器）；把 D2 位 T3_C/$\overline{T}$ 设置为 1，T3 就设置成计数器了，指令是 T3T4M＝T3T4M｜0X04（T3T4M＝T3T4M&0Xfb，就是定时器）。

计数脉冲进入计数器的引脚：

对应的脉冲输入引脚，可以在引脚图中找到，T0 为 P3.4，T1 为 P3.5，T2 为 P3.1，T3 为 P0.7，T4 为 P0.5。

笔记

计数值存放的位置：

计数时，存放计数数值的寄存器分别为：T0 为 TL0、TH0；T1 为 TL1、TH1；T2 为 T2L、T2H；T3 为 T3L、T3H；T4 为 T4L、T4H。

计数器初值计算：

从一个生活中的例子来看：一个水盆在水龙头下，水龙头出水，水一滴滴地滴入盆中。水滴不断落下，盆的容量是有限的，过一段时间之后，水就会逐渐变满，最终有一滴水使得盆中的水满了。这时如果再有一滴水落下，水会漫出来，用一个术语来讲就是"溢出"。那么单片机中的计数器有多大的容量呢？IAP15W4K58S4 单片机中五个计数器分别是由两个 8 位的 RAM 单元组成的，即每个计数器都是 16 位的，最大的计数量是 65536，当计数超过这个数值时也会自动溢出，和水盆不同的是，当溢出时计数器的值是回归到零，同时会产生中断标志信号。也就是说，不溢出不产生中断信号。

比如在药品生产线上，假设 100 片药是一箱，那么计数器每计到 100 就要申请一次中断，这怎么办呢？好办，让它从 65536－100＝65436 开始计数呗，就能保证每到 65536 就申请中断了。这个 65436 就是计数器的初值。

计数器的启动/停止控制：

设置为 1 是启动，设置为 0 是停止。T0、T1 的启动/停止控制位在寄存器 TCON 中完成，见表 5-9。把 D6 位 TR1 设置为 1，TR1＝1；T1 就启动了；把 D4 位 TR0 设置为 1，TR0＝1；T0 就启动了。把 T2 的启动/停止控制位在寄存器 AUXR 中完成的，见表 5-9。把 D4 位 T2R 设置为 1，AUXR＝AUXR｜0X10；T2 就启动了 AUXR＝AUXR｜0X08。把 T3、T4 的启动/停止控制位在寄存器 T3T4M 中完成的，见表 5-9。把 D7 位 T4R 设置为 1，T3 就启动了；把 D2 位 T3R 设置为 1，T3 就启动了。

这些都是生产单片机的厂家规定好的，我们只要遵守就行了。

初始化程序的编写如下。

把 T1 设置成计数器的初始化程序为：

```
void TIME1_CSH(  )    //脉冲由 P3.5 脚进入单片机
{
TMOD=0X40；//T1 计数器
TH1=(65536-X)/256；//设置计数初值高 8 位, X 是用户的计数值
TL1=(65536-X)%256；//设置计数初值低 8 位, X 是用户的计数值
TR1=1；//启动 T1 计数
}
```

把 T3 设置成计数器的初始化程序为：

```
void TIME3_CSH(  )    //脉冲由 P0.7 脚进入单片机
{
   T4T3M |=0x04；      //计数器
   T3L =0x00；         //设置计数初值,从零开始计数,可能计不满
   T3H =0x00；         //设置计数初值,从零开始计数,可能计不满
   T4T3M |=0x08；      //启动 T3 计数
}
```

5.2.5.4 定时器/计数器的其他用法

【例 5-3】 流水线上一个包装是 60 盒，要求每到 60 盒就产生一个动作，用 T0 来控制，试编写初始化程序，并指明脉冲从何处进入单片机。

初始化程序如下：

```
Void   timer0_Init(void)
{
TMOD=0x05；//设置定时器/计数器为计数模式
TH0=(65536-60)/256；   //为了制造每到 60 盒就产生一个溢出,产生中断标志,TH0 和 TL0 中要事先存入一定量的初值
   TL0=(65536-60)%256；   //初值的低八位
   TR0=1；//启动计数器
   ET0=1；//开启 T0 中断
   EA=1；//开启总中断
}
```

因为是 T0，脉冲从 P3.4 进入单片机。

【例 5-4】 应用定时器 T0 产生 1ms 的定时，并使 P1.0 输出周期 2ms 的方波，设晶振

频率为 12MHz，用工作方式 1 来控制，1T 模式。试编初始化程序和中断服务程序。

方式 1 时，初始化程序如下，生成方法如图 5-6 所示。

图 5-6　例 5-4 T0 方式 1 初始化程序生成

void Timer0Init(void)//1ms@12.000MHz
{
AUXR |=0x80；//定时器时钟 1T 模式
TMOD &=0xF0；//设置定时器模式
TMOD |=0x01；//设置定时器模式
TL0 =0x20；　//设置定时初值
TH0 =0xD1；　//设置定时初值
TF0 =0；　　//清除 TF0 标志
TR0 =1；　　//定时器 0 开始计时
ET0=1;//编者添加
EA=1;//编者添加
}

方式 1 时，中断服务程序如下：
Void　timer0_ISR(void)interrupt 1
{
TL0 =0x20；　//重装定时初值
TH0 =0xD1；　//重装定时初值
P10=！P10；
}

5.2.5.5　频率计的程序

//频率计程序，脉冲从 P0.5 接入
#include "stc15w.h"
#include "595.h"
#include "shujuchuli.h"
#include "IO.h"
#include "intrins.h"

```c
unsigned char LED[8],SMGweihao;
unsigned int  ms,pinlv;
bit miaobiaozhi;
//T3 初始化程序
void  Timer3Init(void)    //脉冲由 P0.5 进入
{
   T4T3M |=0x04；   //T3 计数器模式
   T3L =0x00；     //设置定时初值
   T3H =0x00；     //设置定时初值
}
//T4 初始化程序
void Timer4Init(void)    //1ms@11.0592MHz
{
   T4T3M |=0x20；    //定时器时钟 1T 模式
   T4L =0xCD；     //设置定时初值
   T4H =0xD4；     //设置定时初值
   T4T3M |=0x80；    //定时器 4 开始计时
   T4T3M |=0x08；           //定时器 3 开始计数
}
//T4 中断程序
void  timer4_ISR(void)interrupt    //20s 信号生成
{
ms++；   //1ms 信号
if(ms>=1000) {ms=0;miaobiaozhi=1;}      //1s 到了,设置标志

SMGweihao++;//1ms 加一次,亮过数码管位置号加 1
if(SMGweihao >=8){SMGweihao =0 ;}//一共只有 8 个数码管,保证 1ms 换一个亮
xianshi1wei(SMGweihao,LED[SMGweihao]);//处于 SMGweihao 位置,亮 LED[SMG-
                                                weihao]值
}
/**************** 主函数 *****************/
void main(void)
{
  P1M0=0; P1M1=0;  P4M0=0; P4M1=0;  P5M0=0; P5M1=0;
  Timer4Init();//T4 初始化程序
  Timer3Init();
  EA=1; IE2|=0X40;//开 T4 中断
    while(1)
    {
    if(miaobiaozhi==1)
    {
```

```c
        miaobiaozhi=0;
        T4T3M &=0xf7;        //停止计数
        pinlv=T3H*256+T3L;
        T3L=0x00;            //重新设置定时初值
        T3H=0x00;            //重新设置定时初值
        T4T3M |=0x08;        //开始计数
        shujufenjie( );
        }
    }
}
```

信号源程序：

```c
//脉冲从 P1^6 输出
#include  <stc15fxxxx.h>
unsigned   char xdata   MS;
sbit   shuchu=P1^6;
void Timer3Init(void)      //1111μs@11.0592MHz
{
    T4T3M |=0x02;        //定时器时钟 1T 模式
    T3L=0x01;            //设置定时初值
    T3H=0xD0;            //设置定时初值
    T4T3M |=0x08;        //定时器 3 开始计时
}
void Timer3_zd(void)interrupt 19
{
MS++;
if(MS==5){MS=0;shuchu=! shuchu;}
}
void main()
{ P1M0=0; P1M1=0;
Timer3Init();
EA=1;
IE2=0x20;
while(1);
}
```

评估

（1）写出程序的执行过程，分析中断程序和主程序的关系。

（2）换一个定时器来完成，电路和程序如何改？

（3）如何扩展频率计的量程？

5.2.6 用外中断设计一个故障报警器

如果有人在煤气灶上烧了一壶水,他又想看电视,又怕水开了浇灭煤气。他不想守着煤气灶怎么办?有人说用会响的壶呀,看电视时注意一下壶响就行了。对了,单片机也有这种情况呀!

假设报警器接在了 P3.3 引脚上(用按钮模拟),P3.3 引脚高电平代表无报警信息,系统正常工作(LED10 亮,LED9 灭);P3.3 引脚低电平代表有报警信息,LED9 亮 1s 后,系统恢复正常 LED10 亮。

5.2.6.1 外中断功能的作用

"外中断"顾名思义,是单片机外面的信号触发的中断。单片机对于外部其他设备来的信息,比如两台智能设备之间的实时数据交互、现场传感器数据采集、设备安全报警信号等,也可以用中断来管理。管理这种信息的特殊功能就称为外部中断。

如果我们在与各种特殊功能之间不使用中断的话,有其他办法吗?答案是有的,那就是查询模式。单片机的查询模式用法就像在产品四中使用按钮那样用 if、while 语句完成。51 单片机对有的中断源设置了中断标志位。当相应的中断源申请中断的同时,也会把相应的中断标志位置 1。如果我们不用中断方式工作时,主程序可以查询相应的中断标志位是否是 1,来判断特殊功能是否在申请中断。

IAP15W4K58S4 单片机常见的中断标志位见表 5-10。不是每种单片机的中断标志位都是一样的,具体要看单片机相应的手册。

表 5-10 中断向量地址/查询次序/优先级/请求标志位/允许控制位

中断源	中断向量地址	相同优先级内的查询次序	中断优先级设置	优先级 0(最低)	优先级 1(最高)	中断请求标志位	中断允许控制位
INT0(外部中断 0)	0003H	0(highest)	PX0	0	1	IE0	EX0/EA
Timer0	000BH	1	PT0	0	1	TF0	ET0/EA
INT1(外部中断 1)	0013H	2	PX1	0	1	IE1	EX1/EA
Timer1	001BH	3	PT1	0	1	TF1	ET1/EA
S1(UART1)	0023B	4	PS	0	1	RI+TI	ES/EA
ADC	002BH	5	PADC	0	1	ADC_FLAG	EADC/EA
LVD	0033H	6	PLVD	0	1	LVDF	ELVD/EA
CCP/PCA/PWM	003BH	7	PPCA	0	1	CF+CCF0+CCF1+CCF2	(ECF+ECCF0+ECCF1+ECCF2)/EA
S2(UART2)	0043H	8	PS2	0	1	S2RI+S2TI	ES2/EA
SPI	004BH	9	PSPI	0	1	SPIF	ESPI/EA
INT2(外部中断 2)	0053H	10	0	0			EX2/EA
INT3(外部中断 3)	005BH	11	0	0			EX3/EA
Timer2	0063H	12	0	0			ET2/EA
System Reserved	0073H	14					
System Reserved	007BH	15					
INT4(外部中断 4)	0083H	16	0	0			EX4/EA

笔记

续表

中断源	中断向量地址	相同优先级内的查询次序	中断优先级设置	优先级0（最低）	优先级1（最高）	中断请求标志位	中断允许控制位
S3(UART3)	008BH	17	0	0		S3RI+S3TI	ES3/EA
S4(UART4)	0093H	18	0	0		S4RI+S4TI	ES4/EA
Timer3	009BH	19	0	0			ET3/EA
Timer4	00A3H	20	0	0			ET4/EA
Comparator（比较器）	00ABH	21	0	0		CMPIF	CMPIF_p	PIE/EA（比较器上升沿中断允许位）
							CMPIF_n	NIE/EA（比较器下降沿中断允许位）
PWM	00B3H	22	PPWM	0	1	CBIF	ENPWM/ECBI/EA
						C2IF	ENPWM/EPWM2I/EC2T2SI ‖ EC2T1SI/EA
						C3IF	ENPWM/EPWM3I/EC3T2SI ‖ EC3T1SI/EA
						C4IF	ENPWM/EPWM4I/EC4T2SI ‖ EC4T1SI/EA
						C5IF	ENPWM/EPWM5I/EC5T2SI ‖ EC5T1SI/EA
						C6IF	ENPWM/EPWM6I/EC6T2SI ‖ EC6T1SI/EA
						C7IF	ENPWM/EPWM7I/EC7T2SI ‖ EC7T1SI/EA
PWM异常检测	00BBH	23(lowest)	PPWMFD	0	1	FDIF	ENPWM/ENFD/EFDI/EA

5.2.6.2 IAP15W4K58S4 单片机外中断的用法

IAP15W4K58S4 单片机外中断的用法，详见表 5-11。具体说明如下。

表 5-11 IAP15W4K58S4 单片机 5 个外中断的功能设置表

功能名称	外中断0 INT0	外中断1 INT1	外中断2 INT0	外中断3 NT0	外中断4 INT0
中断信号引脚	P3.2	P3.3	P3.6	P3.7	P3.0
中断开启	IE中EA、EX0	IE中EA、EX1	IE中EA、INT_CLKO中EX2	IE中EA、INT_CLKO中EX3	IE中EA、INT_CLKO中EX4
中断触发方式选择	TCON中IT0 IT0=1；P3.2 脚上仅下降沿响应中断；IT0=0；上升沿和下降沿均响应中断	TCON中IT1 IT1=1；P3.3 脚上仅下降沿响应中断；IT1=0；上升沿和下降沿均响应中断	无需设置，只能下降沿触发	无需设置，只能下降沿触发	无需设置，只能下降沿触发
中断优先级	IP中D0位PX0	IP中D2位PX1	不能改变	不能改变	不能改变
中断号	0	3	10	11	16

（1）外部信号的进入单片机的引脚

外部信号一般来自传感器、检测仪表或人机交互按钮。信号要接到单片机的引脚上，接在 P3.2 脚上的是外中断 0（INT0），接在 P3.3 脚上的是外中断 1（INT1），接在 P3.6 脚上的是外中断 2（INT2），接在 P3.7 脚上的是外中断 3（INT3），接在 P3.0 脚上的是外中断 4（INT4），接其他脚就不属于外中断信号了。

(2) 对外部中断信号的要求

由于系统每个时钟对外部中断引脚采样 1 次，所以为了确保被检测到，输入信号应该至少维持 2 个时钟周期。如果外部中断是仅下降沿触发，要求必须在相应的引脚维持高电平至少 1 个时钟，而且低电平也要持续至少一个时钟，才能确保该下降沿被 CPU 检测到。同样，如果外部中断是上升沿、下降沿均可触发，则要求必须在相应的引脚维持低电平或高电平至少 1 个时钟，而且高电平或低电平也要持续至少 1 个时钟，这样才能确保 CPU 能够检测到该上升沿或下降沿。

(3) 外部中断用到的寄存器

中断允许寄存器。中断允许寄存器 IE、IE2 和 INT_CLKO。IAP15W4K58S4 单片机 CPU 对中断源的开放或屏蔽，每个外中断源是否被允许中断，是由内部的中断允许寄存器 IE、IE2 和 INT_CLKO 控制的，1 允许，0 禁止。

定时器/计数器控制寄存器 TCON。详见表 5-12，可以用来设定外中断 0 (INT0)、外中断 1 (INT1) 的中断触发方式，1 是仅下降沿触发，0 是上升沿和下降沿均触发；外中断 2 (INT2)、外中断 3 (INT3)、外中断 4 (INT4)，不能设置中断触发方式，只能下降沿触发。

表 5-12　TCON 寄存器

D7	D6	D5	D4	D3	D2	D1	D0
TF1	TR1	TF0	TR0	IE1	IT1	IE0	IT0

TCON 寄存器说明如下。

IE0＝1：标志外部中断 0 产生中断。

IE1＝1：标志外部中断 1 产生中断。

TF0＝1：标志定时器 0 定时到，产生中断。

TF1＝1：标志定时器 1 定时时间到，产生中断。

IT0＝1：INT0/P3.2 引脚上仅下降沿响应中断；IT0＝0：上升沿和下降沿均响应中断。

IT1＝1：INT1/P3.3 引脚上仅下降沿响应中断；IT1＝0：上升沿和下降沿均响应中断。

IAP15W4K58S4 单片机其他的中断标志位，请查看手册。须要特别说明的是，不同的单片机型号，可能 TCON 设置相同，但是中断响应条件不同，使用时必须以相应单片机手册为准。

中断优先级寄存器有 IP (Interrupt Priority Register) 和 IP2 (Interrupt Priority 2 Register)。IAP15W4K58S4 单片机中，中断源的默认优先级按中断号排列，中断号越小级别越高。IAP15W4K58S4 单片机通过设置特殊功能寄存器（IP 和 IP2）中的相应位，可将部分中断设有 2 个中断优先级，除外部中断 2 (INT2)、外部中断 3 (INT3) 及外部中断 4 (INT4) 外，所有中断请求源可编程为 2 个优先级中断。一个正在执行的低优先级中断能被高优先级中断所中断，但不能被另一个低优先级中断所中断，一直执行到结束。归纳为下面两条基本规则：

• 低优先级中断可被高优先级中断所中断，反之不能。

• 任何一种中断（不管是高级还是低级），一旦得到响应，不会再被它的同级中断所中断。

中断优先级由中断优先级寄存器 IP 和 IP2 来设置。IP 中某位设为 1，相应的中断就是高优先级，否则就是低优先级。见表 5-13 和表 5-14。

表 5-13 中断优先级寄存器 IP 各位功能

D7	D6	D5	D4	D3	D2	D1	D0
PPCA	PLVD	PADC	PS	PT1	PX1	PT0	PX0

注：PPCA——比较器中断优先级控制位；
PLVD——低电压检测中断优先级控制位；
PADC——A/D 转换中断优先级控制位；
PS——串行口中断优先级控制位；
PT1——定时器 1 中断优先级控制位；
PX1——外中断 1 优先级控制位；
PT0——定时器 0 中断优先级控制位；
PX0——外中断 0 优先级控制位。

表 5-14 中断优先级寄存器 IP2 各位功能

D7	D6	D5	D4	D3	D2	D1	D0
PPCA	PLVD	PADC	PX4	PPWMFD	PPWM	PSPI	PS2

注：PX4——外部中断 4（INT4）优先级控制位；
PPWMFD——PWM 异常检测中断优先级控制位；
PPWM——PWM 中断优先级控制位；
PSPI——SPI 中断优先级控制位；
PS2——串口 2 中断优先级控制位。

【例 5-5】 设有如下要求，将定时器 T0、外中断 1 设为高优先级，其他为低优先级，求 IP 的值。

IP 的首 3 位没用，可任意取值，设为 000，后面根据要求写就可以了，见表 5-15。

表 5-15 例 5-5 用表

PPCA	PLVD	PADC	PS	PT1	PX1	PT0	PX0
0	0	0	0	0	1	1	0

笔记

因此，IP 的值就是 06H。

【例 5-6】 在例 5-5 中，如果 5 个中断请求同时发生，求中断响应的次序。

响应的先后次序为：定时器 0 → 外中断 1 → 外中断 0 → 定时器 1 → 串行中断。

【例 5-7】 在例 5-5 中，假设外中断 0 已被响应，外中断 0 中断服务子程序正在被执行，外中断 1 恰好申请中断，请问程序将如何进行？

这是一个中断嵌套的问题。就是说一个中断已响应，又有一个中断产生的情况，这时的中断响应可以概括为：①低级中断不能打断高级中断，高级中断可以打断低级中断；②同级同时申请中断，按默认优先级处理。

因此，例 5-7 的答案如图 5-7 所示。

5.2.6.3 故障报警器电路图

故障报警器电路图如图 5-8 所示。

5.2.6.4 故障报警器程序

```
#include    "stc15fxxxx.h"
Sbit    led10=P4^6;    //LED10
Sbit    led9=P4^7;     //LED9
```

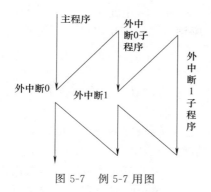

图 5-7 例 5-7 用图

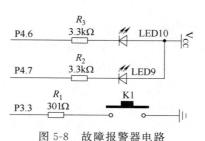

图 5-8 故障报警器电路

故障报警器程序演示调试

```
/********延时子程序(自己完成)********/
/***********中断初始化程序*************/
void   WZDchushihua(void)      //外中断初始化
{
IT1=1;     //设置 INT1 为下降沿触发,详见 TCON 寄存器中
EX1=1;     //使能外部中断 1,详见 IE 寄存器中
EA=1;      //开启总中断,详见 IE 寄存器中
}
/**************主函数****************/
void   main(void)
{
WZDchushihua();//只执行一次,放在主程序开头
  while(1)
  {
  led10=0;
  led9=1;
  }
}
/**********外部中断 1 函数************/
void   INT1_ISR(void)interrupt 2
{
led9=0;
led10=1;
Delay1000ms();
}
```

评估

(1) 如果用蜂鸣器报警,相应的硬件和软件应如何设计?

(2) 如果用外中断 0、外中断 2、外中断 3,相应的硬件和软件应如何设计?

5.2.7 用串口实现两台单片机间的通信

单片机之间也能相互沟通信息吗?能联网吗?如何沟通、联网呢?

设有甲、乙两台单片机,编程实现如下功能:甲、乙两台单片机,甲机接 4 个按钮,分别编号为 1#、2#、3#、4#,乙机接一个数码管。工作时,按下甲机的 1# 按钮,乙机就显示"1",以此类推。

5.2.7.1 串行接口通信简介

计算机与外界进行信息交换称之为通信。21 世纪是信息的社会,在网上获取信息已经很普遍了。当你在上网的时候,就是在使用计算机的串行接口通信。

51 单片机的通信方式有两种,数据的各位同时发送或接收的并行通信和数据一位一位顺序发送或接收的串行通信,如图 5-9 所示。并行通信接口主要有 P0、P1、P2、P3 等,特点是同一时刻可以发送 8 位数据,远距离需要导线 9 根,长距离输送数据时成本很高。串行通信接口发送 8 位数据,至少要发送 8 次,比较费时,长距离输送时只需 3 根导线(一根传递信号、一根是地线、一根同步脉冲),比较经济,还节省引脚。

(1) 串行通信的工作流程

串行通信和定时器一样,都是单片机内部的特殊功能。

需要串口输出数据时,只要设定好相关功能寄存器,并把准备发送的数据送到寄存器 SBUF 中即可。SBUF 接收到数据后,会自动开始发送,当 SBUF 中数据发送完,会自动设置发送完标志位 TI=1,通知数据发送方单片机 CPU——任务完成。如果还需要再发送,先清除发送完标志位 TI=0,再把下一个数据送到 SBUF,就可以了。

当数据接收方单片机发现有数据来时,接收方单片机的 SBUF 寄存器会自动接收数据(不用经过 CPU 允许),还会自动设置接收完标志位 RI=1。SBUF 接收完数据后,是否通知接收方单片机已收到数据,取决于接收方单片机的相关功能寄存

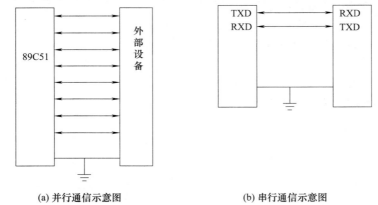

图 5-9 并行通信与串行通信

器的设置。比如允许接收、接收后是否可以申请 CPU 中断等。

(2) 串行通信的字符格式

串行通信分为同步通信和异步通信两种格式。

在异步数据传送中,单片机用一帧来表示一个字符,在每一帧中使用双方约好字符的编码形式,奇偶校验形式以及起始位和停止位的规定等。每个字符帧的组成格式如图 5-10 (a) 所示。

首先是一位用逻辑"0"低电平表示的起始位;后面紧跟着的是字符的数据字,数据字可以是 8 或 9 位数据,在数据字中可根据需要加入奇偶校验位;最后是用逻辑"1"高电平表示的停止位,其长度可以是一位、一位半或两位。所以,串行传送的数据字加上成帧信号起始位和停止位就形成一个字符串行传送的帧。图 5-10 (a) 所示为数据字为 7 位,第 8 位(或第 9 位)是奇偶校验位。

在异步传送中,字符间隔不固定,在停止位后可以加空闲位,空闲位用高电平表示,这样,接收和发送可以随时地或间断地进行。图 5-10 (b) 为有空闲位的情况。

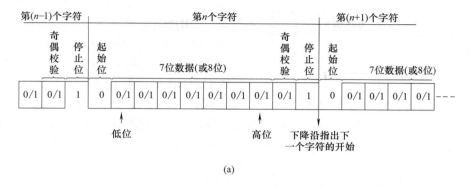

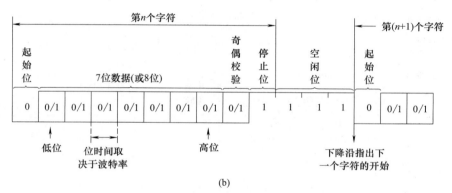

图 5-10 异步通信的帧格式

（3）串行通信的波特率

如何确保在高速远传的情况下，不把数据传丢呢？这就像两个陌生人传递东西的时候一样，需要事先约定好传递时间和传递的方式，要喊口号"1—2—3—传送"，这就是波特率的作用。这个波特率，也必须事先约定好，它是串行设备间传递数据的时钟同步信号，而且两台单片机必须设置成一样的才行。

波特率好比是"同步号子"，是保证送出每一个信号的时候，接收方正好也在接收，是不传丢数据的保证，它要求发送方和接收方都要以相同的数据传送速率工作。当波特率快时，数据传递得也快，当波特率慢时，数据传递得也慢，因此，波特率是衡量数据传送速率的指标。

波特率的定义是每秒传送的二进制数的位数，单位是位/s。例如，数据传送的速率是 120 字符/s，即每秒传送 120 个字符，而每个字符如上述规定包含 10 个数位（不包含奇偶校验位），则传送波特率为 $10\times 120=1200$ 位/s。

（4）同步通信

同步通信，除用于数据通信外，还可方便地构成一个或多个并行 I/O 口，或作串-并转换，或用于扩展串行外设等。所谓同步传送就是去掉异步传送时每个字符的起始位和停止位的成帧标志信号，仅在数据块开始处用同步字符来指示，如图 5-11 所示。很显然，同步传送的有效数据位传送速率高于异步传送，可达 50 千位/s，甚至更高。其缺点是硬件设备较为复杂，常用于计算机之间的通信。

同步通信可用于外接移位寄存器以扩展 I/O 口，或外接同步输入/输出设备。

如图 5-12 所示，8 位串行数据是从 RXD 输入或输出，TXD 用来输出同步脉冲（波特

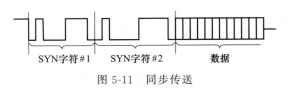

图 5-11 同步传送

率)。输出时：串行数据从 RXD 引脚输出，TXD 引脚输出移位脉冲（波特率）。CPU 将数据写入发送寄存器 SBUF 时，立即启动发送，8 位数据将以 fosc/12 的固定波特率从 RXD 输出，低位在前，高位在后。发送完一帧数据后，发送中断标志 TI 由硬件置位。输入时，串行口以方式 0 接收，先置位允许接收控制位 REN。此时，RXD 为串行数据输入端，TXD 仍为同步脉冲移位输出端。当 RI＝0 和 REN＝1 同时满足时，开始接收。当接收到第 8 位数据时，将数据移入接收寄存器 SBUF，并由硬件置位 RI。

【例 5-8】 串行口扩展 I/O 应用。图 5-12 为串行口扩展 I/O 硬件电路图。74LS164 为串入并出移位寄存器，74LS165 为并入串出移位寄存器。

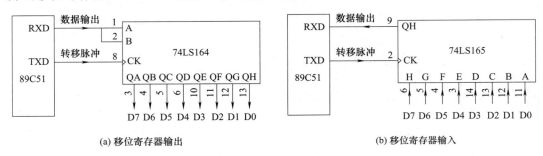

图 5-12 串行口扩展 I/O 硬件逻辑图

数据输出方，程序如下：
SCON=0；   //置串行口方式 0
TI=0；   //清中断 TI=0
SBUF=0X83；   //数据输出

数据输入方，设数据已在 74LS165 中，程序如下：
SCON=0X10；   //置串行口方式 0，允许接收
shuju=SBUF；   //数据进入 shuju 中
RI=0；   //清中断 RI=0

此例中，数据无论是输入还是输出方式，串行口外部仅接了一个片子。在实际应用中，根据情况可多个片子串接，以充分发挥串行口扩展 I/O 之功能，而编程也很简单。

（5）IAP15W4K58S4 单片机串行口

IAP15W4K58S4 系列单片机具有 4 个 UART（Universal Asynchronous Receiver/Transmitter）工作方式的全双工异步串行通信接口（串口 1、串口 2、串口 3 和串口 4）。串行口 1 的串行通信特殊功能寄存器为 SBUF，串行口 2 的串行通信特殊功能寄存器为 S2BUF，串行口 3 的串行通信特殊功能寄存器为 S3BUF，串行口 4 的串行通信特殊功能寄存器为 S4BUF。IAP15W4K58S4 系列单片机的串行口 1 有 4 种工作方式，其中两种方式的波特率是可变的，另两种是固定的，以供不同应用场合选用。串行口 2/串行口 3/串行口 4 都只有两种工作方式，这两种方式的波特率都是可变的，用于可用软件设置不同的波特率和选择不同的工作方式。主机可通过查询或中断方式对接收/发送进行程序处理，使用十分灵活。串行口 1、串行口 2、串行口 3、串行口 4 的相关寄存器见表 5-16～表 5-19。

表 5-16 串行口 1 相关寄存器

符号	描述	地址	位地址及符号								复位值
			MSB							LSB	
T2H	定时器 2 高 8 位寄存器	D6H									0000 0000B
T2L	定时器 2 低 8 位寄存器	D7H									0000 0000B
AUXR	辅助寄存器	8EH	T0x12	T1x12	UART_M0x6	T2R	T2_C/T̄	T2x12	EXTRAM	S1ST2	0000 0001B
SCON	Serial Control	98H	SM0/FE	SM1	SM2	REN	TB8	RB8	TI	RI	0000 0000B
SBUF	Serial Buffer	99H									xxxx xxxxB
PCON	Power Control	87H	SMOD	SMOD0	LVDF	POF	GF1	GF0	PD	IDL	0011 0000B
IE	Interrupt Enable	A8H	EA	ELVD	EADC	ES	ET1	EX1	ET0	EX0	0000 0000B
IP	Interrupt Priority Low	B8H	PPCA	PLVD	PADC	PS	PT1	PX1	PT0	PX0	0000 0000B
SADEN	Slave Address Mask	B9H									0000 0000B
SADDR	Slave Address	A9H									0000 0000B
AUXR1/P_SW1	辅助寄存器 1	A2H	S1_S1	S1_S0	CCP_S1	CCP_S0	SPI_S1	SPI_S0	0	DPS	0000 0000B
CLK_DIVPCON2	时钟分频寄存器	97H	MCKO_S1	MCKO_S1	ADRJ	Tx_Rx	MCLKO_2	CLKS2	CLKS1	CLKS0	0000 0000B

表 5-17 串行口 2 相关寄存器

符号	描述	地址	位地址及符号								复位值
			MSB							LSB	
S2CON	Serial 2 Control register	9AH	S2SM0	—	S2SM2	S2REN	S2TB8	S2RB8	S2TI	S2RI	0100 0000B
S2BUF	Serial 2 Buffer	9BH									xxxx xxxxB
T2H	定时器 2 高 8 位, 装入重装数	D6H									0000 0000B
T2L	定时器 2 低 8 位, 装入重装数	D7H									0000 0000B
AUXR	辅助寄存器	8EH	T0x12	T1x12	UART_M0x6	T2R	T2_C/T̄	T2x12	EXTRAM	S1ST2	0000 0001B
IE	Interrupt Enable	A8H	EA	ELVD	EADC	ES	ET1	EX1	ET0	EX0	0000 0000B
IE2	Interrupt Enable 2	AFH	—	ET4	ET3	ES4	ES3	ET2	ESPI	ES2	x000 0000B
IP2	Interrupt Priority 2 Low	B5H	—	—	—	PX4	PPWMFD	PPWM	PSPI	PS2	xxx0 0000B
P_SW2	外围设备功能切换控制寄存器	BAH	EAXSFR	0	0	0	—	S4_S	S3_S	S2_S	0000 x000B

笔记

表 5-18 串行口 3 相关寄存器

符号	描述	地址	位地址及符号								复位值
			MSB							LSB	
S3CON	串口 3 控制寄存器	ACH	S3SM0	S3ST3	S3SM2	S3REN	S3TB8	S3RB8	S3TI	S3RI	0000,0000
S3BUF	串口 3 数据缓冲器	ADH									xxxx,xxxx
T2H	定时器 2 高 8 位，装入重装数	D6H									0000 0000B
T2L	定时器 2 低 8 位，装入重装数	D7H									0000 0000B
AUXR	辅助寄存器	8EH	T0x12	T1x12	UART_M0x6	T2R	T2_C/$\overline{T}$	T2x12	EXTRAM	S1ST2	0000 0001B
T3H	定时器 3 高 8 位寄存器	D4H									0000 0000B
T3L	定时器 3 低 8 位寄存器	D5H									0000 0000B
T4T3M	T4 和 T3 的控制寄存器	D1H	T4R	T4_C/$\overline{T}$	T4x12	T4CLKO	T3R	T3_C/$\overline{T}$	T3x12	T3CLKO	0000 0000B
IE2	中断允许寄存器	AFH	—	ET4	ES4	ET3	ES3	ET2	ESPI	ES2	x000 0000B
P_SW2	外围设备功能切换控制寄存器	BAH	—	—	—	—	—	S4_S	S3_S	S2_S	xxxx x000B

表 5-19 串行口 4 相关寄存器

符号	描述	地址	位地址及符号								复位值
			MSB							LSB	
S4CON	串口 4 控制寄存器	84H	S4SM0	S4ST4	S4SM2	S4REN	S4TB8	S4RB8	S4TI	S4RI	0000,0000
S4BUF	串口 4 数据缓冲器	85H									xxxx,xxxx
T2H	定时器 2 高 8 位，装入重装数	D6H									0000 0000B
T2L	定时器 2 低 8 位，装入重装数	D7H									0000 0000B
AUXR	辅助寄存器	8EH	T0x12	T1x12	UART_M0x6	T2R	T2_C/$\overline{T}$	T2x12	EXTRAM	S1ST2	0000 0001B
T4H	定时器 4 高 8 位寄存器	D2H									0000 0000B
T4L	定时器 4 低 8 位寄存器	D3H									0000 0000B
T4T3M	T4 和 T3 的控制寄存器	D1H	T4R	T4_C/$\overline{T}$	T4x12	T4CLKO	T3R	T3_C/$\overline{T}$	T3x12	T3CLKO	0000 0000B
IE2	中断允许寄存器	AFH	—	ET4	ES4	ET3	ES3	ET2	ESPI	ES2	x000 0000B
P_SW2	外围设备功能切换控制寄存器	BAH	—	—	—	—	—	S4_S	S3_S	S2_S	xxxx x000B

IAP15W4K58S4 系列单片机串行口 1 对应的硬件部分是 TxD 和 RxD。串行口 1 可以在 3 组管脚之间进行切换。通过设置特殊功能寄存器 AUXR1/P_SW1 中的位 S1_S1/AUXR1.7 和 S1_S0/P_SW1.6，可以将串行口 1 从 [RxD/P3.0，TxD/P3.1] 切换到 [RxD_2/P3.6，TxD_2/P3.7]，还可以切换到 [RxD_3/P1.6/XTAL2，TxD_3/P1.7/XTAL1]。注意，当串行口 1 在 [RxD_2/P1.6，TxD_2/P1.7] 时，系统要使用内部时钟。串口 1 建议放在 [P3.6/RxD_2，P3.7/TxD_2] 或 [P1.6/RxD_3/XTAL2，P1.7/TxD_3/XTAL1] 上。

AUXR1/P_SW1 是 IAP 单片机的外围设备控制寄存器，其格式见表 5-20 和表 5-21。

表 5-20　AUXR1/P_SW1 各位说明

7	6	5	4	3	2	1	0
S1_S1	S1_S0	CCP_S1	CCP_S0	SPI_S1	SPI_S0	0	DPS

表 5-21　AUXR1/P_SW1 中 S1_S1、S1_S0 与串口 1 引脚

S1_S1	S1_S0	串口 1/S1 可在 3 个地方切换，由 S1_S0 及 S1_S1 控制位来选择
		串口 1/S1 可在 P1/P3 之间来回切换
0	0	串口 1/S1 在 [P3.0/RxD，P3.1/TxD]
0	1	串口 1/S1 在 [P3.6/RxD_2，P3.7/TxD_2]
1	0	串口 1/S1 在 [P1.6/RxD_3/XTAL2，P1.7/TxD_3/XTAL1] 串口 1 在 P1 口时要使用内部时钟
1	1	无效

IAP15W4K58S4 系列单片机串行口 2 对应的硬件部分是 TxD2 和 RxD2，串行口 2 可以在 2 组引脚之间进行切换，通过设置特殊功能寄存器 P_SW2 中的位 S2_S/P_SW2.0，可以将串行口 2 从 [RxD2/P1.0，TxD2/P1.1] 切换到 [RxD2_2/P4.6，TxD2_2/P4.7]。

IAP15W4K58S4 系列单片机串行口 3 对应的硬件部分是 TxD3 和 RxD3。串行口 3 可以在 2 组管脚之间进行切换，通过设置特殊功能寄存器 P_SW2 中的位 S3_S/P_SW2.1，可以将串行口 3 从 [RxD3/P0.0，TxD3/P0.1] 切换到 [RxD3_2/P5.0，TxD3_2/P5.1]。

IAP15W4K32S4 系列单片机串行口 4 对应的硬件部分是 TxD4 和 RxD4，串行口 4 可以在 2 组引脚之间进行切换，通过设置特殊功能寄存器 P_SW2 中的位 S4_S/P_SW2.2，可以将串行口 4 从 [RxD4/P0.2，TxD4/P0.3] 切换到 [RxD4_2/P5.2，TxD4_2/P5.3]。

IAP15W4K58S4 单片机各个串口的相关功能设置表如表 5-22 所示。

表 5-22　IAP15W4K58S4 单片机各个串口的相关功能设置表

功能	串口 1		串口 2		串口 3		串口 4	
串行通信特殊功能寄存器	SBUF		S2BUF		S3BUF		S4BUF	
工作模式设置及波特率选择	在下载软件中设定，有四种模式		在下载软件中设定，有两种模式		在下载软件中设定，有两种模式		在下载软件中设定，有两种模式	
通信引脚与设置：串行口 1 可以在 3 组引脚之间进行切换。串行口 2、串行口 3、串行口 4 可以在 2 组引脚之间进行切换	AUXR1/P_SW1 D7、D6 位 S1-S1、S1-S0 决定	TxD 和 RxD	P_SW2 中的 D0 位 S2_S 决定	TxD2 和 RxD2	P_SW2 中的 D1 位 S3_S 决定	TxD3 和 RxD3	P_SW2 中的 D2 位 S4_S 决定	TxD4 和 RxD4
	0　0	P3.0 P3.1	0	P1.0 P1.1	0	P0.0 P0.1	0	P0.2 P0.3
	0　1	P3.6 P3.7	1	P4.6 P4.7	1	P5.0 P5.1	1	P5.2 P5.3
	1　0	P1.6 P1.7						

续表

功能	串口 1	串口 2	串口 3	串口 4
中断开启	IE 中 EA 和 ES	IE 中 EA 和 IE2 中 D2 位 ES2	IE 中 EA 和 IE2 中 D3 位 ES3	IE 中 EA 和 IE2 中 D4 位 ES4
中断号	4	8	17	18
中断标志与清除：必须软件清除中断标志	SCON 中 TI 和 RI	S2CON 中 S2TI 和 S2RI	S3CON 中 S3TI 和 S3RI	S4CON 中 S4TI 和 S4RI
	RI 接收完数据中断标志	S2RI 接收完数据中断标志	S3RI 接收完数据中断标志	S4RI 接收完数据中断标志
	TI 发送完数据中断标志	S2TI 发送完数据中断标志	S3TI 发送完数据中断标志	S4TI 发送完数据中断标志
中断优先级	IP 中 D4 位 PS	IP2 中 D0 位 PS2	不能改变	不能改变

（6）IAP15W4K58S4 单片机串行口初始化程序和中断程序

IAP15W4K58S4 串行口初始化程序可以由 STC-ISP 软件自动生成，操作界面如图 5-13 所示。在这里还要提醒一句，不要忘了开相应中断（如 ES=1），注意软件设定频率要和系统主时钟频率的一致。

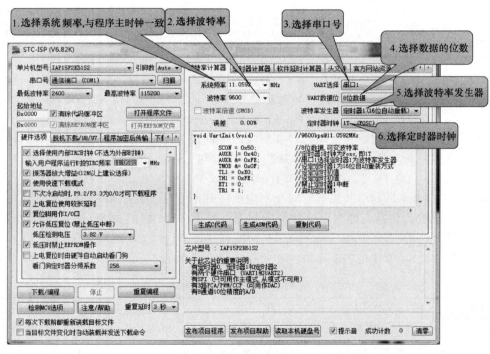

图 5-13 由 STC-ISP 软件自动生成串行口初始化程序示意图

串行接收与发送中断服务子程序举例：
void UART(void) interrupt 4 //串行接收与发送中断服务子程序
{
　if(RI)
　{
　　ReceiveData=SBUF；// 保存接收到的数据
　　RI=0；
　}

```
    else
    {
    TI=0;
    SBUF=SongData;   //再次发送数据
    }
}
```

5.2.7.2 串口通信电路

串口通信电路如图 5-14 所示。

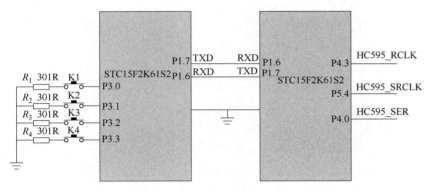

图 5-14 串口通信电路图

串口实现两台单片机间通讯的程序调试仿真演示

5.2.7.3 串口通信程序

```
/*****程序1*****按键输入及数据发送程序**********/
#include  "stc15fxxxx.h"
#define  uchar  unsigned  char
#define  uint   unsigned  int
sbit   anniu1=P2^0;
sbit   anniu2=P2^1;
sbit   anniu3=P2^2;
sbit   anniu4=P2^3;
uchar  js;//发送的数
/*****串口初始化程序,STC 软件生成,注意中断*****************
*************/
void  UartInit(void)      //9600bit/s@11.0592MHz
{
    SCON =0x50;       //8 位数据,可变波特率
    AUXR |=0x40;      //定时器 1 时钟为 FOSC,即 1T
    AUXR &=0xFE;      //串口 1 选择定时器 1 为波特率发生器
    TMOD &=0x0F;      //设定定时器 1 为 16 位自动重装方式
    TL1 =0xE0;        //设定定时初值
    TH1 =0xFE;        //设定定时初值
    ET1 =0;           //禁止定时器 1 中断
    TR1 =1;           //启动定时器 1
```

```c
    EA=0;
    ES=0;
}
//串口输出一个字符(非中断方式)
void ComOutChar(uchar OutData)
{
TI=0;
SBUF=OutData;           //输出字符
while(!TI);             //等待字符发完
TI=0;                   //清 TI
}

void  main()
{
UartInit();
ComOutChar(0);
while(1)
{
if(anniu1==0){js=1;ComOutChar(js);}
if(anniu2==0){js=2;ComOutChar(js);}
if(anniu3==0){js=3;ComOutChar(js);}
if(anniu4==0){js=4;ComOutChar(js);}
}
}
/****程序2***数据接收方主程序**************/
#include    "stc15w.h"
#include            "IO.H"
#include    "intrins.h"
#include            "595.H"
/************接收端 串口初始化*******/
void UartInit(void)     //9600bit/s@11.0592MHz
{
    SCON =0x50;     //8位数据,可变波特率,允许接受
    AUXR |=0x40;    //定时器1时钟为FOSC,即 1T
    AUXR &=0xFE;    //串口1选择定时器1为波特率发生器
    TMOD &=0x0F;    //设定定时器1为 16 位自动重装方式
    TL1 =0xE0;      //设定定时初值
    TH1 =0xFE;      //设定定时初值
    ET1 =0;         //禁止定时器1中断
    TR1 =1;         //启动定时器1
}
```

/＊＊＊＊＊＊＊＊＊＊＊＊接收数据中断函数＊＊＊＊＊＊＊/
char　JSshu;//接收值
void UART1_int（void）interrupt 4
{
if（RI）{JSshu=SBUF；RI =0;}
if（TI）{TI =0;}
}
/＊＊＊＊＊＊＊接收端主程序＊＊＊＊＊＊＊＊/
void main（void）
{
UartInit（）;
EA=1;
ES=1;
while（1）
{
xianshi1wei（0，JSshu）;
}
}

评估

（1）让单片机和电脑通信，电脑发给单片机一个一位的数，单片机收到后，把数加1后回传给电脑。

（2）设计一个交通灯远程应急控制系统。当有救护车、救火车需要通过路口时，用远程电脑控制路口所有的交通灯均为红灯（电脑发给单片机的信号为0xff），当救护车、救火车通过完毕后，再用远程电脑控制路口所有的交通灯恢复正常运行（电脑发给单片机的信号为0x00）。提示用串口调试小助手完成。

5.2.8　多功能仪表控制器的设计与规划

如何把多个独立的功能集成在一起呢？
设计一个多功能仪表，完成以下功能：
① 有正常的启动、停止按钮和急停按钮；
② 有两台电机需要控制，特点是相隔10min启动，停止的时候同时停止；
③ 当急停按钮按下时，电机全部停下，如果急停按钮没有抬起，电机不能再次启动；
④ 在正常时，分别在显示器上显示两台电机的工作时间；急停时，显示FFFF表示故障。

5.2.8.1　多功能系统中，主程序、中断程序、子程序的规划

单片机内部特殊功能和CPU构成了一个团队。CPU是队长，队员是特殊功能。面对一个复杂的多功能系统，主程序、中断程序、子程序如何规划呢？子程序完成一些特定的任务，中断程序负责特殊功能与主程序的联系，主程序负责安排各个程序的工作。为了主程序更好地安排各个工作，这里给出一个简单有效的方法，标志位控制法。
主程序的一般结构如下：

笔记

```
void main()
{
初始化程序模块；
初始化各个标志位；
while(1)
{
if(biaoshi1==1){gongneng1();biaoshi1=0;}
if(biaoshi2==1){gongneng2();biaoshi2=0;}
if(biaoshi3==1){gongneng3();biaoshi3=0;}
……
}
}
```

主程序按照标志位进行工作。无论是子程序还是中断程序，都是满足条件就工作，不满足条件就不执行。把这些条件用标志位来设定，主程序根据标志位的状态，选择要执行的任务。

标志位的设定举例：

if（QD_ANNIU==0）{qidong_biaozhi ==1；DJ1=0；} //DJ1 代表电动机引脚

这段程序的意思是，如果启动按钮按下，启动标志位就置 1，并把电机 1 启动。启动标志位被置 1 以后，与启动按钮相关的其他程序，就可以同时动作了，比如定时器中断程序中的计时也被启动了。与启动按钮相关的程序，都会发生相应的动作。

最常见的标志位是人机交互的信息，传感器信息，以及会影响多个程序的其他信息。标志位常用于，一个信号，多个程序使用的场合。

5.2.8.2 多功能仪表控制器的程序示例

多功能仪表控制器的程序调试及演示

📝笔记

```c
#include  "stc15w.h"
#include  "595.h"
#include  "shujufenjie.h"
#include  "IO.h"
#include  "intrins.h"
unsigned char LED[8],SMGweihao,shi1,shi2;
unsigned  int  ms;
bit   qd1_biaozhi；   //第一台电机启动标识
bit   qd2_biaozhi；   //第二台电机启动标识
bit   JT_biaozhi；    //急停状态标识
//T0 初始化程序
void Timer0Init(void)      //1000μs@11.0592MHz
{
    AUXR |=0x80；     //定时器时钟 1T 模式
    TMOD &=0xF0；     //设置定时器模式
    TL0 =0xCD；       //设置定时初值
    TH0 =0xD4；       //设置定时初值
    TF0 =0；          //清除 TF0 标志
```

```
    TR0=1;      //定时器0开始计时
}
//T0中断程序
void timer0_ISR(void)interrupt 1    //定时器0的中断号是1
{
//动态显示
SMGweihao++;   //1ms加1次,亮过数码管位置号加1
if(SMGweihao>=8){SMGweihao=0;}    //一共只有8个数码管,保证1ms换1个亮
shujufenjie();
if(JT_biaozhi==1)
{LED[0]=23;LED[1]=23;LED[2]=21;    //显示横
LED[3]=21;LED[4]=21;LED[5]=21;     //显示横
LED[6]=23;LED[7]=23;}
xianshi1wei(SMGweihao,LED[SMGweihao]);   //处于SMGweihao位置,亮LED
                                         [SMGweihao]值
//计时程序
ms++;//1ms信号
if((qd1_biaozhi==1)&(JT_biaozhi==0))
   {
     if(ms>=1000)          //1s到了
     {ms=0;shi1++;
       if(shi1>=100)shi1=0;
       if(qd2_biaozhi==1)
       {  shi2++;
         if(shi2>=100)shi2=0;
       }
     }
   }
}
void waiZD_Init(void)    //P3.2脚
{
IT0=1;      //设置INT1为下降沿触发,详见TCON寄存器中
EX0=1;      //使能外部中断1,详见IE寄存器中
EA=1;       //开通总中断,详见IE寄存器中
}
//外中断0程序
void waiZD_ISR(void)interrupt 0
{JT_biaozhi=1;}
/************主函数**************/
void main(void)
{
```

```
    P4M0=0;P4M1=0;P5M0=0;P5M1=0;P1M0=0; P1M1=0;P0M0=0; P0M1=0;
    Timer0Init();waiZD_Init();    //初始化程序
     EA=1;ET0=1;   //开 T0 中断
  shi1=0; shi2=0; qd1_biaozhi =0;qd2_biaozhi =0;JT_biaozhi =0;
  while(1)
  {
      if(QD_ANNIU==0){qd1_biaozhi =1; DJ1=0; }    //DJ1 代表电动机引脚
      if(shi1==10){qd2_biaozhi =1; DJ2=0; }    //DJ2 代表电动机引脚
      if(TZ_ANNIU ==0)
        {qd1_biaozhi =0; DJ1=1; qd2_biaozhi =0; DJ2=1; shi1=0; shi2=0; JT_bi-
        aozhi =0; }
      if(JT==1)
        {shi1=0;shi2=0;DJ1=1;DJ2=1;qd1_biaozhi =0;qd2_biaozhi =0;   while
        (JT_ANNIU==0);
           JT_biaozhi =0; }
  }
}
```

评估

急停程序放在主程序中合适吗?

5.3 产品设计制作

5.3.1 按照合同，完成项目

填写项目合同，并按合同实施。

本项目在实施过程中需要注意把每个特殊功能寄存器及其每一位的用法分清楚，这个不需要背下来，只要会查找。

编写初始化程序时，千万不要遗漏每一个设置要求，因为单片机极其严谨，我们设置错误，它也会严格按照我们的设置去工作，从而导致程序错误。

编写中断服务程序时，中断号是不允许写错的，还要特别注意中断标志位的处理，有的时候中断标志是硬件清零，我们不需要去处理，但是像串口中断标志是软件清零，就需要特别注意。

总之，这个产品的学习方法和前四个产品完全不同。我们用智能手机，其实就是不断地点开每个图标，看里面有什么，在试错过程中，找到正确答案，然后把正确答案记住。因为，它是人家定好的死规定，我们只能遵守它。产品五和产品六的学习是在例程的基础上，多次去尝试，才能学好。

独立多功能控制器的设计，考验大家把复杂的事务划分成相互联系又相互独立的小事务的能力。

5.3.2 作品交付与向上级汇报

① 展示各自的作品。

② 小组讨论，主要问题如下：
　a. 用实例说明单片机中断程序与普通子程序的关系。
　b. 说明完成这个单片机项目应按照什么步骤进行。
　c. 完成本项目需要准备哪些物品？各有何用？
　d. 你在完成项目过程中，走了哪些弯路？把你的经验收获，和大家分享一下。
③ 提交项目报告。
④ 和上级汇报工作。

5.3.3　档案整理和自我总结

同学们自我完成。

5.4　填写产品可以上线确认单

新品名称/规格：按时间工作的控制器　　　新品客户：
新品上线日期：　　　　　　　　　　　　　新品负责人：

分类	确认操作	确认人签字	其他备注
人	新元件下发至采购部门		
	采购部门已经理解具体元件和设备的购买参数		
	电路图下发至 PCB 生产部门		
	PCB 生产部门已经理解具体操作步骤		
	PCB 电路图下发至焊接部门		
	焊接部门已经理解具体操作步骤		
	程序注入部门理解具体操作步骤		
	质检试验要求下发至质检试验部门		
	质检试验部门已经理解具体操作步骤		
	包装方法下发至包装部门		
	包装部门已经理解具体操作步骤		
	库房部门确认人员就位		
机	PCB 生产部门工具可以支持新品生产		
	PCB 生产部门设备可以支持新品生产		
	焊接部门工具可以支持新品生产		
	焊接部门设备可以支持新品生产		
	程序注入部门设备可以支持新品生产		
	质检试验工具可以支持新品生产		
	质检试验设备可以支持新品生产		
	包装部门工具可以支持新品生产		
	包装部门设备可以支持新品生产		
	库房确认新品货架和运输工具到位		
料	库房新品主料已经到位		
	库房新品辅料已经到位		
	库房新品包材已经到位		
法	技术部新品标准技术审核		
	品控组新品放行标准确认		
	计划部新品可安排生产计划		
环	环境因素不会影响新品生产		
	环境因素不会影响新品首次送货		

注：若该新品有未发生变化的地方，签字部分和备注均记录"NA"。

产品六

简易电压表

6.1 领取任务

对于自动化行业来说,对各种变量的测量极其常见,也极其必要。单片机在这个方面发挥了其他设备不可替代的作用。在这个行业有一个常识:无论被测量是什么量,最终都要转化成电压或者电流,才能接入单片机系统进行测量。

对于使用电池的手持设备来说,节能和低电压检测是非常重要的。

本任务是设计一个手持的数显温度计,要求:

① 使用 NTC 测温元件测温;
② 具有低电压检测功能,提醒用户充电;
③ 每 15min 测一次温度,最近 4 次温度有掉电记忆功能;
④ 使用 3V 电池供电,并尽可能延长电池使用时间;
⑤ 能够给电脑传送数据,也能给其他 SPI 设备传送数据;
⑥ 能根据外界光的强度,调节显示器的亮度。(选做)

(1) 任务内容(以实际条件为准)

做一个电压表,功能如下:＿＿同学们补充＿＿。

笔记

(2) 任务指标(以实际条件为准)

＿同学们补充＿。

(3) 任务完成时限(以实际条件为准)

即日起,7 天内完成。

(4) 任务条件(本书条件)

仪器:普通万用表一台,STC 单片机实验箱一台。

其他:除原有实验板以外,加 NTC 测温元件、液晶模块(见产品七)、电池等。

(5) 合同(略)

6.2 知识点学习与技能训练

6.2.1 IAP15W4K58S4 单片机 I/O 口的各种设置与应用方法

在使用手机时,当我们长时间不按按键(或不触摸屏幕)时,手机会自动进入省电方式,关闭屏幕。我们的单片机也能这样吗?

学习 IAP15W4K58S4 单片机 I/O 口、复位、时钟和省电方式控制方法和相关寄存器用法。

6.2.1.1 IAP15W4K58S4 单片机 I/O 口的使用

IAP15W4K58S4 单片机引脚图如图 6-1 所示。

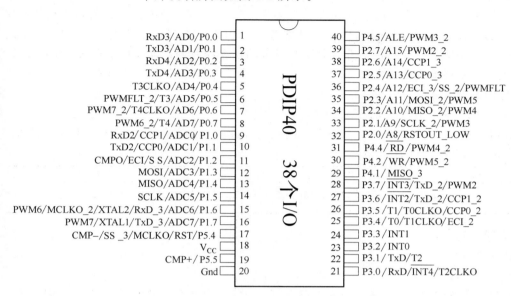

IAP15W4K58S4 单片机 I/O 口的各种设置与应用方法

图 6-1 IAP15W4K58S4 单片机引脚图

（1）IAP15W4K58S4 单片机 I/O 口的 4 种工作类型

IAP15W4K58S4 单片机所有 I/O 口均可由软件配置成 4 种工作类型之一，如表 6-1 所示。

表 6-1 I/O 口工作类型设定

PnM1[7:0]	PnM0[7:0]	I/O 口模式
0	0	准双向口（传统 8051 I/O 口模式） 灌电流可达 20mA，拉电流为 230μA（由于制造误差，实际为 250～150μA）
0	1	强推挽输出（强上拉输出，可达 20mA，要加限流电阻）
1	0	仅为输入（高阻）
1	1	开漏（Open Drain），内部上拉电阻断开，要外加上拉电阻

① 准双向口。准双向口输出类型可用作输出和输入功能，不需重新配置引脚输出状态。这是因为当引脚输出为 1 时驱动能力很弱，允许外部装置将其拉低。当引脚输出为低时，它的驱动能力很强，可吸收相当大的电流。

② 强推挽输出状态。强推挽输出配置时，当引脚输出为 1 时，驱动能力很强，不允许外部装置将其拉低。当引脚输出为低时，它的驱动能力也很强，可吸收相当大的电流。推挽模式一般用于需要更大驱动电流的情况，输入输出电流最大值，都是 20mA，但是要注意，单片机总电流不能超过 120mA。

③ 输入高阻状态。此时，信号只能输入单片机，信号可以是高电平、低电平、高阻三种状态。这时引脚无论输入是高还是低，驱动能力都很弱。

④ 开漏输出状态。开漏概念中提到的"漏"就是指 MOS 管（MOSFET）的漏极。开漏电路就是指以 MOSFET 的漏极为输出，但是漏极又不接任何电路，漏极是悬空的。如果用户不在漏极上添加其他电路，就不能正常使用它。通常用户使用开漏电路应该添加负载器件、开漏上拉电阻和其他电源。它适合于作电流型的驱动，其吸收电流的能力相对较强（一

般 20mA 以内），输出电流不经过单片机，因而也可以很大。

开漏的电路有以下几个特点：利用外部电路的驱动能力，减少 IC 内部的驱动。当 IC 内部 MOSFET 导通时，驱动电流是从外部的 V_{CC} 流经上拉电阻、MOSFET 到 GND。IC 内部仅需很小的栅极驱动电流；可以将多个开漏输出的引脚，连接到一条线上，形成"与逻辑"关系，这也是 I^2C、SMBus 等总线判断总线占用状态的原理；可以利用开漏输出改变上拉电源的电压，从而改变传输电平。

（2）应用举例

① I/O 口的 4 种工作类型的设定。

【例 6-1】 设置 P1.7 为开漏（需要上拉电阻），P1.6 为强推挽输出，P1.5 为高阻输入，P1.4~P1.0 为弱上拉，则有：

引脚	P1.7	P1.6	P1.5	P1.4	P1.3	P1.2	P1.1	P1.0
P1M1	1	0	1	0	0	0	0	0
P1M0	1	1	0	0	0	0	0	0

相应设置语句为：

P1M1=0XA0;

P1M0=0XC0;

【例 6-2】 设置 P3.5 为开漏（需要上拉电阻），P3.6 为强推挽输出，P3.7 为高阻输入，P3.4~P3.0 为弱上拉，则有：

引脚	P3.7	P3.6	P3.5	P3.4	P3.3	P3.2	P3.1	P3.0
P3M1	1	0	1	0	0	0	0	0
P3M0	0	1	1	0	0	0	0	0

相应设置语句为：

P3M1=0XA0;

P3M0=0X60;

注意：每个 I/O 口在弱上拉时，都能承受 20mA 的灌电流，但要加限流电阻（1kΩ、560Ω 均可）；在强推挽方式时，都能输出 20mA 的拉电流，也要加限流电阻（1kΩ、560Ω），但这里再次特别强调一下，单片机整个的总电流不允许超过 120mA。

② I/O 口的电路设计举例。

【例 6-3】 P0.0 脚，开漏输出，接上拉电阻 10kΩ，12V 电源，设计电路。

电路连接如图 6-2 所示。

【例 6-4】 设计用一个 I/O 口驱动发光二极管并扫描按键的电路，并指出编程要点。

以 P1.7 为例，电路连接如图 6-3 所示。

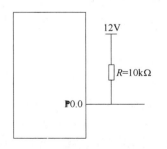

图 6-2 上拉电阻的连接方法

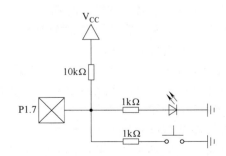

图 6-3 用一个 I/O 口驱动发光二极管并扫描按键的电路

当驱动发光二极管时，将该 I/O 口设置成强推挽输出，输出高即可点亮发光二极管；当检测按键时，将该 I/O 口设置成弱上拉输入，再读外部端口的状态，即可检测按键。

几个注意事项

【注意1】IAP15W4K58S4 单片机的 I/O 引脚作为输出可以提供 20mA 的驱动能力，在使用时，可采用拉电流或灌电流方式。采用灌电流方式时，应将单片机的 I/O 口设置为弱上拉/准双向口工作模式；采用拉电流方式时，应将单片机的 I/O 口设置为推挽/强上拉工作模式。在实际使用时，应尽量采用灌电流方式，这样可以提高系统的负载能力和可靠性。有特别需要时，可以采取拉电流方式，如供电线路要求比较简单时。

【注意2】做行列矩阵按键扫描电路时，也需要加限流电阻。因为实际工作时可能出现 2 个 I/O 口均输出低电平的情况，并且在按键按下时短接在一起，而 CMOS 电路的 2 个输出脚不能直接短接在一起。在按键扫描电路中，一个口为了读另外一个口的状态，必须先置高才能读另外一个口的状态；而单片机的弱上拉口在由 0 变为 1 时，会有 2 个时钟的强推挽高输出电流输出到另外一个输出为低的 I/O 口，这样就有可能造成 I/O 口损坏。因此，在按键扫描电路中的两侧需要各加 300Ω 的限流电阻，或者在编程时不要出现按键两端的 I/O 口同时为低的情况。

【注意3】单片机 I/O 引脚本身的驱动能力有限，如果需要驱动功率较大的器件（如小型继电器或者固态继电器），则可以采用单片机 I/O 引脚控制三极管进行输出的方法。以 P0.0 为例，典型连接如图 6-4 所示。如果用弱上拉控制，建议加上拉电阻 R_1（3.3～10kΩ）；如果不加上拉电阻 R_1，建议 R_2 的值在 15kΩ 以上或用强推挽输出。

需要驱动的功率器件较多时，建议采用 ULN2003；其内部采用达林顿结构，是专门用来驱动继电器的芯片，甚至在芯片内部做了一个消去线圈反电动势的二极管。ULN2003 的输出端允许通过 IC 电流 200mA，饱和压降 VcE 约为 1V，耐压 BV-CEO 约为 36V。输出口的外接负载可根据以上参数估算。采用集电极开路输出时，输出电流大，可以直接驱动继电器或固体继电器（SSR）。ULN2003 可以驱动 8 个继电器。

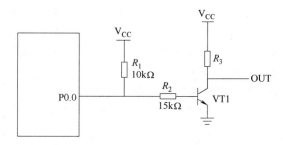

图 6-4 典型的三极管控制电路

【注意4】当 I/O 口工作于准双向口时，由于 IAP15W4K58S4 单片机是 1 个时钟周期的 8051 单片机，速度很快，如果通过指令执行由低变高指令后立即读外部状态，此时由于实际输出还没有变高，有时可能读入的状态不对。这种问题的解决方法是在软件设置由低变高后加 4 个以上空操作指令延时，然后再读 I/O 口的状态。

知识小问答

（1）如何设置 P1.7/XTAL1 和 P1.6/XTAL2 的工作模式？

答：IAP15W4K58S4 单片机的所有 I/O 口上电复位后均为准双向口/弱上拉模式。但是由于 P1.7 和 P1.6 口还可以分别为外部晶体或时钟电路的引脚 XTAL1 和 XTAL2，所以 P1.7/XTAL1 和 P1.6/XTAL2 上电复位后的模式不一定是准双向口/弱上拉模式。当 P1.7

和 P1.6 口作为外部晶体或时钟电路的引脚 XTAL1 和 XTAL2 使用时，P1.7/XTAL1 和 P1.6/XTAL2 上电复位后的模式是高阻输入。每次上电复位时，单片机对 P1.7/XTAL1 和 P1.6/XTAL2 的工作模式按如下步骤进行设置：

首先，单片机短时间（几十个时钟）内会将 P1.7/XTAL1 和 P1.6/XTAL2 设置成高阻输入，然后，单片机会自动判断上一次用户 ISP 烧录程序时，是将 P1.7/XTAL1 和 P1.6/XTAL2 设置成普通 I/O 口还是 XTAL1/XTAL2。如果上一次用户 ISP 烧录程序时，是将 P1.7/XTAL1 和 P1.6/XTAL2 设置成普通 I/O 口，单片机会将 P1.7/XTAL1 和 P1.6/XTAL2 上电复位后的模式设置成准双向口/弱上拉；如果上一次用户 ISP 烧录程序时，是将 P1.7/XTAL1 和 P1.6/XTAL2 设置成 XTAL1/XTAL2，单片机会将 P1.7/XTAL1 和 P1.6/XTAL2 上电复位后的模式设置成高阻输入。

（2）如何设置 P2.0/RSTOUT_LOW 引脚在单片机上电复位后输出为低电平？

答：P2.0/RSTOUT_LOW 引脚在单片机上电复位后输出可以为低电平，也可以为高电平。当单片机的工作电压 V_{CC} 高于上电复位门槛电压（POR）时，用户可以在 ISP 烧录程序时设置该引脚上电复位后输出的是低电平还是高电平。

（3）单片机认为 I/O 口的外部输入电压多大为高电平？

当 I/O 口的外部输入电平为 0.8V 以下时，则单片机认为该 I/O 口的外部输入为低电平，当 I/O 口的外部输入电平为 2.2V 以上时，则单片机认为该 I/O 口的外部输入为高电平。

（4）如何让 I/O 口上电复位时为低电平？

现可在 STC15 系列单片机 I/O 口上加一个下拉电阻（1kΩ/2kΩ/3kΩ），这样上电复位时，虽然单片机对 I/O 口是弱上拉（准双向口）/高电平输出，但由于内部上拉能力有限，而外部下拉电阻又较小，无法将其拉高，所以该 I/O 口上电复位时外部为低电平。如果要将该 I/O 口驱动为高电平，可将该 I/O 口设置为强推挽输出，而强推挽输出时，I/O 口驱动电流可达 20mA，故肯定可以将该口驱动为高电平输出。电路如图 6-5 所示。

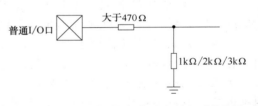

图 6-5 让 I/O 口上电复位时为低电平的电路

6.2.1.2 主时钟分频和分频寄存器

STC15 系列单片机的内部可配置时钟用法，如图 6-6 所示。

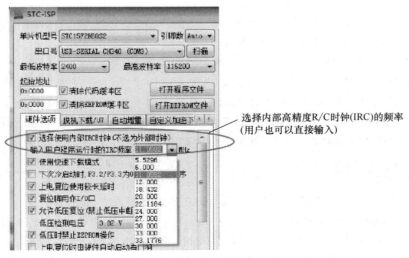

图 6-6 STC15 系列单片机的内部可配置时钟的设定

如果希望降低系统功耗，可以对时钟进行分频。利用时钟分频控制寄存器 CLK_DIV（PCON2）可进行时钟分频，从而使单片机在较低频率下工作。

时钟分频寄存器 CLK_DIV（PCON2）各位的定义见表 6-2。

表 6-2　时钟分频寄存器 CLK_DIV（PCON2）各位的定义

SFR Name	SFR Address	bit	B7	B6	B5	B4	B3	B2	B1	B0
CLK_DIV（PCON2）	97H	name	MCKO_S1	MCKO_S0	ADRJ	Tx_Rx	MCLKO_2	CLKS2	CLKS1	CLKS0

其中，CLKS2、CLKS1、CLKS0 是系统时钟选择控制位，具体选择见表 6-3。MCKO_S0、MCKO_S1 是主时钟对外输出分频控制位，具体控制情况见表 6-4。

表 6-3　CLKS2、CLKS1、CLKS0 系统时钟选择控制位分频表

CLKS2	CLKS1	CLKS0	系统时钟选择控制位 （系统时钟是指对主时钟进行分频后供给 CPU、串行口、SPI、定时器、CCP/PWM/PCA、A/D 转换的实际工作时钟）
0	0	0	主时钟频率/1，不分频
0	0	1	主时钟频率/2
0	1	0	主时钟频率/4
0	1	1	主时钟频率/8
1	0	0	主时钟频率/16
1	0	1	主时钟频率/32
1	1	0	主时钟频率/64
1	1	1	主时钟频率/128

表 6-4　MCKO_S0、MCKO_S1 主时钟对外输出分频控制位控制情况表

MCKO_S1	MCKO_S0	主时钟对外分频输出控制位 （主时钟对外输出引脚 MCLK0 或 MCLK0_2 既可对外输出内部 R/C 时钟，也可对外输出外部输入的时钟或外部晶体振荡产生的时钟）
0	0	主时钟不对外输出时钟
0	1	主时钟对外输出时钟，但时钟频率不被分频，输出时钟频率＝MCLK/1
1	0	主时钟对外输出时钟，但时钟频率被 2 分频，输出时钟频率＝MCLK/2
1	1	主时钟对外输出时钟，但时钟频率被 4 分频，输出时钟频率＝MCLK/4

CLK_DIV.3/MCLKO_2 位是 MCLKO/P5-4 口或 MCLKO-2/XTAL2/P1.6 口对外输出时钟。

MCLKO_2：主时钟对外输出位置的选择位。

0：在 MCLKO/P5.4 口对外输出时钟；

1：在 MCLKO_2/XTAL2/P1.6 口对外输出时钟。

P5.4/MCLKO 或 P1.6/XTAL2/MCLKO_2 既可对外输出内部 R/C 时钟，也可对外输出外部输入的时钟或外部晶体振荡产生的时钟。

6.2.1.3　IAP15W4K58S4 单片机复位

IAP15W4K58S4 单片机有 7 种复位方式：外部 RST 引脚复位，软件复位，掉电复位/上电复位（并可选择增加额外的复位延时 180ms，也叫 MAX810 专用复位电路，其实就是在上电复位后增加一个 180ms 复位延时），内部低压检测复位，看门狗复位以及程序地址非法复位。具体内容请参看相应手册。

（1）外部 RST 引脚复位

P5.4/RST 既可作普通 I/O 口使用，还可作复位引脚，用户可以在 ISP 烧录程序时，设

置 P5.4/RST 的功能，当用户在 ISP 烧录程序时将 P5.4/RST 设置成普通 I/O 口用时，其上电后为准双向口/弱上拉模式。

每次上电时，单片机会自动判断上一次用户在 ISP 烧录程序时，是将 P5.4/RST 设置成普通 I/O 口还是复位脚。如果上一次用户在 ISP 烧录程序时，是将 P5.4/RST 设置成普通 I/O 口，则单片机会将其上电后的模式设置成准双向口/弱上拉模式；当上一次用户在 ISP 烧录程序时，是将 P5.4/RST 设置成复位脚，则上电后，其仍为复位脚。将 RST 复位引脚拉高并维持至少 24 个时钟加 20μs 后，单片机会进入复位状态，将 RST 复位引脚拉回低电平后，单片机结束复位状态并将特殊功能寄存器 IAP_CONTR 中的 SWBS/IAP_CONTR.6 位置 1，同时从系统 IAP 监控程序区启动。外部 RST 引脚复位是热启动复位中的硬复位。

（2）软件复位

用户应用程序在运行过程当中，有时会有特殊需求，需要实现单片机系统软复位（热启动复位中的软复位之一），传统的 8051 单片机由于硬件上未支持此功能，用户必须用软件模拟实现，实现起来较麻烦。现 STC 新推出的增强型 8051 单片机，根据客户要求增加了 IAP_CONTR 特殊功能寄存器，实现了此功能。用户只需简单地控制 IAP_CONTR 特殊功能寄存器的其中两位 SWBS/SWRST 就可以实现系统复位了。IAP_CONTR 各位功能见表 6-5。

表 6-5 IAP_CONTR：ISP/IAP 控制寄存器各位功能

SFR name	Address	bit	B7	B6	B5	B4	B3	B2	B1	B0
IAP_CONTR	C7H	name	IAPEN	SWBS	SWRST	CMD_FAIL	—	WT2	WT1	WT0

IAPEN：ISP/IAP 功能允许位。0：禁止 IAP 读/写/擦除 Data Flash/EEPROM；1：允许 IAP 读/写/擦除 Data Flash/EEPROM。

SWBS：软件选择复位后从用户应用程序区启动（送 0），还是从系统 IAP 监控程序区启动（送 1）。要与 SWRST 直接配合才可以实现。

SWRST：0 为不操作；1 为软件控制产生复位，单片机自动复位。

CMD_FAIL：如果 IAP 地址（由 IAP 地址寄存器 IAP_ADDRH 和 IAP_ADDRL 的值决定）指向了非法地址或无效地址，且发送了 ISP/IAP 命令，并对 IAP_TRIG 送 5Ah/A5h 触发失败，则 CMD_FAIL 为 1，需由软件清零。

例如：
IAP_CONTR = 0x20；   //软件复位,系统重新从用户代码区开始运行程序
IAP_CONTR = 0x60；   //软件复位,系统重新从 ISP 代码区开始运行程序

（3）掉电复位/上电复位

当电源电压 V_{CC} 低于掉电复位/上电复位检测门槛电压时，所有的逻辑电路都会复位。当内部 V_{CC} 上升至上电复位检测门槛电压以上后，延迟 32768 个时钟，掉电复位/上电复位结束。复位状态结束后，单片机将特殊功能寄存器 IAP_CONTR 中的 SWBS/ IAP_CONTR.6 位置 1，同时从系统 IAP 监控程序区启动。掉电复位/上电复位是冷启动复位之一。对于 5V 单片机，它的掉电复位/上电复位检测门槛电压为 3.2V；对于 3.3V 单片机，它的掉电复位/上电复位检测门槛电压为 1.8V。

（4）MAX810 专用复位电路复位

STC15 系列单片机内部集成了 MAX810 专用复位电路。若 MAX810 专用复位电路在 STC-ISP 编程器中被允许，则以后掉电复位/上电复位后将产生约 180ms 复位延时，复位才被解除。复位解除后单片机将特殊功能寄存器 IAP_CONTR 中的 SWBS/IAP_CONTR.6 位

置 1，同时从系统 IAP 监控程序区启动。MAX810 专用复位电路复位是冷启动复位之一。

(5) 内部低压检测复位

除了上电复位检测门槛电压外，STC15 单片机还有一组更可靠的内部低压检测门槛电压。当电源电压 V_{CC} 低于内部低压检测（LVD）门槛电压时，可产生复位（前提是在 STC-IAP 编程/烧录用户程序时，允许低压检测复位/禁止低压中断，即将低压检测门槛电压设置为复位门槛电压）。低压检测复位结束后，不影响特殊功能寄存器 IAP_CONTR 中的 SWBS/IAP_CONTR.6 位的值，单片机根据复位前 SWBS/IAP_CONTR.6 的值选择是从用户应用程序区启动，还是从系统 IAP 监控程序区启动。如果复位前 SWBS/IAP_CONTR.6 的值为 0，则单片机从用户应用程序区启动。反之，如果复位前 SWBS/IAP_CONTR.6 的值为 1，则单片机从系统 IAP 监控程序区启动。内部低压检测复位是热启动复位中的硬复位之一。

STC15 单片机内置了 8 级可选内部低压检测门槛电压。可以在下载程序时选择。

低压检测也可产生中断，提示用户电源需要充电了。

PCON 各位功能见表 6-6。

表 6-6　PCON 电源控制寄存器各位功能

SFR name	Address	bit name	B7	B6	B5	B4	B3	B2	B1	B0
PCON	87H		SMOD	SMOD0	LVDF	POF	GF1	GF0	PD	IDL

LVDF：低压检测标志位，同时也是低压检测中断请求标志位。在正常工作和空闲工作状态时，如果内部工作电压 V_{CC} 低于低压检测门槛电压，该位自动置 1，与低压检测中断是否被允许无关。即在内部工作电压 V_{CC} 低于低压检测门槛电压时，不管有没有允许低压检测中断，该位都自动为 1。该位要用软件清 0，清 0 后，如内部工作电压 V_{CC} 继续低于低压检测门槛电压，该位又被自动设置为 1。

在进入掉电工作状态前，如果低压检测电路未被允许产生中断，则在进入掉电模式后，该低压检测电路不工作以降低功耗。如果被允许产生低压检测中断，则在进入掉电模式后，该低压检测电路继续工作，在内部工作电压 V_{CC} 低于低压检测门槛电压后，产生低压检测中断，可将 MCU 从掉电状态唤醒。

PD：掉电模式控制位。

IDL：空闲模式控制位。

GF1、GF0：两个通用工作标志位，用户可以任意使用。

还有 IE 中断允许寄存器中 ELVD（低压检测中断允许位）。

ELVD=0，禁止低压检测中断；

ELVD=1，允许低压检测中断。

IP 中断优先级控制寄存器中 PLVD（低压检测中断优先级控制位）。

PLVD=0，低压检测中断为低优先级；

PLVD=1，低压检测中断为高优先级。

(6) 看门狗（WDT）复位

在工业控制/汽车电子/航空航天等需要高可靠性的系统中，为了防止"系统在异常情况下受到干扰，MCU/CPU 程序跑飞，导致系统长时间异常工作"，通常是引进看门狗。如果 MCU/CPU 不在规定的时间内按要求访问看门狗，就认为 MCU/CPU 处于异常状态，看门狗就会强迫 MCU/CPU 复位，使系统重新从头开始按规律执行用户程序。

看门狗复位是热启动复位中的软复位之一。看门狗复位状态结束后，不影响特殊功能寄存器 IAP_CONTR 中 SWBS/IAP_CONTR.6 位的值，它们根据复位前 SWBS/IAP_CON-

TR.6 的值选择是从用户应用程序区启动,还是从系统 IAP 监控程序区启动。如果看门狗复位前它们的 SWBS/IAP_CONTR.6 的值为 0,则看门狗复位状态结束后,单片机将从用户应用程序区启动。如果看门狗复位前它们的 SWBS/IAP_CONTR.6 的值为 1,则看门狗复位状态结束后,单片机将从系统 IAP 监控程序区启动。

对于看门狗复位功能,我们增加如下特殊功能寄存器 WDT_CONTR,其各位功能见表 6-7。

表 6-7 WDT_CONTR 看门狗（Watch-Dog-Timer）控制寄存器各位功能

SFR name	Address	bit	B7	B6	B5	B4	B3	B2	B1	B0
WDT_CONTR	0C1H	name	WDT_FLAG	—	EN_WDT	CLR_WDT	IDLE_WDT	PS2	PS1	PS0

WDT_FLAG:看门狗溢出标志位,当溢出时,该位由硬件置 1,可用软件将其清 0。

EN_WDT:看门狗允许位,当设置为 1 时,看门狗启动。

CLR_WDT:看门狗清 0 位,当设为 1 时,看门狗将重新计数。硬件将自动清 0 此位。

IDLE_WDT:看门狗 IDLE 模式位,当设置为 1 时,看门狗定时器在"空闲模式"计数;当清 0 该位时,看门狗定时器在"空闲模式"时不计数。

PS2,PS1,PS0:看门狗定时器预分频值,可以在下载程序时选定。

看门狗定时器溢出时间计算公式:溢出时间=(12×32768×分频系数)/FOSC(秒)。

看门狗定时器的使用举例,看门狗的使用主要涉及看门狗控制寄存器的设置以及看门狗的定期复位。

```c
#include "ste15fxxxx.h"            //看门狗定时器溢出复位测试程序
sbit P32 = P3^2;                   //测试口
void delay(unsigned int i)
{
    while (i--)
    {
        _nop_();
        _nop_();
        _nop_();
        _nop_();
        _nop_();
    }
}

void main()
{
    P32 = 0;
    delay(10000);                  //复位闪灯延时
    P32 = 1;
    WDT_CONTR = 0x04;              //看门狗定时器溢出时间计算公式:(12×
                                   //   32768×PS)/FOSC(秒)
                                   //设置看门狗定时器分频数为 32,溢出时间如
                                   //   下:18.432M:0.68s
    WDT_CONTR |= 0x20;             //启动看门狗
    while (1);
}
```

把程序装入实验板后,如果灯只闪一次,表示看门狗没有启动;如果过一会儿灯闪一次,过一会儿灯闪一次,表示看门狗复位启动了。如果要它不启动,可以把 while(1) 设置成 while(1){ CLR_WDT=1;} 给看门狗计数器清零,就是所谓的喂狗,看门狗计数器不溢出,就不会复位了。如果程序跑飞出错,没有给看门狗计数器清零,时间到,就会产生复位。

(7) 程序地址非法复位

如果程序指针 PC 指向的地址超过了有效程序空间的大小,就会引起程序地址非法复位。程序地址非法复位状态结束后,不影响特殊功能寄存器 IAP_CONTR 中 SWBS/IAP_CONTR.6 位的值,单片机将根据复位前 SWBS/IAP_CONTR.6 的值选择是从用户应用程序区启动,还是从系统 IAP 监控程序区启动。如果复位前 SWBS/IAP_CONTR.6 的值为 0,则单片机从用户应用程序区启动。反之,则从系统 IAP 监控程序区启动。程序地址非法复位是热启动复位中的软复位之一。

6.2.1.4 IAP15W4K58S4 单片机的省电模式

IAP15W4K58S4 单片机可以运行 3 种省电模式以降低功耗,它们分别是:低速模式、空闲模式和掉电模式。正常工作模式下,STC15 系列单片机的典型功耗是 2.7~7mA,而掉电模式下的典型功耗是 <0.1μA,空闲模式下的典型功耗是 1.8mA。

低速模式由时钟分频器 CLK_DIV(PCON2) 控制,而空闲模式和掉电模式的进入由电源控制寄存器 PCON 的相应位控制。PCON 寄存器各位功能见表 6-8。

表 6-8 PCON(Power Control register) 各位功能

SFR name	Address	bit	B7	B6	B5	B4	B3	B2	B1	B0
PCON	87H	name	SMOD	SMOD0	LVDF	POF	GF1	GF0	PD	IDL

LVDF:低压检测标志位,同时也是低压检测中断请求标志位。

在正常工作和空闲工作状态时,如果内部工作电压 V_{CC} 低于低压检测门槛电压,该位自动置 1,与低压检测中断是否被允许有关。即在内部工作电压 V_{CC} 低于低压检测门槛电压时,不管有没有允许低压检测中断,该位都自动为 1。该位要用软件清 0,清 0 后,如内部工作电压 V_{CC} 继续低于低压检测门槛电压,该位又被自动设置为 1。在进入掉电工作状态前,如果低压检测电路未被允许产生中断,则在进入掉电模式后,该低压检测电路不工作以降低功耗。如果被允许产生低压检测中断,则在进入掉电模式后,该低压检测电路继续工作,在内部工作电压 V_{CC} 低于低压检测门槛电压后,产生低压检测中断,可将 MCU 从掉电状态唤醒。

POF:上电复位标志位,单片机停电后,上电复位标志位为 1,可由软件清 0。

实际应用:要判断是上电复位(冷启动),还是外部复位脚输入复位信号产生的复位,还是内部看门狗复位,还是软件复位或者其他复位,可通过如图 6-7 所示方法来判断。

PD:将其置 1 时,进入 Power Down 模式,可由外部中断上升沿触发或下降沿触发唤醒。

其进入掉电模式时,内部时钟停振,由于无时钟,所以 CPU、定时器等功能

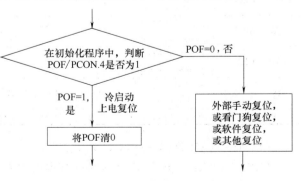

图 6-7 判断复位种类流程图

部件停止工作，只有外部中断继续工作。可将 CPU 从掉电模式唤醒的外部引脚有：INT0/P3.2、INT1/P3.3、INT2/P3.6、INT3/P3.7、INT4/P3.0；引脚 CCP0/CCP1/CCP2；引脚 RxD/RxD2/RxD3/RxD4；引脚 T0/T1/T2/T3/T4；有些单片机还具有内部低功耗掉电唤醒专用定时器。掉电模式也叫停机模式，此时功耗<0.1μA。

IDL：将其置 1，进入 IDLE 模式（空闲）。

除系统不给 CPU 供时钟，CPU 不执行指令外，其余功能部件仍可继续工作，可由外部中断、定时器中断、低压检测中断及 A/D 转换中断中的任何一个中断唤醒。

可将 MCU 从掉电模式/停机模式唤醒的外部引脚有：INT0/P3.2、INT1/P3.3（INT0/INT1 上升沿下降沿中断均可）、INT2/P3.6、INT3/P3.7、INT4/P3.0（INT2/INT3/INT4 仅可下降沿中断）；引脚 CCP0/CCP1/CCP2；引脚 RxD/RxD2/RxD3/RxD4（下降沿，不产生中断）；管脚 T0/T1/T2/T3/T4（下降沿即外部管脚由高到低的变化，前提是在进入掉电模式/停机模式前相应的定时器中断已经被允许）；内部低功耗掉电唤醒专用定时器，INT0/P3.2 和 INT1/P3.3 的上升沿/下降沿中断均可唤醒掉电模式/停机模式，而 INT2/P3.6、INT3/P3.7、INT4/P3.0 仅下降沿中断才可将 MCU 从掉电模式/停机模式唤醒。

相关程序的编写，请参看相应手册。

6.2.1.5　IAP15W4K58S4 单片机的 EEPROM

IAP15W4K58S4 单片机内部集成了大容量的 EEPROM，其与程序空间是分开的。利用 ISP/IAP 技术可将内部 Data Flash 当 EEPROM，擦写次数在 10 万次以上。EEPROM 可分为若干个扇区，每个扇区包含 512 字节。使用时，建议同一次修改的数据放在同一个扇区，不是同一次修改的数据放在不同的扇区，不一定要用满。数据存储器的擦除操作是按扇区进行的。

EEPROM 可用于保存一些需要在应用过程中修改并且掉电不丢失的参数数据。在用户程序中，可以对 EEPROM 进行字节读/字节编程/扇区擦除操作。在工作电压 V_{CC} 偏低时，建议不要进行 EEPROM/IAP 操作。

IAP 及 EEPROM 新增特殊功能寄存器介绍，见表 6-9。

表 6-9　IAP 及 EEPROM 新增特殊功能寄存器

符号	描述	地址	位地址及符号 MSB							LSB	复位值
IAP_DATA	ISP/IAP Flash Data Register	C2H									1111 1111B
IAP_ADDRH	ISP/IAP Flash Address High	C3H									0000 0000B
IAP_ADDRL	ISP/IAP Flash Address Low	C4H									0000 0000B
IAP_CMD	ISP/IAP Flash Command Register	C5H	—	—	—	—	—	—	MS1	MS0	xxxx x000B
IAP_TRIG	ISP/IAP Flash Command Trigger	C6H									xxxx xxxxB
IAP_CONTR	ISP/IAP Control Register	C7H	IAPEN	SWBS	SWRST	CMD_FAIL	—	WT2	WT1	WT0	0000 x000B
PCON	Power Control	87H	SMOD	SMOD0	LVDF	POF	GF1	GF0	PD	IDL	0011 0000B

笔记

（1）ISP/IAP 数据寄存器 IAP_DATA

IAP_DATA：ISP/IAP 操作时的数据寄存器。ISP/IAP 从 Flash 读出的数据放在此处，向 Flash 写的数据也需放在此处。

(2) ISP/IAP 地址寄存器 IAP_ADDRH 和 IAP_ADDRL

IAP_ADDRH：ISP/IAP 操作时的地址寄存器高 8 位。

IAP_ADDRL：ISP/IAP 操作时的地址寄存器低 8 位。

(3) ISP/IAP 命令寄存器 IAP_CMD

IAP_CMD 寄存器各位功能见表 6-10。

表 6-10　IAP_CMD 寄存器各位功能

SFR name	Address	bit	B7	B6	B5	B4	B3	B2	B1	B0
IAP_CMD	C5H	name	—	—	—	—	—	—	MS1	MS0

MS1、MS2 命令/操作模式选择见表 6-11。

表 6-11　MS1、MS2 命令/操作模式选择

MS1	MS0	命令/操作　模式选择
0	0	Standby　待机模式,无 ISP 操作
0	1	从用户的应用程序区对"Data Flash/EEPROM 区"进行字节读
1	0	从用户的应用程序区对"Data Flash/EEPROM 区"进行字节编程
1	1	从用户的应用程序区对"Data Flash/EEPROM 区"进行扇区擦除

(4) ISP/IAP 命令触发寄存器 IAP_TRIG

IAP_TRIG：ISP/IAP 操作时的命令触发寄存器。

在 IAPEN(IAP_CONTR.7)=1 时，对 IAP_TRIG 先写入 5Ah，再写入 A5h，ISP/IAP 命令才会生效。ISP/IAP 操作完成后，IAP 地址高八位寄存器 IAP_ADDRH、IAP 地址低八位寄存器 IAP_ADDRL 和 IAP 命令寄存器 IAP_CMD 的内容不变。如果接下来要对下一个地址的数据进行 ISP/IAP 操作，需手动将该地址的高 8 位和低 8 位分别写入 IAP_ADDRH 和 IAP_ADDRL 寄存器。每次 IAP 操作时，都要对 IAP_TRIG 先写入 5Ah，再写入 A5h，ISP/IAP 命令才会生效。在每次触发前，需重新送字节读/字节编程/扇区擦除命令，在命令不改变时，不需重新送命令。

(5) ISP/IAP 命令寄存器 IAP_CONTR

IAP_CONTR 寄存器各位功能见表 6-12。

笔记

表 6-12　IAP_CONTR 寄存器各位功能

SFR name	Address	bit	B7	B6	B5	B4	B3	B2	B1	B0
IAP_CONTR	C7H	name	IAPEN	SWBS	SWRST	CMD_FAIL	—	WT2	WT1	WT0

IAPEN：ISP/IAP 功能允许位。0：禁止 IAP 读/写/擦除 Data Flash/EEPROM；1：允许 IAP 读/写/擦除 Data Flash/EEPROM。

SWBS：软件选择复位后从用户应用程序区启动（送 0），还是从系统 ISP 监控程序区启动（送 1）。要与 SWRST 直接配合才可以实现。

SWRST：0 为不操作；1 为软件控制产生复位，单片机自动复位。

CMD_FAIL：如果 IAP 地址（由 IAP 地址寄存器 IAP_ADDRH 和 IAP_ADDRL 的值决定）指向了非法地址或无效地址，且送了 ISP/IAP 命令，并对 IAP_TRIG 送 5Ah/A5h 触发失败，则 CMD_FAIL 为 1，需由软件清零。

IAP15W4K58S4 单片机 EEPROM 空间大小及地址为：用户可将用户程序区的程序 FLASH 当 EEPROM 使用，使用时不要将自己的有效程序擦除。

评估

(1) 在产品二的程序中加入看门狗指令，并启动开门狗。

(2) 自己制作一个用电池供电的按钮计数器，当电压低时启动低电压复位功能，能把当前按钮按下的次数存入 IAP15W4K58S4 单片机的 EEPROM 中，在电压高时，能重启系统，并读出原来存入 EEPROM 的值。

(3) 查看 IAP15W4K58S4 单片机 PDF 文件，读一下相应的例程。

(4) 说出看门狗、低电压复位、时钟分频的意义和用法。

6.2.2 用 PCA 功能实现 LED 灯 1s 闪烁 1 次

用 PCA 功能实现 LED 灯 1s 闪烁 1 次

传统的 8051 单片机只有两个定时器，IAP15W4K58S4 单片机 PCA 模块也可以实现定时器功能。

利用 PCA 模块的软件定时器功能，实现发光二极管（P2.6）1s 闪烁 1 次（输出脉冲宽度为 1s 的方波）。假设晶振频率 SYSclk＝18.432MHz。

6.2.2.1 IAP15W4K58S4 系列单片机 CCP/PWM/PCA 模块简介

IAP15W4K58S4 单片机集成了多路可编程计数器阵列模块，简称 PCA（Programmable Counter Array）模块。它的本质是一种功能强大的定时器，与标准 8051 计数器/定时器相比，它需要较少的 CPU 干预，可用于软件定时器、外部脉冲的捕捉、高速输出以及脉宽调制（PWM）输出四种功能。

与 CCP/PWM/PCA 应用有关的特殊功能寄存器如表 6-13 所示。

表 6-13　IAP15W4K58S4 单片机 CCP/PWM/PCA 特殊功能寄存器表

符号	描述	地址	位地址及其符号								复位值
			B7	B6	B5	B4	B3	B2	B1	B0	
CCON	PCA Control Register	D8H	CF	CR	—	—	—	CCF2	CCF1	CCF0	00xx,x000
CMOD	PCA Mode Register	D9H	CIDL	—	—	—	—	CPS2	CPS1	CPS0	0xxx,0000
CCAPM0	PCA Module 0 Mode Register	DAH	—	ECOM0	CAPP0	CAPN0	MAT0	TOG0	PWM0	ECCF0	x000,0000
CCAPM1	PCA Module 1 Mode Register	DBH	—	ECOM1	CAPP1	CAPN1	MAT1	TOG1	PWM1	ECCF1	x000,0000
CCAPM2	PCA Module 2 Mode Register	DCH	—	ECOM2	CAPP2	CAPN2	MAT2	TOG2	PWM2	ECCF2	x000,0000
CL	PCA Base Timer Low	E9H									0000,0000
CH	PCA Base Timer High	F9H									0000,0000
CCAP0L	PCA Module 0 Capture Register Low	EAH									0000,0000
CCAP0H	PCA Module 0 Capture Register High	FAH									0000,0000
CCAP1L	PCA Module 1 Capture Register Low	EBH									0000,0000
CCAP1H	PCA Module 1 Capture Register High	FBH									0000,0000
CCAP2L	PCA Module 2 Capture Register Low	ECH									0000,0000
CCAP2H	PCA Module 2 Capture Register High	FCH									0000,0000
PCA_PWM0	PCA PWM Mode Auxiliary Register 0	F2H	EBS0_1	EBS0_0	—	—	—	—	EPC0H	EPC0L	00xx,xx00
PCA_PWM1	PCA PWM Mode Auxiliary Register 1	F3H	EBS1_1	EBS1_0	—	—	—	—	EPC1H	EPC1L	00xx,xx00
PCA_PWM2	PCA PWM Mode Auxiliary Register 2	F4H	EBS2_1	EBS2_0	—	—	—	—	EPC2H	EPC2L	00xx,xx00
AUXR1 P_SW1	Auxiliary Register 1	A2H	S1_S1	S1_S0	CCP_S1	CCP_S0	SPI_S1	SPI_S0	—	DPS	0000,0000

(1) PCA 模块的功能介绍

① 基本的软件定时器。PCA 计数器（CH 和 CL）是加 1 计数器，可实现可编程的定时器。它既可以是 8 位自动重装：CH 和 CL 是一对自动重装的加 1 计数器，启动后，CL 不断地加 1 计数，当计数到 FFH 后，CH 的值会自动送给 CL，并可以触发中断；也可以是 CH 和 CL 构成一个 16 位的加 1 计数器。

② 外部输入脉冲的捕捉。当作为捕捉条件的、特定引脚上输入的外部信号电平跳变（上升沿或下降沿）设定后，PCA 计数器（CH 和 CL 构成 16 位计数器）就开始加 1 计数。当捕捉条件发生时，PCA 计数值（CH 和 CL）就被自动地复制到一个固定的寄存器（CCAPnH 和 CCAPnL）中，等待用户读取，并可以触发中断。因此，它非常适合于精确测量外部脉冲宽度，也可以用于外中断源的扩展。

③ 内部比较结果的高速输出。当 PCA 计数器（CH 和 CL 构成 16 位计数器）的计数值与事先存入 CCAPnH 和 CCAPnL 的值相等时，PCA 模块对应的引脚输出电平将发生翻转。这种输出不经过 CPU，是硬件完成的，输出很快，因此称为高速输出。本质是一个数值比较器。

④ 脉宽调制。脉宽调制（Pulse Width Modulation，PWM）是一种使用程序来控制波形占空比、周期、相位波形的技术，在三相电机驱动、D/A 转换等场合有广泛的应用。其工作原理是：在［EPCnL、CCAPnL］中事先存入一个小于 FFH 的数，在加 1 寄存器 CL 的值小于［EPCnL、CCAPnL］期间，对应引脚输出为低；当寄存器 CL 的值等于或大于［EPCnL、CCAPnL］时，对应引脚输出为高。改变［EPCnL、CCAPnL］值，就改变了占空比或者相位，改变 CH 的值，可以改变周期。本质也是一个数值比较器。

可见，PCA 的核心是 CH 和 CL 计数器的值与 CCAPnH 和 CCAPnL 的值的关系。

(2) PCA 定时/计数器阵列

① PCA。PCA 模块含有一个特殊的 16 位定时器（CH、CL），有 3 个 16 位的捕捉/比较模块与之相连，如图 6-8 所示。

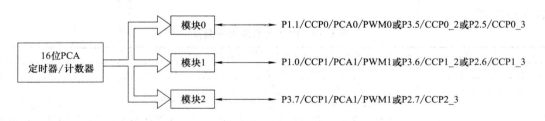

图 6-8　PCA 模块结构

模块 0 连接到 P1.1，模块 1 连接到 P1.0，模块 2 连接到 P3.7。每个模块可编程工作在 4 种模式：上升/下降沿捕捉、软件定时器、高速输出或可调制脉冲输出。

② PCA 定时/计数器阵列寄存器（CH 和 CL）控制结构。16 位 PCA 定时/计数器阵列寄存器（CH 和 CL）是公共时间基准，PCA 定时/计数器阵列寄存器（CH 和 CL）控制结构如图 6-9 所示。

图中相关寄存器介绍：

• 寄存器 CH 和 CL 的内容是自动递增计数的 16 位 PCA 计数器的值，是 PCA 的核心部件，复位值均为 00，用于保存 PCA 的装载值。

• PCA 工作模式寄存器 CMOD。

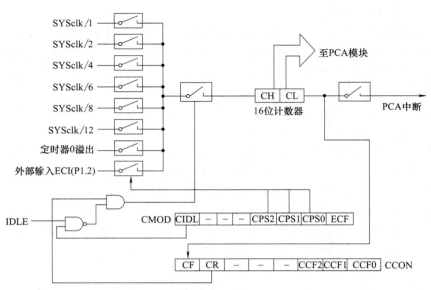

图 6-9 PCA 定时/计数器结构图

CMOD 寄存器各位功能见表 6-14。

表 6-14 CMOD 寄存器各位功能

SFR name	Address	bit name	B7	B6	B5	B4	B3	B2	B1	B0
CMOD	D9H		CIDL	—	—	—	CPS2	CPS1	CPS0	ECF

CIDL：空闲模式下是否停止 PCA 计数的控制位。

当 CIDL=0 时，空闲模式下 PCA 计数器继续工作；

当 CIDL=1 时，空闲模式下 PCA 计数器停止工作。

CPS2、CPS1 和 CPS0 三位的值可以确定 PCA 计数脉冲源选择。PCA 计数脉冲源选择如表 6-15 所示。

表 6-15 PCA 计数脉冲源选择

CPS2	CPS1	CPS0	选择 CCP/PCA/PWM 时钟源输入
0	0	0	0，系统时钟，SYSclk/12
0	0	1	1，系统时钟，SYSclk/2
0	1	0	2，定时器 0 的溢出脉冲。由于定时器 0 可以工作在 1T 模式，所以可以达到计一个时钟就溢出，从而达到最高频率 CPU 工作时钟 SYSclk。通过改变定时器 0 的溢出率，可以实现可调频率的 PWM 输出
0	1	1	3，ECI/P1.2（或 P3.4 或 P2.4）脚输入的外部时钟（最大速率=SYSclk/2）
1	0	0	4，系统时钟，SYSclk
1	0	1	5，系统时钟/4，SYSclk/4
1	1	0	6，系统时钟/6，SYSclk/6
1	1	1	7，系统时钟/8，SYSclk/8

表 6-15 用法。举例 1：CPS2/CPS1/CPS0 = 1/0/0 时，CCP/PCA/PWM 的时钟源是 SYSclk，不用定时器 0，PWM 的频率为 SYSclk/256。

举例 2：如果要用系统时钟/3 来作为 PCA 的时钟源，应选择 T0 的溢出作为 CCP/PCA/PWM 的时钟源，此时应让 T0 工作在 1T 模式，计数 3 个脉冲即产生溢出。用 T0 的溢出可对系统时钟进行 1～65536 级分频（T0 工作在 16 位重装载模式）。

ECF：PCA 计数溢出中断使能位。

当 ECF＝0 时，禁止寄存器 CCON 中 CF 位的中断；

当 ECF＝1 时，允许寄存器 CCON 中 CF 位的中断。

- PCA 控制寄存器 CCON。

CCON 寄存器各位功能见表 6-16。

表 6-16　CCON 寄存器各位功能

SFR name	Address	bit	B7	B6	B5	B4	B3	B2	B1	B0
CCON	D8H	name	CF	CR	—	—	—	CCF2	CCF1	CCF0

CF：PCA 计数器阵列溢出标志位。当 PCA 计数器溢出时，CF 由硬件置位。如果 CMOD 寄存器的 ECF 位置位，则 CF 标志可用来产生中断。CF 位可通过硬件或软件置位，但只可通过软件清零。

CR：PCA 计数器阵列运行控制位。该位通过软件置位，用来启动 PCA 计数器阵列计数。该位通过软件清零，用来关闭 PCA 计数器。

CCF2：PCA 模块 2 中断标志。当出现匹配或捕捉时该位由硬件置位。该位必须通过软件清零。

CCF1：PCA 模块 1 中断标志。当出现匹配或捕捉时该位由硬件置位。该位必须通过软件清零。

CCF0：PCA 模块 0 中断标志。当出现匹配或捕捉时该位由硬件置位。该位必须通过软件清零。

- PCA 捕捉/比较寄存器 CCAPnL（低 8 位字节）、CCAPnH（高 8 位字节）。

当 PCA 模块用于捕捉或比较时，它们用于保存各个模块的 16 位捕捉计数值；当 PCA 模块用于 PWM 模式时，它们用来控制输出的占空比。其中，$n=0$、1、2，分别对应模块 0、模块 1 和模块 2。复位值均为 00H。CCAP0L 、CCAP0H：模块 0 的捕捉/比较寄存器；CCAP1L 、CCAP1H：模块 1 的捕捉/比较寄存器；CCAP2L 、CCAP2H：模块 2 的捕捉/比较寄存器。

- PCA 捕捉/比较寄存器 CCAPM0、CCAPM1 和 CCAPM2。

这里主讲 CCAPM0。CCAPM1 和 CCAPM2 请查手册或者类推。CCAPM0 寄存器各位功能见表 6-17。

表 6-17　CCAPM0 寄存器各位功能

SFR name	Address	bit	B7	B6	B5	B4	B3	B2	B1	B0
CCAPM0	DAH	name	—	ECOM0	CAPP0	CAPN0	MAT0	TOG0	PWM0	ECCF0

B7：保留为将来之用。

ECOM0：允许比较器功能控制位。当 ECOM0＝1 时，允许比较器功能。

CAPP0：正捕捉控制位。当 CAPP0＝1 时，允许上升沿捕捉。

CAPN0：负捕捉控制位。当 CAPN0＝1 时，允许下降沿捕捉。

MAT0：匹配控制位。当 MAT0＝1 时，PCA 计数值与模块的捕捉/比较寄存器的值的匹配将置位 CCON 寄存器的中断标志位 CCF0。

TOG0：翻转控制位。当 TOG0＝1 时，工作在 PCA 高速脉冲输出模式，PCA 计数器的值与模块的捕捉/比较寄存器的值的匹配将使 CCP0 脚翻转。（CCP0/PCA0/PWM0/P1.1 或 CCP0_2/PCA0/PWM0/P3.5 或 CCP0_3/PCA0/PWM0/P2.5）

PWM0：脉宽调节模式。当 PWM0＝1 时，允许 CCP0 脚用作脉宽调节输出。（CCP0/PCA0/PWM0/P1.1 或 CCP0_2/PCA0/PWM0/P3.5 或 CCP0_3/PCA0/PWM0/P2.5）

ECCF0：使能 CCF0 中断。使能寄存器 CCON 的捕捉/比较标志 CCF0，用来产生中断。

• 将单片机的 CCP/PWM/PCA 功能在 3 组引脚之间切换的寄存器 AUXR1(P_SW1)，各位功能见表 6-18。

表 6-18 AUXR1（P_SW1）寄存器各位功能

Mnemonic	Add	Name	7	6	5	4	3	2	1	0	Reset
AUXR1 P_SW1	A2H	Auxiliary register 1	S1_S1	S1_S0	CCP_S1	CCP_S0	SPI_S1	SPI_S0	0	DPS	0000

CCP_S1、CCP_S0 控制 CCP 可以在 3 个地方切换，见表 6-19。

表 6-19 CCP_S1、CCP_S0 控制 CCP 可以在 3 个地方切换

CCP 可以在 3 个地方切换，由 CCP_S1/CCP_S0 两个控制位来选择		
CCP_S1	CCP_S0	CCP 可以在 P1/P2/P3 之间来回切换
0	0	CCP 在 [P1.2/ECI, P1.1/CCP0, P1.0/CCP1, P3.7/CCP2]
0	1	CCP 在 [P3.4/ECI_2, P3.5/CCP0_2, P3.6/CCP1_2, P3.7/CCP2_2]
1	0	CCP 在 [P2.4/ECI_3, P2.5/CCP0_3, P2.6/CCP1_3, P2.7/CCP2_3]
1	1	无效

6.2.2.2 16 位软件定时器模式

（1）16 位软件定时器模式介绍

16 位软件定时器模式的结构如图 6-10 所示。

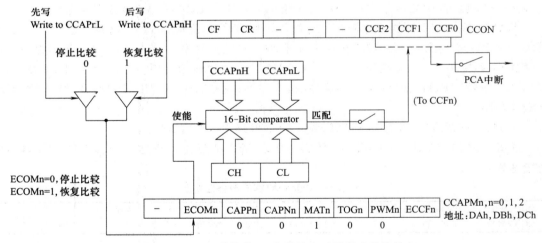

图 6-10 PCA 模块的 16 位软件定时器模式的结构

通过置位寄存器 CCAPMn 的 ECOM 和 MAT 位，可使 PCA 模块用作软件定时器，如图 6-10 所示。PCA 定时器的值与模块捕捉寄存器的值相比较，当二者相等时，如果 CCFn 位（在 CCON 中）和 ECCFn 位（在 CCON 中）都置位，则产生中断。

[CH、CL] 每隔一定的时间自动加 1，时间间隔取决于选择的时钟源。例如，当选择的时钟源为 FOSC/12 时，每 12 个时钟周期 [CH、CL] 加 1。当 [CH、CL] 增加到等于 [CCAPnH、CCAPnL] 时，CCFn＝1，产生中断请求。如果每次 PCA 模块中断后，在中断服务程序中给 [CCAPnH、CCAPnL] 增加一个相同的数值，那么下一次中断来临的间隔时间 T 也是相同的，从而实现了定时功能。定时时间的长短取决于时钟源的选择以及 PCA 计

数器计数值的设置。下面举例说明 PCA 计数器计数值的计算方法。

假设，时钟频率 SYSclk＝18.432MHz，选择的时钟源为 SYSclk/12，定时时间 T 为 5ms，则 PCA 计数器计数值为：

PCA 计数器计数值＝T/[(1/SYSclk)×12]＝0.005/[(1/18432 000)×12]＝7680(十进制数)＝1E00H(十六进制数)。

也就是说，PCA 计数器计数 1E00H 次，定时时间才是 5ms，也就是每次给[CCAPnH、CCAPnL] 增加的数值（步长）。

(2) 16 位软件定时器模式编程要点

① CMOD：空闲模式下停止 PCA 计数器工作、选择 PCA 时钟源、PCA 计数器溢出时中断；
② CCON：PCA 计数器溢出中断请求标志位 CF、启动 PCA 计数器计数、各模块中断请求标志位 CCFn；
③ CL、CH：清零 PCA 计数器；
④ CCAPnL：给 PCA 模块 n 的 CCAPnL 置初值；
⑤ CCAPnH：给 PCA 模块 n 的 CCAPnH 置初值；
⑥ CCAPMn：设置 PCA 模块 n 为 16 位软件定时器、ECCFn＝1 允许 PCA 模块 n 中断；
⑦ EA：开单片机所有中断共享的总中断控制位；
⑧ CR：启动定时器。

6.2.2.3 用 PCA 功能实现 LED 灯 1s 闪烁一次程序

分析：在此选择 PCA 模块 1 实现定时功能。通过置位 CCAPM1 寄存器的 ECOM 位和 MAT 位，使 PCA 模块 1 工作于软件定时器模式。本例中，时钟频率 SYSclk＝18.432MHz，可以选择 PCA 模块的时钟源为 SYSclk/4，基本定时时间为 10ms。对 10ms 计数 100 次以后，即可实现 1s 的定时。通过计算，PCA 计数器的计数值＝T/[(1/SYSclk)×4]＝18432000/4/100，可在中断服务程序中将该值赋给 [CCAP0H、CCAP0L]。对应的 C 语言程序如下：

```c
#include <stc15w.h>
#include <intrins.h>
#define  CCP_S0    0x10          //因为 P_SW1 寄存器不能按位使用,所以把
                                 //  CCP_S0 位置 1 定义为 8 位
#define  CCP_S1    0x20          //把 CCP_S1 位置 1 定义为 8 位
#define  SYSclk    18432000      //定义主时钟
#define  ms10      SYSclk /4/100;//10ms 定时:PCA 计数器的计数值=T/[(1/
                                 //  SYSclk)×4]

sbit     P1_1=P1^1;
unsigned char cnt;
void  PCAchushihua()
{
    unsigned  char  temp;
    temp = P_SW1;                //把 P_SW1 原来的值送 temp,假设 P_SW1=
                                 //  XXXX XXXX
    temp &= ~(CCP_S0|CCP_S1);    // CCP_S0、CCP_S1 相或的值(0011 0000)取反
                                 //  (1100 1111),
```

```c
        temp |= CCP_S1;        //再和 temp 的值与（XX00 XXXX），结果是清
                               //  零 temp 中相应的位
                               //把 CCP_S1 和 temp 或，结果 temp＝XX01
                               //  XXXX,CCP1 在 P3.6 脚输出
        P_SW1 = temp;          //把结果存入 P_SW1 中，引脚设定有效
    CCON = 0;                  //初始化 PCA 模块控制寄存器
    CL = 0;                    //复位 PCA 计数器 低 8 位---
    CH = 0;                    //复位 PCA 计数器 高 8 位---
    CMOD = 0x0A;               //设置 PCA 时钟源，并禁止 PCA 定时器溢出
                               //  中断

    CCAP1L = ms10;             //PCA 比较值低 8 位
    CCAP1H = ms10 >> 8;        //PCA 比较值高 8 位
    CCAPM1 = 0x49;             //--- PCA 模块 1 设置为 16 位定时器模式 ---
    CR = 1;                    //--- PCA 定时器开始工作 ---
    EA = 1;                    //--- CPU 开中断 ---
}

void main(void)
{
    P1M0=0;P1M1=0;
    P3M0=0;P3M1=0;
    cnt = 0;
    PCAchushihua();
    while(1);
}

void PCA_ISR(void)interrupt 7
{
    CCF1 = 0;                  //--- 清中断标志 ---
    CCAP1L = ms10;
    CCAP1H = ms10 >> 8;
    cnt++;
    CL = 0;                    //--- 复位 PCA 寄存器 ---
    CH = 0;
    if(100 == cnt)             //--- 定时 1s 时间到 ---
      {
        cnt = 0;
        P1_1 =! P1_1;          //--- 每 2s 闪烁一次 ---
      }
}
```

评估

（1）用不同的 PCA 模块定时器设计三个 LED 灯，一个的闪烁频率是 3s，一个的闪烁频率是 5s，一个的闪烁频率是 7s。

（2）使用 IAP15W4K58S4 单片机 PCA 模块软件定时器功能，做一个两位的秒表。设时钟频率为 18.432MHz。

6.2.3 用 PCA 模块的捕捉（捕获）功能测量脉冲宽度

"捕捉"这个词语在《新华字典》有一个解释是：迅速或急切地获取信息，抓住战机。在单片机应用系统中，有时需要对外部输入信号的跳变进行侦测，并以最快的速度做出有效处理。

"捕捉"套用在 IAP15W4K58S4 单片机里的意思是：捕捉 P1.1、P1.0 或 P3.7 引脚电平跳变，捕捉到后，PCA 硬件就迅速地将 PCA 计数器阵列寄存器（CH 和 CL）的值，装载到捕捉寄存器（CCAPnH 和 CCAPnL）中。本任务的要求是使用捕捉功能测量脉冲宽度，把脉冲宽度在显示器上显示出来，使用捕捉功能的好处是，测得准，测得快，延迟少，误差小。具体内容是：在显示器上显示 P3.7 引脚上脉冲中高电平的宽度。

在这个过程中的编程要求：P3.7/CCP2_2 引脚出现上升沿时，启动 PCA 计数器；P3.7/CCP2_2 引脚出现下降沿时，停止 CH、CL 计数和读取脉宽送去显示。

6.2.3.1 PCA 模块的捕捉工作模式

（1）PCA 模块捕捉模式的结构

PCA 模块捕捉模式的结构如图 6-11 所示。要使 PCA 模块工作在捕捉模式，则寄存器 CCAPMn 的两位 CAPNn 和 CAPPn 中至少有一位必须置 1。PCA 模块工作于捕捉模式时，对外部输入 CCPn（CCP0/P1.1、CCP1/P1.0、CCP2/P3.7）的跳变进行采样。当采样到有效跳变时，PCA 硬件将 PCA 计数器阵列寄存器 CH、CL 的值装载到模块的捕捉寄存器 CCAPnH 和 CCAPnL 中。

用 PCA 模块的捕捉（捕获）功能测量脉冲宽度

笔记

如果 CCON 中的 CCFn 位和 CCAPMn 中的 ECCFn 位置位，则产生中断。可在中断服务程序中判断是哪一个模块产生了中断，并注意中断标志位的软件清零问题。

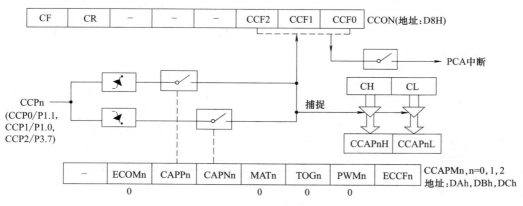

图 6-11 PCA 模块捕捉模式结构图

（2）PCA 模块捕捉模式编程要点

① CMOD：空闲模式下停止 PCA 计数器工作、选择 PCA 时钟源、PCA 计数器溢出时中断。
② CCON：PCA 计数器溢出中断请求标志位 CF、启动 PCA 计数器计数、各模块中断

请求标志位 CCFn。

③ CL、CH：清零 PCA 计数器。

④ CCAPMn：设置 PCA 模块 n 为捕捉模式、ECCFn=1 允许 PCA 模块 n 中断。

⑤ EA：开单片机所有中断共享的总中断控制位。

⑥ CR：启动定时器。

(3) PCA 模块的工作模式设定（表 6-20）

表 6-20　PCA 模块的工作模式设定

EBSn_1	EBSn_0	—	ECOMn	CAPPn	CAPNn	MATn	TOGn	PWMn	ECCFn	模块功能
X	X		0	0	0	0	0	0	0	无此操作
0	0		1	0	0	0	0	1	0	8 位 PWM,无中断
0	1		1	0	0	0	0	1	0	7 位 PWM,无中断
1	0		1	0	0	0	0	1	0	6 位 PWM,无中断
1	1		1	0	0	0	0	1	0	8 位 PWM,无中断
0	0		1	1	0	0	0	1	1	8 位 PWM 输出,由低变高可产生中断
0	1		1	1	0	0	0	1	1	7 位 PWM 输出,由低变高可产生中断
1	0		1	1	0	0	0	1	1	6 位 PWM 输出,由低变高可产生中断
1	1		1	1	0	0	0	1	1	8 位 PWM 输出,由低变高可产生中断
0	0		1	0	1	0	0	1	1	8 位 PWM 输出,由高变低可产生中断
0	1		1	0	1	0	0	1	1	7 位 PWM 输出,由高变低可产生中断
1	0		1	0	1	0	0	1	1	6 位 PWM 输出,由高变低可产生中断
1	1		1	0	1	0	0	1	1	8 位 PWM 输出,由高变低可产生中断
0	0		1	1	1	0	0	1	1	8 位 PWM 输出,由低变高或者由高变低均可产生中断
0	1		1	1	1	0	0	1	1	7 位 PWM 输出,由低变高或者由高变低均可产生中断
1	0		1	1	1	0	0	1	1	6 位 PWM 输出,由低变高或者由高变低均可产生中断
1	1		1	1	1	0	0	1	1	8 位 PWM 输出,由低变高或者由高变低均可产生中断
X	X		X	1	0	0	0	0	X	16 位捕捉模式,由 CCPn/PCAn 的上升沿触发
X	X		X	0	1	0	0	0	X	16 位捕捉模式,由 CCPn/PCAn 的下降沿触发
X	X		X	1	1	0	0	0	X	16 位捕捉模式,由 CCPn/PCAn 的跳变触发
X	X		1	0	0	1	0	0	X	16 位软件定时器
X	X		1	0	0	1	1	0	X	16 位高速脉冲输出

6.2.3.2　高速输出模式

(1) 高速输出模式简介

高速输出模式的结构图如图 6-12 所示。该模式中，当 PCA 计数器的计数值与模块捕捉寄存器的值相匹配时，PCA 模块的输出 CEXn 将发生翻转。要激活高速输出模式，CCAPMn 寄存器的 TOGn、MATn 和 ECOMn 位必须都置位。

CCAPnL 的值决定了 PCA 模块 n 的输出脉冲频率。当 PCA 时钟源是 SYSclk/2 时，输

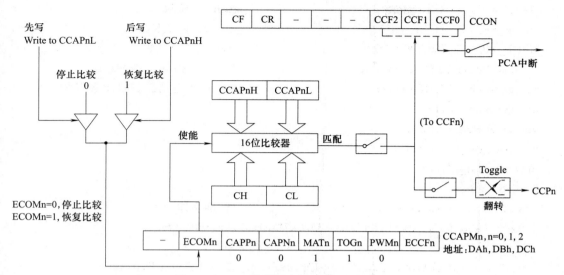

图 6-12 PCA 模块的高速输出模式结构图

出脉冲的频率 f 为：

$$f = \text{SYSclk}/(4 \times \text{CCAPnL})$$

其中，SYSclk 为晶振频率。由此，可以得到 CCAPnL 的值 CCAPnL=SYSclk/$(4 \times f)$。如果计算出的结果不是整数，则进行四舍五入取整，即

$$\text{CCAPnL} = \text{INT}[\text{SYSclk}/(4 \times f) + 0.5]$$

其中，INT[ ]为取整数运算，直接去掉小数。例如，假设 SYSclk=20MHz，要求 PCA 高速脉冲输出 125kHz 的方波，则 CCAPnL 中的值应为：

CCAPnL=INT(20000000/4/125000+0.5)=INT(40+0.5)=40=28H

（2）高速输出模式编程要点

① CMOD：空闲模式下停止 PCA 计数器工作、选择 PCA 时钟源为 FOSC/12、PCA 计数器溢出时中断。

② CCON：PCA 计数器溢出中断请求标志位 CF、启动 PCA 计数器计数、各模块中断请求标志位 CCFn。

③ CL、CH：清零 PCA 计数器。

④ CCAPnL：给 PCA 模块 n 的 CCAP0L 置初值。

⑤ CCAPnH：给 PCA 模块 n 的 CCAP0H 置初值。

⑥ CCAPMn：设置 PCA 模块 n 为 16 位软件定时器、ECCFn=1 允许 PCA 模块 n 中断。

⑦ EA：开单片机所有中断共享的总中断控制位。

⑧ CR：启动定时器。

6.2.3.3 用 PCA 模块的捕捉（捕获）功能测量脉冲宽度程序

```
#include "stc15w.h"
#define CCP_S0    0x10
#define CCP_S1    0x20
#define Timer0_Reload (65536UL-(MAIN_FOSC/1000))
                              //Timer 0 中断频率，1000 次/秒
#define LED_TYPE 0x00         //定义 LED 类型，0x00——共阴
```

```c
    sbit P_HC595_SER = P4^0;            //pin 14 SER
    sbit P_HC595_RCLK = P5^4;           //pin 12 RCLK
    sbit P_HC595_SRCLK = P4^3;          //pin 11 SRCLK
    unsigned char LEDBuffer[8];         //--- 定义的显示缓冲区 ---
    unsigned char LEDPointer;           //--- 定义的动态扫描计数变量 ---
    unsigned char cnt;
    unsigned long count0;
    unsigned long count1;
    unsigned long length;
    bit OKFlag;
    unsigned char code t_display[] = {  //标准字库
      0x3F,0x06,0x5B,0x4F,0x66,0x6D,0x7D,0x07,0x7F,0x6F,
                                        //0  1   2   3   4   5   6   7   8   9
      0xBF,0x86,0xDB,0xCF,0xE6,0xED,0xFD,0x87,0xFF,0xEF,0x46};
                                        //0. 1. 2. 3. 4. 5. 6. 7. 8. 9. —1
    unsigned char code T_COM[] = {0x01,0x02,0x04,0x08,0x10,0x20,0x40,0x80};
                                        //位码


/*************** 向 HC595 发送一个字节函数 ***************/
void song_595(unsigned char dat)
{ …… }
/*********************** 显示函数 ***********************/
void xianshi1wei(unsigned char display_index)
{ …… }
/*************** 主函数 ***************/
void main(void)
{
    unsigned char temp;
    temp = P_SW1;
    temp &= ~(CCP_S0 | CCP_S1);
    P_SW1 = temp;
    CCON = 0;                           //--- 初始化 PCA 模块控制寄存器 ---
    CL = 0;                             //--- 复位 PCA 寄存器 ---
    CH = 0;
    CMOD = 0x09;                        //--- 设置 PCA 时钟源为系统时钟,且
                                        //    使能 PCA 计时溢出中断 ---
    CCAP2L = 0;                         //--- 初始化 PCA 模块 2 ---
    CCAP2H = 0;
    CCAPM2 = 0x21;                      //--- 设置 PCA 模块 2 为 16 位捕捉模
                                        //    式(上升沿捕捉)且产生捕捉中断 ---
    CR = 1;                             //--- PCA 定时器开始工作 ---
```

```c
    ……//T0 初始化程序
    EA = 1;                              //--- CPU 开中断 ---
    cnt = 0;
    count0 = 0;
    count1 = 0;
    while(1)
      {
        if(1 == OKFlag)
          {
            OKFlag = 0;
            for(temp=7;temp<sizeof(LEDBuffer);temp--)LEDBuffer[temp] = 0;
            temp = 7;
            while(length)
              {
                LEDBuffer[temp] = length % 10;
                length /= 10;
                temp --;
              }
          }
      }
}
/*************** PCA 中断函数 *****************/
void PCA_ISR(void)interrupt 7
{
if(1 == CF){CF = 0;cnt ++;}
if(1 == CCF2)
      {CCF2 = 0;
      count0 = count1;
      count1=(unsigned long)CCAP2H * 256 * 256 +
             (unsigned long)CCAP2L * 256 +
             (unsigned long)cnt;
      length = count1-count0;
      OKFlag = 1;
      }
}
/*************** Timer0 函数 *****************/
void T0_ISR(void)interrupt 1             //--- T0 定时 1ms 溢出中断服务程序 ---
{
    DisplayScan(LEDPointer);             //动态显示
    if((++LEDPointer)==sizeof(LEDBuffer))LEDPointer=0;
}
```

评估

（1）使用捕捉功能，完成一个脉冲的高电平宽度和低电平宽度的测量，并显示出来。

（2）使用捕捉功能实现外中断的扩展。

6.2.4 用 PCA 模块的 PWM 功能完成 LED 灯亮度调节

LED 显示屏在白天和夜晚亮度是不一样的，白天应该亮一些，晚上应该暗一些。如何对 LED 灯亮度进行调节呢？

本任务的要求是使用 PWM 功能完成 LED 亮度调节。具体内容是：

① 使接在 P2.6 引脚上的发光二极管的亮度发生变化。

② 10s 内从全暗变到全亮。

③ 10s 内从全亮变到全暗。

④ 重复上述过程。

6.2.4.1 PCA 模块的脉宽调节模式

脉宽调制（Pulse Width Modulation，PWM）是一种使用程序来控制波形占空比、周期、相位波形的技术，在三相电机驱动、D/A 转换等场合有广泛的应用。

（1）脉宽调节模式

① PWM 简介。PWM 即脉冲宽度调制，是单片机的数字输出对模拟电路进行控制的一种非常有效的技术，广泛应用在测量、通信、电机控制、LED 调光控制等许多领域中。

PWM 工作原理如图 6-13 所示，图中横轴是周期数，纵轴是电压值，U_m 是直流电压的最大值，T 是开关闭合的周期，t_s 是开关闭合时间，阴影部分是负载上的直流平均电压。设直流平均电压用 U_d 表示，可得

$$U_d = U_m \frac{t_s}{T}$$

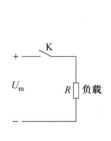
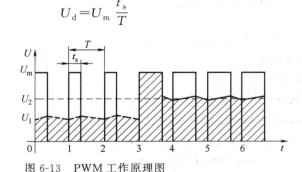

图 6-13 PWM 工作原理图

可见，在固定周期 T 内调节开关闭合时间 t_s，即调占空比可以调节直流平均电压。这种方式能在直流电源电压恒定的情况下，得到变化的直流输出电压。

② IAP15W4K58S4 单片机的 8 位脉宽调节模式。STC15 系列单片机的 PCA 模块可以通过设定各自的寄存器 PCA_PWMn（n=0,1,2，下同）中的位 EBSn_1/PCA_PWMn.7 及 EBSn_0/PCA_PWMn.6，使其工作于 8 位 PWM 或 7 位 PWM 或 6 位 PWM 模式。

当[EBSn_1，EBSn_0]=[0,0]或[1,1]时，PCA 模块 n 工作于 8 位 PWM 模式，此时将(0,CL[7:0])与捕捉寄存器（EPCnL，CCAPnL[7:0]）进行比较。PWM 模式的结构如图 6-14 所示。

IAP15W4K58S4 单片机的 PCA 模块可以通过程序设定，使其工作于 PWM 模式。由于

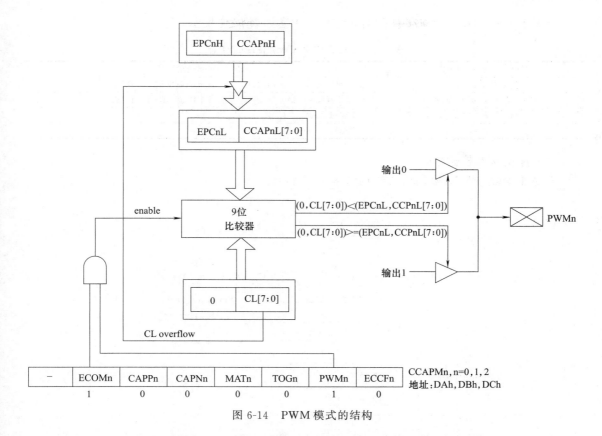

图 6-14　PWM 模式的结构

所有模块共用 PCA 定时器，它们的输出频率相同，各模块的输出占空比是独立变化的，与使用的捕捉寄存器［EPCnL，CCAPnL］有关。当寄存器 CL 中的值小于［EPCnL，CCAPnL］时，输出为低；当寄存器 CL 中的值等于或大于［EPCnL，CCAPnL］时，输出为高。当 CL 的值由 FF 变为 00 溢出时，［EPCnH，CCAPnH］的内容装载到［EPCnL，CCAPnL］中，这样可实现无干扰地更新 PWM。要使用 PWM 模式，模块 CCAPMn 寄存器的 PWMn 和 ECOMn 位必须置位。所有 PCA 模块都可用作 PWM 输出，输出频率取决于 PCA 定时器的时钟源。

可见，PWM 的核心内容就是一个比较器：一个参比量是用户设定的值 CCAPnL，另一个参比量是变化的 PCA 计数器 CL，当 CCAPnL 小于［CH，CL］时，输出为低，否则为高。

8 位 PWM 的频率由下式确定：

$$\text{PWM 频率} = \frac{\text{PCA 时钟输入源频率}}{256}$$

PCA 时钟输入源可以从以下 8 种中选择一种：SYSclk/12、SYSclk/8、SYSclk/6、SYSclk/4、SYSclk/2、SYSclk、定时器 0 的溢出、ECI/P1.2 输入。

例如：要求 PWM 输出频率为 38kHz，选择 SYSclk 为 PCA 时钟输入源时，则由下式计算晶振频率 SYSclk：

$$\text{SYSclk} = 38000 \times 256 = 9728000$$

如果要实现可调频率的 PWM 输出，可选定时器 0 的溢出或者 ECI 脚的输入作为 PCA 的时钟输入源。

当某个 I/O 口作为 PWM 使用时，该口的状态如表 6-21 所示。

表 6-21　I/O 口作为 PWM 使用的状态

PWM 之前的状态	PWM 输出时的状态
弱上拉/准双向口	强推挽输出/强上拉输出,要加输出限流电阻 1～10kΩ
强推挽输出/强上拉输出	强推挽输出/强上拉输出,要加输出限流电阻 1～10kΩ
仅为输入/高阻	PWM 无效
开漏	开漏

（2）脉宽调节模式结构

PCA 模块的 PWM 输出模式结构如图 6-15 所示。

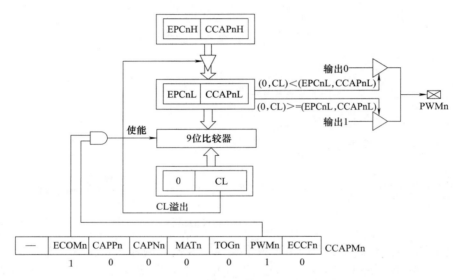

图 6-15　PCA 模块的 PWM 输出模式结构图

（3）脉宽调节模式编程要点

① CMOD：空闲模式下停止 PCA 计数器工作、选择 PCA 时钟源、PCA 计数器溢出时中断。

② CCON：PCA 计数器溢出中断请求标志位 CF、启动 PCA 计数器计数、各模块中断请求标志位 CCFn。

③ CL、CH：清零 PCA 计数器。

④ CCAPnL：给 PCA 模块 n 的 CCAP0L 置初值。

⑤ CCAPnH：给 PCA 模块 n 的 CCAP0H 置初值。

⑥ CCAPMn：设置 PCA 模块 n 为 16 位软件定时器、ECCFn＝1 允许 PCA 模块 n 中断。

⑦ EA：开单片机所有中断共享的总中断控制位。

⑧ CR：启动定时器。

6.2.4.2　PWM 应用于 D/A 输出

PWM 的一个典型应用就是用于 D/A 输出，典型应用电路如图 6-16 所示。

其中，10kΩ、104 和 10kΩ、104 构成滤波电路，对单片机输出的 PWM 波形进行平滑滤波，从而在 D/A 输出端得到稳定的电压。

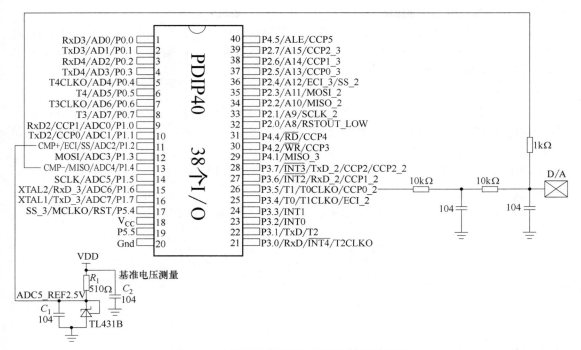

图 6-16 PWM 用于 D/A 输出时的典型电路

6.2.4.3 PCA 模块的应用总结

与定时器的使用方法类似，PCA 模块的应用编程主要有两点：一是正确初始化，包括写入控制字、寄存器的设置等；二是中断服务程序的编写，在中断服务程序中编写需要完成的任务代码，注意中断请求标志的清零。所有与 PWM 相关的端口，在上电后均为高阻输入态，必须在程序中将这些口设置为双向口或强推挽模式才可正常输出波形。

PCA 模块的初始化部分大致如下：

◆ 设置 PCA 模块的工作方式，将控制字写入 CMOD、CCON 和 CCAPMn 寄存器。
◆ 设置捕捉寄存器 CCAPnL 和 CCAPnH 初值，设置 PCA 计数器 CL 和 CH 的初值。
◆ 根据需要，开放 PCA 中断，将 ECF/ECCF0/ECCF1 需要置 1 的置 1，并将 EA 置 1。
◆ 启动 PCA 计数器计数，使 CR＝1。

IAP15W4K58S4 单片机 PWM 有关的其他内容还有很多，请参看相关手册。其他内容主要有：

◆ 7 位脉宽调节模式（PWM）；
◆ 6 位脉宽调节模式（PWM）；
◆ 新增 6 通道高精度 PWM——带死区控制的增强型 PWM 波形发生器。

STC15W4K58S4 系列的单片机集成了一组（各自独立 6 路）增强型的 PWM 波形发生器，其内部相关寄存器见表 6-22。

PWM 波形发生器内部有一个 15 位的 PWM 计数器供 6 路 PWM 使用，用户可以设置 6 路 PWM 的初始电平。另外，PWM 波形发生器为 6 路 PWM 又设计了两个用于控制波形翻转的计数器 T1/T2，可以非常灵活地设置高低电平宽度，从而达到对 PWM 的占空比以及 PWM 的输出延迟进行控制的目的。由于 6 路 PWM 是各自独立的，且 6 路 PWM 的初始状态可以进行设定，所以用户可以将其中的任意两路配合起来使用，即可实现互补对称输出以及死区控制等特殊应用。

增强型的PWM波形发生器还设计了对外部异常事件（包括外部端口P2.4的电平异常、比较器比较结果异常）进行监控的功能，可用于紧急关闭PWM输出。PWM波形发生器还可在15位的PWM计数器归零时触发外部事件（ADC转换）。

STC15W4K58S4系列增强型PWM输出端口定义如下：

[PWM2:P3.7,PWM3:P2.1,PWM4:P2.2,PWM5:P2.3,PWM6:P1.6,PWM7:P1.7]

每路PWM的输出端口都可使用特殊功能寄存器位CnPINSEL分别独立地切换到第二组：

[PWM2_2:P2.7,PWM3_2:P4.5,PWM4_2:P4.4,PWM5_2:P4.2,PWM6_2:P0.7,PWM7_2:P0.6]

增强型的PWM波形发生器的结构框图如图6-17所示。

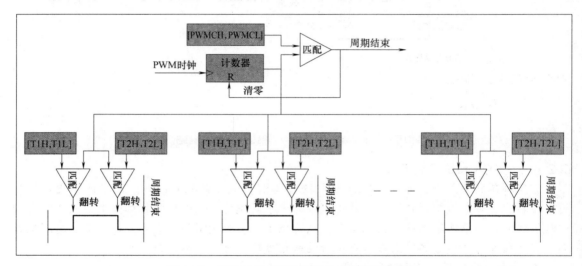

图6-17 增强型的PWM波形发生器的结构框图

表6-22 强型的PWM波形发生器内部相关寄存器表

符号	描述	地址	位址及符号								初始值
			B7	B6	B5	B4	B3	B2	B1	B0	
P_SW2	端口配置寄存器	BAH	EAXSFR	DBLPWR	P31PU	P30PU	—	S4_S	S3_S	S2_S	0000,0000
PWMCFG	PWM配置	F1H	—	CBTADC	C7INI	C6INI	C5INI	C4INI	C3INI	C2INI	0000,0000
PWMCR	PWM控制	F5H	ENPWM	ECBI	ENC7O	ENC6O	ENC5O	ENC4O	ENC3O	ENC2O	0000,0000
PWMIF	PWM中断标志	F6H	—	CBIF	C7IF	C6IF	C5IF	C4IF	C3IF	C2IF	x000,0000
PWMFDCR	PWM外部异常控制	F7H	—	—	ENFD	FLTFLIO	EFDI	FDCMP	FDIO	FDIF	xx00,0000
PWMCH	PWM计数器高位	FFF0H	—	PWMCH[14:8]							x000,0000
PWMCL	PWM计数器低位	FFF1H	PWMCL[7:0]								0000,0000
PWMCKS	PWM时钟选择	FFF2H	—	—	—	SELT2	PS[3:0]				xxx0,0000
PWM2T1H	PWM2T1 计数高位	FF00H	—	PWM2T1H[14:8]							x000,0000
PWM2T1L	PWM2T1 计数低位	FF01H	PWM2T1L[7:0]								0000,0000
PWM2T2H	PWM2T2 计数高位	FF02H	—	PWM2T2H[14:8]							x000,0000
PWM2T2L	PWM2T2 计数低位	FF03H	PWM2T2L[7:0]								0000,0000
PWM2CR	PWM2 控制	FF04H	—	—	—	—	PWM2_PS	EPWM2I	EC2T2SI	EC2T1SI	xxxx,0000
PWM3T1H	PWM3T1 计数高位	FF10H	—	PWM3T1H[14:8]							x000,0000
PWM3T1L	PWM3T1 计数低位	FF11H	PWM3T1L[7:0]								0000,0000
PWM3T2H	PWM3T2 计数高位	FF12H	—	PWM3T2H[14:8]							x000,0000

续表

符号	描述	地址	位址及符号								初始值
			B7	B6	B5	B4	B3	B2	B1	B0	
PWM3T2L	PWM3T2 计数低位	FF13H	PWM3T2L[7:0]								0000,0000
PWM3CR	PWM3 控制	FF14H	—	—	—	—	PWM3_PS	EPWM3I	EC3T2SI	EC3T1SI	xxxx,0000
PWM4T1H	PWM4T1 计数高位	FF20H	—	PWM4T1H[14:8]							x000,0000
PWM4T1L	PWM4T1 计数低位	FF21H	PWM4T1L[7:0]								0000,0000
PWM4T2H	PWM4T2 计数高位	FF22H	—	PWM4T2H[14:8]							x000,0000
PWM4T2L	PWM4T2 计数低位	FF23H	PWM4T2L[7:0]								0000,0000
PWM4CR	PWM4 控制	FF24H	—	—	—	—	PWM4_PS	EPWM4I	EC4T2SI	EC4T1SI	xxxx,0000
PWM5T1H	PWM5T1 计数高位	FF30H	—	PWM5T1H[14:8]							x000,0000
PWM5T1L	PWM5T1 计数低位	FF31H	PWM5T1L[7:0]								0000,0000
PWM5T2H	PWM5T2 计数高位	FF32H	—	PWM5T2H[14:8]							x000,0000
PWM5T2L	PWM5T2 计数低位	FF33H	PWM5T2L[7:0]								0000,0000
PWM5CR	PWM5 控制	FF34H	—	—	—	—	PWM5_PS	EPWM5I	EC5T2SI	EC5T1SI	xxxx,0000
PWM6T1H	PWM6T1 计数高位	FF40H	—	PWM6T1H[14:8]							x000,0000
PWM6T1L	PWM6T1 计数低位	FF41H	PWM6T1L[7:0]								0000,0000
PWM6T2H	PWM6T2 计数高位	FF42H	—	PWM6T2H[14:8]							x000,0000
PWM6T2L	PWM6T2 计数低位	FF43H	PWM6T2L[7:0]								0000,0000
PWM6CR	PWM6 控制	FF44H	—	—	—	—	PWM6_PS	EPWM6I	EC6T2SI	EC6T1SI	xxxx,0000
PWM7T1H	PWM7T1 计数高位	FF50H	—	PWM7T1H[14:8]							x000,0000
PWM7T1L	PWM7T1 计数低位	FF51H	PWM7T1L[7:0]								0000,0000
PWM7T2H	PWM7T2 计数高位	FF52H	—	PWM7T2H[14:8]							x000,0000
PWM7T2L	PWM7T2 计数低位	FF53H	PWM7T2L[7:0]								0000,0000
PWM7CR	PWM7 控制	FF54H	—	—	—	—	PWM7_PS	EPWM7I	EC7T2SI	EC7T1SI	xxxx,0000

- 用 STC15W4KxxS4 系列单片机输出两路互补 SPWM。

SPWM 是使用 PWM 来获得正弦波输出效果的一种技术，在交流驱动或变频领域应用广泛。

STC 公司的 STC15W4KxxS4 系列 MCU 内带 6 通道 15 位 PWM，各路 PWM 周期（频率）相同，输出的占空比独立可调，并且输出始终保持同步，输出相位可设置。这些特性使得设计 SPWM 成为可能，并且可方便设置死区时间，对于驱动桥式电路，死区时间至关重要。本单片机可做三相 SPWM。

STC15W4K58S4 系列单片机的比较器内部规划如图 6-18 所示。

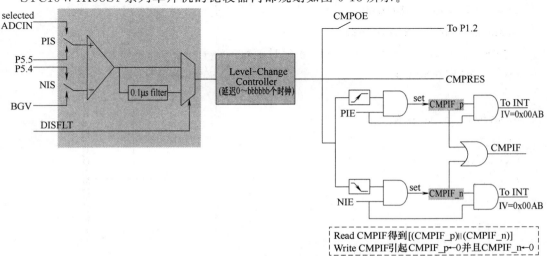

图 6-18　STC15W4K58S4 系列单片机的比较器内部规划

- STC 单片机手册中相关例程有:
  ➢ 用 CCP/PCA 功能扩展外部中断的测试程序。
  ➢ 用 CCP/PCA 功能实现 16 位定时器的测试程序。
  ➢ CCP/PCA 输出高速脉冲的测试程序。
  ➢ CCP/PCA 输出 PWM（6 位＋7 位＋8 位）的测试程序。
  ➢ 用 CCP/PCA 高速脉冲输出功能实现 3 路 9~16 位 PWM 的程序。
  ➢ 用 CCP/PCA 的 16 位捕捉模式测脉冲宽度的程序。
  ➢ 用 T0 软硬结合模拟 16 路软件 PWM 的程序。
  ➢ 用 T0 的时钟输出功能实现 8~16 位 PWM 的程序。
  ➢ 用 T1 的时钟输出功能实现 8~16 位 PWM 的程序。
  ➢ 用 T2 的时钟输出功能实现 8~16 位 PWM 的程序。
  ➢ 利用两路 CCP/PCA 模拟一个全双工串口的程序。
  ➢ 利用 PWM 波形发生器控制舞台灯光的示例程序。
  ➢ 用 STC15W4KxxS4 系列单片机输出两路互补 SPWM 的参考程序。
  ➢ 用 STC15W4K 系列的 PWM 实现渐变灯的示例程序。
  ➢ 比较器中断方式程序举例。
  ➢ 比较器查询方式程序举例。
  ➢ STC15W 系列比较器作 ADC 的程序举例。

6.2.4.4 用 PCA 模块的 PWM 功能完成 LED 灯亮度调节程序

```
#include <stc15w.h>
  #include<intrins.h>
#define CCP_S0    0x10
#define CCP_S1    0x20

unsigned   char    PWMValue = 1;        //--- 定义的 PWM 占空比变量 ---
unsigned   char    MsCount;
unsigned   int     msecond;
/*********************延时函数****************/
void   Delay500ms()                     //@11.0592MHz
{
unsigned char i, j, k;
_nop_();
_nop_();
i = 10;
j = 3;
k = 227;
    do
    {
```

```c
        do
        {
        while (--k);
        } while (--j);
        } while (--i);
}
        void    PWMchushihua( )
        {
        temp = P_SW1;                   //--- 配置 PCA 的复用引脚 ---
        temp &= ~(CCP_S0 | CCP_S1);
        P_SW1 = temp;
        CCON = 0;                       //--- 初始化 PCA 控制寄存器 ---
        CL = 0;                         //--- 复位 PCA 寄存器 ---
        CH = 0;
        CMOD = 0x08;                    //查表看看 CMOD 配置的状态是什么？
        PCA_PWM0 = 0x00;
        CCAP0H = 0x80;                  //---占空比为 50%，为什么？
        CCAP0L = 0x80;                  // CCAP0H 和 CCAP0L 为什么是一样的？
        CCAPM0 = 0x42;                  //查表看看 CCAPM0 配置的状态是什么？
        CR = 1;
}
void main(void)
{
        unsigned char temp,MIAO5=10,DANG;
        P1M0=0X03;
        P1M1=0X00;
        P3M0=0X80;      //为什么要配置成强推挽？
        P3M1=0X00;
        PWMchushihua( );
        while(1)
          {
             for(DANG=0;DANG<25;DANG++)
             {
                Delay500ms();
                CCAP0H=CCAP0H+MIAO5;
                if(CCAP0H>=250)CCAP0H=250;
             }
             for(DANG=26;DANG>1;DANG--)
```

```
        {
            Delay500ms();
            CCAP0H=CCAP0H-MIAO5;
            if(CCAP0H<1)CCAP0H=1;
        }
    }
}
```

程序中，没有灯的定义，会有灯亮吗？为什么？

评估

(1) 程序是10s内完成吗？如果不是，改为10s完成。
(2) 利用PCA模块PWM功能，输出1.2V、2.3V、4.1V等模拟电压，完成其电路设计。

6.2.5 用片内AD模块实现一个简易的电压表

当用数字万用表测信号时，电压、电流都是连续变化的量，它们是怎么被变成数字量的呢？

有一个电位器，电位器的两端分别接电源正极和负极，中间的引脚接在单片机P1.0上。调节电位器，P1.0脚电压会随之改变。用单片机AD模块把P1.0脚电压变成数字量，并在显示器上显示，数值精确到5mV（小数点后3位）。

6.2.5.1 模/数转换器介绍

IAP15W4K58S4单片机内部集成有8路10位高速电压输入型模/数转换器（ADC），速度可达到200kHz（30万次/s），可做温度检测、压力检测、电池电压检测、按键扫描、频谱检测等。

ADC输入通道与P1口复用，上电复位后P1口为弱上拉型I/O口；用户可以通过软件设置将8路中的任何一路设置为ADC功能，不作为ADC使用的口可继续作为I/O口使用，作为I/O口的引脚应设置成输入型。

(1) ADC的结构

IAP15W4K58S4单片机ADC的结构如图6-19所示。IAP15W4K58S4的ADC由多路选择开关、比较器、逐次比较寄存器、10位ADC、转换结果寄存器（ADC_RES和ADC_RESL）以及ADC控制寄存器ADC_CONTR构成。

IAP15W4K58S4的ADC是逐次比较型ADC。逐次比较型ADC由一个比较器和D/A转换器构成，通过逐次比较逻辑，从最高位（MSB）开始，顺序地对每一输入电压与内置D/A转换器输出进行比较，经多次比较，使转换所得的数字量逐次逼近输入模拟量对应值。逐次比较型D/A转换器具有速度高、功耗低等优点。

从图6-19中可以看出，通过模拟多路开关，将输入通道ADC0～7的模拟量送给比较器。用数/模转换器（DAC）转换的模拟量与输入的模拟量通过比较器进行比较，将比较结果保存到逐次比较寄存器中，并通过逐次比较寄存器输出转换结果。A/D转换结束后，最终的转换结果保存到ADC转换结果寄存器ADC_RES和ADC_RESL中，同时，置位ADC控制寄存器ADC_CONTR中的A/D转换结束标志位ADC_FLAG，以供程序查询或发出中断申请。模拟通道的选择控制由ADC控制寄存器ADC_CONTR中的CHS2～CHS0确定。ADC的转换速度由ADC控制寄存器中的SPEED1和SPEED0确定。

笔记

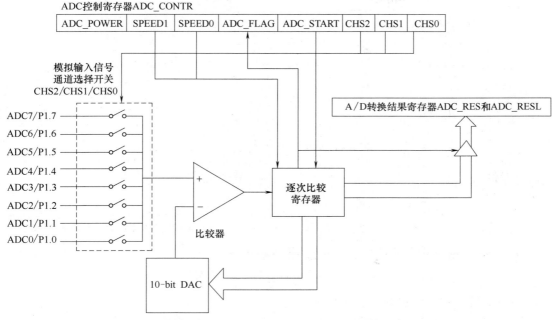

图 6-19　IAP15W4K58S4 单片机 ADC 结构图

在使用 ADC 之前，应先给 ADC 上电，也就是置位 ADC 控制寄存器中的 ADC_POWER 位。

（2）ADC 模块典型电路

IAP15W4K58S4 单片机 ADC 模块的参考电压源是输入工作电压 V_{CC}，一般不用外接参考电压源。如果 V_{CC} 不稳定（如电池供电的系统中，电池电压常常在 4.2～5.3V 之间漂移），则可以在 8 路 A/D 转换的一个通道外接一个稳定的参考电压源，以计算出此时的工作电压 V_{CC}，再计算出其他几路 A/D 转换通道的电压。A/D 应用线路图如图 6-20 所示，A/D 作按钮扫描的典型应用线路图如图 6-21 所示。

图 6-20　A/D 转换典型应用线路

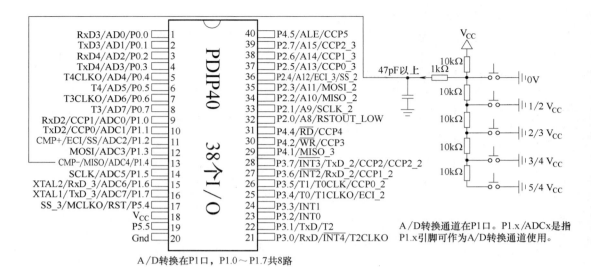

图 6-21　A/D 作按键扫描应用线路图

（3）与 ADC 有关的特殊功能寄存器

① P1 口模拟功能控制寄存器 P1ASF。P1ASF 各位功能见表 6-23。

表 6-23　P1ASF 寄存器各位功能

位号	D7	D6	D5	D4	D3	D2	D1	D0
位名称	P17ASF	P16ASF	P15ASF	P14ASF	P13ASF	P12ASF	P11ASF	P10ASF

如果要使用相应口的模拟功能，需将 P1ASF 特殊功能寄存器中的相应位置为 1。例如，若要使用 P1.6 的模拟量功能，则需要将 P16ASF 设置为 1（注意，P1ASF 寄存器不能位寻址，可以使用语句"P1ASF |=0x40;"）。

② ADC 控制寄存器 ADC_CONTR。ADC_CONTR 各位功能见表 6-24。

表 6-24　ADC_CONTR 各位功能

位号	D7	D6	D5	D4	D3	D2	D1	D0
位名称	ADC_POWER	SPEED1	SPEED0	ADC_FLAG	ADC_START	CHS2	CHS1	CHS0

- ADC_POWER：ADC 电源控制位。0：关闭 ADC 电源。1：打开 ADC 电源。

建议进入空闲模式和掉电模式前，将 ADC 电源关闭，即 ADC_POWER=0，可降低功耗。

启动 A/D 转换前一定要确认 ADC 电源已打开，A/D 转换结束后关闭 ADC 电源可降低功耗，也可不关闭。初次打开内部 ADC 转换模拟电源时需适当延时，等内部模拟电源稳定后，再启动 A/D 转换。建议启动 A/D 转换后，在 A/D 转换结束之前，不改变任何 I/O 口的状态，有利于提高 A/D 转换的精度。如能将定时器/串行口/中断系统关闭更好。

- SPEED1、SPEED0：ADC 转换速度控制位。各种设置如表 6-25 所示。

表 6-25　ADC 转换速度控制位

SPEED1	SPEED0	A/D 转换所需时间
1	1	90 个时钟周期转换一次，CPU 工作频率为 27MHz 时，A/D 转换速度约为 300kHz(=27MHz÷90)
1	0	180 个时钟周期转换一次
0	1	360 个时钟周期转换一次
0	0	540 个时钟周期转换一次

- ADC_FLAG：A/D 转换结束标志位。A/D 转换完成后，ADC_FLAG＝1，要由软件清零。
- ADC_START：A/D 转换启动控制位。ADC_START＝1，开始转换；转换结束后为 0。
- CHS2、CHS1、CHS0：模拟输入通道选择，如表 6-26 所示。

表 6-26　模拟输入通道选择

CHS2	CHS1	CHS0	模拟输入通道选择
0	0	0	选择 P1.0 作为 A/D 输入来用
0	0	1	选择 P1.1 作为 A/D 输入来用
0	1	0	选择 P1.2 作为 A/D 输入来用
0	1	1	选择 P1.3 作为 A/D 输入来用
1	0	0	选择 P1.4 作为 A/D 输入来用
1	0	1	选择 P1.5 作为 A/D 输入来用
1	1	0	选择 P1.6 作为 A/D 输入来用
1	1	1	选择 P1.7 作为 A/D 输入来用

（4）A/D 转换结果存储格式控制

特殊功能寄存器 ADC_RES 和 ADC_RESL，用于保存 A/D 转换结果。寄存器 CLK_DIV/PCON 中 ADRJ 位用于控制 ADC 转换结果存放的位置。CLK_DIV 寄存器各位功能见表 6-27。

表 6-27　CLK_DIV 寄存器各位功能

Mnemonic	Add	Name	B7	B6	B5	B4	B3	B2	B1	B0	Reset Value
CLK_DIV（PCON2）	97H	时钟分频寄存器	MCKO_S1	MCKO_S0	ADRJ	Tx_Rx	Tx2_Rx2	CLKS2	CLKS1	CLKS0	0000,x000

① 当 ADRJ＝0 时，10 位 A/D 转换结果的高 8 位放在 ADC_RES 寄存器，低 2 位放在 ADC_RESL 寄存器。存储格式见表 6-28。

表 6-28　ADRJ＝0 时 A/D 转换结果存储格式

寄存器	位号							
	D7	D6	D5	D4	D3	D2	D1	D0
ADC_RES	ADC_RES9	ADC_RES8	ADC_RES7	ADC_RES6	ADC_RES5	ADC_RES4	ADC_RES3	ADC_RES2
ADC_RESL							ADC_RES1	ADC_RES0
AUXR1					ADRJ＝0			

② 当 ADRJ＝1 时，10 位 A/D 转换结果的最高 2 位放在 ADC_RES 寄存器的低 2 位，低 8 位放在 ADC_RESL 寄存器。存储格式见表 6-29。

表 6-29　ADRJ＝1 时 A/D 转换结果存储格式

寄存器	位号							
	D7	D6	D5	D4	D3	D2	D1	D0
ADC_RES							ADC_RES9	ADC_RES8
ADC_RESL	ADC_RES7	ADC_RES6	ADC_RES5	ADC_RES4	ADC_RES3	ADC_RES2	ADC_RES1	ADC_RES0
AUXR1					ADRJ＝1			

A/D 转换结果计算公式如下：

ADRJ＝0 时，取 10 位结果（ADC_RES[7:0]，ADC_RESL[1:0]）＝$1024 \times V_{in}/V_{CC}$

ADRJ＝0 时，取 8 位结果 ADC_RES[7:0]＝$256 V_{in}/V_{CC}$

ADRJ＝1 时，取 10 位结果（ADC_RES[1:0]，ADC_RESL[7:0]）＝$1024 \times V_{in}/V_{CC}$

式中，V_{in} 为模拟输入通道输入电压；V_{CC} 为单片机实际工作电压，用单片机工作电压作为模拟参考电压。

（5）与 A/D 转换中断有关的其他寄存器

中断允许控制寄存器 IE 中的 EADC 位（D5 位）用于开放 ADC 中断，EA 位（D7 位）用于开放 CPU 总中断；中断优先级寄存器 IP 中的 PADC 位（D5 位）用于设置 A/D 中断的优先级。在中断服务程序中，要使用软件将 A/D 中断标志位 ADC_FLAG（也是 A/D 转换结束标志位）清零。

6.2.5.2　ADC 模块的使用编程要点

IAP15W4K58S4 单片机 ADC 模块的使用编程要点如下：

① 打开 ADC 电源，第一次使用时要打开内部模拟电源（设置 ADC_CONTR）。
② 适当延时，等内部模拟电源稳定。一般延时 1ms 以内即可。
③ 设置 P1 口中的相应口线作为 A/D 转换通道（设置 P1ASF 寄存器）。
④ 选择 ADC 通道（设置 ADC_CONTR 中的 CHS2～CHS0）。
⑤ 根据需要设置转换结果存储格式（设置 AUXR1 中的 ADRJ 位）。
⑥ 查询 A/D 转换结束标志 ADC_FLAG，判断 A/D 转换是否完成，若完成，则读出结果（结果保存在 ADC_RES 和 ADC_RESL 寄存器中），并进行数据处理。如果是多通道模拟量进行转换，则更换 A/D 转换通道后要适当延时，使输入电压稳定，延时量取 20～200μs 即可（与输入电压源的内阻有关），如果输入电压信号源的内阻在 10kΩ 以下，可不加延时；如果是单通道模拟量转换，则不需要更换 A/D 转换通道，也就不需要加延时。
⑦ 若采用中断方式，还需进行中断设置（EADC 置 1，EA 置 1）。
⑧ 在中断服务程序中读取 ADC 转换结果，并将 ADC 中断请求标志 ADC_FLAG 清零。

6.2.5.3　用片内 AD 模块实现一个简易的电压表程序

C 语言程序代码如下：

```
#include<stc15w.h>
#include<intrins.h>
#define   CCP_S0         0x10
#define   CCP_S1         0x20
#define   ADC_POWER      0x80
#define   ADC_FLAG       0x10
#define   ADC_START      0x08
#define   ADC_SPEEDLL    0x00
#define   ADC_SPEEDL     0x20
#define   ADC_SPEEDH     0x40
#define   ADC_SPEEDHH    0x60
/**************本地变量声明**************/
unsigned char code t_display[]={                //标准字库
    0x3F,0x06,0x5B,0x4F,0x66,0x6D,0x7D,0x07,0x7F,0x6F,
                                    //0  1  2  3  4 5 6 7 8 9
    0xBF,0x86,0xDB,0xCF,0xE6,0xED,0xFD,0x87,0xFF,0xEF,0x46};
                                    //0.1.2.3.4.5.6.7.8.9.－1
```

```c
unsigned char code T_COM[]={0xfe,0xfd,0xfb,0xf7,0xef,0xdf,0xbf,0x7f};
                                              //位码
unsigned char MsCount,ADSHU=250,dtxs,ch;
sbit P_HC595_SER   = P0^2;//pin 14SER
sbit P_HC595_RCLK  = P0^1;//pin 12RCLK
sbit P_HC595_SRCLK = P0^0;//pin 11SRCLK
/***************** 向HC595发送一个字节函数 ****************/
void Send_595(unsigned char dat)
{
    unsigned char i;
    for(i=0; i<8; i++)
    {
        dat <<= 1;
        P_HC595_SER   = CY;
        P_HC595_SRCLK = 1;
        P_HC595_SRCLK = 0;
    }
}
/********************* 显示函数 ************************/
void DisplayScan(unsigned char display_index, unsigned char display_data)
{
    Send_595(T_COM[display_index]);        //输出位码
    Send_595(t_display[display_data]);
    P_HC595_RCLK = 1;
    P_HC595_RCLK = 0;                      //锁存输出数据
}
/******* 定时器初始化程序 ********/
void Timer0Init(void)                      //1ms@11.0592MHz
{
    AUXR |= 0x80;                          //定时器时钟1T模式
    TMOD &= 0xF0;                          //设置定时器模式
    TL0 = 0xCD;                            //设置定时初值
    TH0 = 0xD4;                            //设置定时初值
    TF0 = 0;                               //清除TF0标志
    TR0 = 1;                               //定时器0开始计时
    ET0=1;
    EA=1;
}
void  shujuvhuli( )
{
```

```c
        LEDBuffer[0]= ADCSHU/1024+10;            // 小数点处理
            LEDBuffer[1]=（ADCSHU%1024)/100;
            LEDBuffer[2]=（ADCSHU%1024)%100/10;
            LEDBuffer[3]=（ADCSHU%1024)%100%10;
        }
        void   ADCchushihua( )
        { ch=7;
            ADC_RES=0;                          //ADC 结果寄存器清零
            P1ASF=0X80;                         //10000000,开启 ADC 输入通道
            ADC_CONTR = ADC_POWER | ADC_SPEEDLL |ch;
                                                //电源开、最低速、不启动 ADC、通道 7
            Delay1ms();                         //等配置完成,自己编写
            ADC_CONTR = ADC_POWER | ADC_SPEEDLL | ADC_START | ch;
                                                //电源开、最低速、启动 ADC、通道 7
            _nop_();                            //等待开启完成
            _nop_();
            _nop_();
            _nop_();
            _nop_();
            _nop_();
            AUXR1&=~0X20 ;
            EADC=1;
            EA=1;
        }
        unsigned int ADC( )                     //查询模式
        {unsigned char value;
        ADC_CONTR = ADC_POWER | ADC_SPEEDLL | ADC_START | ch;
        while(ADC_CONTR!=0X9f);                 //10011111,等待转换完
        value = ADC_RES<<2 + ADC_RESL;          //--- 读取高 10 位结果 ---ADC_CONTR=0X8f;
        return value;                           //保存转换结果
        }

        / *
        void adc_zd()interrupt   5              //中断模式
        {
        ADSHU= ADC_RES <<2 + ADC_RESL;
        ADC_CONTR &=~ADC_FLAG;
            _nop_();
            _nop_();
            _nop_();
            _nop_();
```

```
    _nop_();
    _nop_();
ADC_CONTR = ADC_POWER | ADC_SPEEDLL | ADC_START | ch;
}
*/

/****** 主函数 ********/
void main(void)
{ P1M0=0X03;//0000 0011
P1M1=0X20;//1000 0000   P17 是 AD 口
ADCchushihua();
Timer0Init();
while(1);
}

/******************* Timer0 1ms 中断函数 *******************/
void timer0 (void)interrupt 1
{
Ms++;
if(100== Ms)                     //100ms 读一次 ADC,并进行一次数据处理
{ Ms =0;
ADCSHU= ADC();                   //中断模式这句没有
shujuvhuli();
}
dtxs++;                          //动态显示,1ms 换一个数码管
if(dtxs>=5)dtxs=0;
DisplayScan(dtxs,LEDBuffer[dtxs]);
}
```

评估

(1)如果电位器接在 P1.6 上,程序如何改?

(2)如果在 P1.6、P1.7 有两路 0～5V 电压,需要在显示器上轮流显示它们的电压,程序如何设计?

(3)查找一个 16 位以上 AD 转换器芯片知识,学习其用法。

6.2.6 用 SPI 通信模块完成两台单片机间的通信

SPI 通信在很多单片机资料中出现过,不知道是干什么用的?

电脑每向主单片机发送一个字节数据,主单片机的 RS232 串口每收到一个字节就立刻将收到的字节通过 SPI 口发送到从单片机中;单片机收到这个数据,把数据加 1 后,通过 SP1 口送回主单片机;主单片机收到从单片机发回的一个字节,再把收到的这个字节通过 RS232 口发送到电脑。可以使用串口助手观察结果。

6.2.6.1 IAP15W4K58S4 单片机的 SPI 接口

IAP15W4K58S4 单片机内部集成了 SPI 接口。IAP15W4K58S4 单片机进行 SPI 通信时，主机和从机的选择由 SPEN、SSIG、SS 引脚（P1.4）和 MSTR 联合控制。主机和从机的选择如表 6-30 所示。

表 6-30 主机和从机的选择

SPEN	SSIG	$\overline{SS}$ P1.4	MSTR	主或从模式	MISO P1.6	MOSI 1.5	SCLK P1.7	备注
0	X	P1.4	X	SPI 功能禁止	P1.6	P1.5	P1.7	SPI 禁止。P1.4/P1.5/P1.6/P1.7 作为普通 I/O 口使用
1	0	0	0	从机模式	输出	输入	输入	选择作为从机
1	0	1	0	从机模式未被选中	高阻	输入	输入	未被选中。MISO 为高阻状态，以避免总线冲突
1	0	0	1→0	从机模式	输出	输入	输入	P1.4/$\overline{SS}$ 配置为输入或准双向口。SSIG 为 0。如果 $\overline{SS}$ 为低电平，则被选择作为从机。当 $\overline{SS}$ 变为低电平时，则 MSTR 清零。当 $\overline{SS}$ 处于输入模式时，如被驱动为低电平且 SSIG=0，MSTR 位自动清零
1	0	1	1	主(空闲)	输入	高阻	高阻	当主机空闲时，MOSI 和 SCLK 为高阻态以避免总线冲突。用户必须将 SCLK 上拉或下拉（根据 CPOL 的取值）以避免 SCLK 出现悬浮状态
				主(激活)	输入	输出	输出	作为主机激活时，MOSI 和 SCLK 为推挽输出
1	1	P1.4	0	从	输出	输入	输入	
			1	主	输入	输出	输出	

6.2.6.2 SPI 相关的特殊功能寄存器

（1）SPI 控制寄存器（SPCTL）

SPCTL（复位值为 00H）各位功能见表 6-31。

笔记

表 6-31 SPCTL 各位功能

位号	D7	D6	D5	D4	D3	D2	D1	D0
位名称	SSIG	SPEN	DORD	MSTR	CPOL	CPHA	SPR1	SPR0

SSIG：$\overline{SS}$ 引脚忽略控制位。

　　1：由 MSTR 位确定器件为主机还是从机。

　　0：由 $\overline{SS}$ 脚确定器件为主机还是从机。$\overline{SS}$ 脚可作为 I/O 口使用，参见表 6-14。

SPEN：SPI 使能位。

　　1：SPI 使能。

　　0：SPI 被禁止，所有 SPI 引脚都作为 I/O 口使用。

DORD：设定数据发送和接收的位顺序。

　　1：数据字的最低位（LSB）最先传送。

　　0：数据字的最高位（MSB）最先传送。

MSTR：SPI 主/从模式选择位。

CPOL：SPI 时钟极性。

　　1：SPI 空闲时 SCK=1。SCK 的前时钟沿为下降沿，而后沿为上升沿。

　　0：SPI 空闲时 SCK=0。SCK 的前时钟沿为上升沿，而后沿为下降沿。

CPHA：SPI 时钟相位选择控制。

1：数据在 SCK 的前时钟沿驱动到 SPI 口线，SPI 模块在后时钟沿采样。

0：数据在 SS 为低（SSIG＝00）时驱动到 SPI 口线，在 SCK 的后时钟沿被改变，并在前时钟沿被采样（注：SSIG＝1 时的操作未定义）。

SPR1：与 SPR0 联合构成 SPI 时钟速率选择控制位。

SPR0：与 SPR1 联合构成 SPI 时钟速率选择控制位。SPI 时钟频率的选择如表 6-32 所示。其中，t_{CLK} 是 CPU 时钟。

表 6-32 SPI 时钟频率的选择

SPR1	SPR0	时钟（SCLK）	SPR1	SPR0	时钟（SCLK）
0	0	$t_{CLK}/4$	1	0	$t_{CLK}/64$
0	1	$t_{CLK}/16$	1	1	$t_{CLK}/128$

（2）SPI 状态寄存器（SPSTAT）

SPSTAT（复位值为 00XXXXXXB）各位功能见表 6-33。

表 6-33 SPSTAT 各位功能

位号	D7	D6	D5	D4	D3	D2	D1	D0
位名称	SPIF	WCOL	—	—	—	—	—	—

SPIF：SPI 传输完成标志。

当一次传输完成时，SPIF 置位。此时，如果 SPI 中断被打开［即 ESPI(IE2.1)＝1,EA(IE.7)＝1］，则产生中断。当 SPI 处于主模式且 SSIG＝0 时，如果 SS 为输入并被驱动为低电平，则 SPIF 也将置位，表示"模式改变"。SPIF 标志通过软件向其写入 1 而清零。

WCOL：SPI 写冲突标志。

当一个数据还在传输，又向数据寄存器 SPDAT 写入数据时，WCOL 被置位。WCOL 标志通过软件向其写入 1 而清零。

（3）SPI 数据寄存器（SPDAT）

SPDAT（复位值为 00H）各位功能见表 6-34。

表 6-34 SPDAT 各位功能

位号	D7	D6	D5	D4	D3	D2	D1	D0
位名称	MSB							LSB

D7～D0：保存 SPI 通信数据字节。其中，MSB 为最高位，LSB 为最低位。

6.2.6.3 SPI 接口的编程要点

SPI 接口的使用包括 SPI 接口的初始化程序和 SPI 中断服务程序的编写。

SPI 接口的初始化包括以下几个方面：

① 通过 SPI 控制寄存器 SPCTL 设置：SS 引脚的控制、SPI 使能、数据传送的位顺序、设置为主机或从机、SPI 时钟极性、SPI 时钟相位、SPI 时钟选择。

② 清零寄存器 SPSTAT 中的标志位 SPIF 和 WCOL（向这两个标志位写 1 即可清零）。

③ 开放 SPI 中断（IE2 中的 ESPI＝1，IE2 寄存器不能位寻址，可以使用"或"指令）。

④ 开放总中断（IE 中的 EA＝1）。

SPI 中断服务程序根据实际需要进行编写。唯一需要注意的是，在中断服务程序中首先需要将标志位 SPIF 和 WCOL 清零，因为 SPI 中断标志不会自动清除。

6.2.6.4 用 SPI 通信模块完成两台单片机间的通信电路

该通信电路如图 6-22 所示。

6.2.6.5 用 SPI 通信模块完成两台单片机间的通信程序

分析：经计算，当 FOSC=18.432MHz，PCON7=0（波特率不加倍），波特率为 57600bps 时的重装时间常数为 FFD8H。在主机的主程序中，使用中断的方法检查 UART 口是否接收到数据。

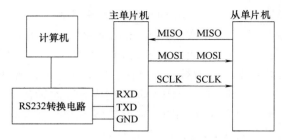

图 6-22 单主机-单从机 SPI 通信实验电路图

（1）主单片机程序

C 语言程序如下：

```c
#include "stc15w.h"
#define FOSC           18432000L
#define BAUD           (256-FOSC/32/115200)
#define SPEN           0x40        //SPCTL.6
#define MSTR           0x10        //SPCTL.4
#define ESPI           0x02        //IE2.1
sbit SPISS=  P1^1;                 //SPI从机选择口，连接到其他MCU的SS口
/************串口初始化函数******************/
void InitUart()
    {
        SCON = 0x5a;              //设置串口为8位可变波特率
        T2L = 0xd8;               //设置波特率重装值
        T2H = 0xff;               //115200 bit/s(65536-18432000/4/115200)
        AUXR = 0x14;              //T2为1T模式，并启动定时器2
        AUXR |= 0x01;             //选择定时器2为串口1的波特率发生器
    }
/************SPI初始化函数******************/
void InitSPI()
    {
        SPDAT = 0;                //初始化SPI数据
        SPSTAT = SPIF | WCOL;     //清除SPI状态位
        SPCTL = SPEN | MSTR;      //主机模式
    }
/************串口发送函数****************/
void SendUart(unsigned char dat)
    {
        while(!TI);               //等待发送完成
        TI = 0;                   //清除发送标志
        SBUF = dat;               //发送串口数据
    }
```

/************SPI中断函数*****************/
```c
void spi_isr() interrupt 9 using 1      //SPI中断服务程序9(004BH)
{
    SPSTAT = SPIF | WCOL;               //清除SPI状态位
    SPISS = 1;                          //拉高从机的SS
    SendUart(SPDAT);                    //返回SPI数据
}
```
/************串口接收函数*****************/
```c
unsigned char RecvUart()
{
    while(!RI);                         //等待串口数据接收完成
    RI = 0;                             //清除接收标志
    return SBUF;                        //返回串口数据
}
```
/************主函数*****************/
```c
void main()
{
    InitUart();                         //初始化串口
    InitSPI();                          //初始化SPI
    IE2 |= ESPI;
    EA = 1;

    while(1)
    {
                                        //主机接收串口数据并发送给从机,同时从机接
                                        // 收SPI数据并回传给PC
        ACC = RecvUart();
        SPISS = 0;                      //拉低从机的SS
        SPDAT = ACC;                    //触发SPI发送数据
    }
}
```
(2) 从单片机程序（请读者自行完成）

评估

编写从单片机程序。

6.3 产品设计制作

6.3.1 按照合同，完成项目

对于增强型单片机来讲，充分使用其内部资源可以为我们节省电路设计的开销，简便程

序的设计,可以说优点非常多。这也是单片机的发展方向之一。

实施建议:

(1) 充分理解每一个功能的内部结构原理,多研读其寄存器控制结构图,可以为我们编程和理解它的用法带来很多便利。

(2) 特别强调一点就是中断的处理。因为功能多,难免会出现中断嵌套,所以中断的优先级和中断标志位的处理一定要严谨。

(3) 由于单片机内部数据存储器很小,还要给堆栈留出一定的余地,因此数据的存储尽量放在 SRAM 中。

6.3.2 作品交付与向上级汇报

① 这个项目是选做。

② 小组讨论,主要问题如下:

a. 用实例说明单片机中初始化程序的功能有哪些?

b. 说明完成这个单片机项目应按照什么步骤进行?

c. 各个功能,如何协调?

d. 你在完成项目过程中,走了哪些弯路?把你的经验收获,和大家分享一下。

③ 提交项目报告。

④ 和上级汇报工作。

6.3.3 档案整理和自我总结

同学们自我完成。

6.4 填写产品可以上线确认单

新品名称/规格:简易电压表　　　　　新品客户:

新品上线日期:　　　　　　　　　　　新品负责人:

分类	确认操作	确认人签字	其他备注
人	新元件下发至采购部门		
	采购部门已经理解具体元件和设备的购买参数		
	电路图下发至 PCB 生产部门		
	PCB 生产部门已经理解具体操作步骤		
	PCB 电路图下发至焊接部门		
	焊接部门已经理解具体操作步骤		
	程序注入部门理解具体操作步骤		
	质检试验要求下发至质检试验部门		
	质检试验部门已经理解具体操作步骤		
	包装方法下发至包装部门		
	包装部门已经理解具体操作步骤		
	库房部门确认人员就位		
机	PCB 生产部门工具可以支持新品生产		
	PCB 生产部门设备可以支持新品生产		
	焊接部门工具可以支持新品生产		
	焊接部门设备可以支持新品生产		
	程序注入部门设备可以支持新品生产		

续表

分类	确认操作	确认人签字	其他备注
机	质检试验工具可以支持新品生产		
	质检试验设备可以支持新品生产		
	包装部门工具可以支持新品生产		
	包装部门设备可以支持新品生产		
	库房确认新品货架和运输工具到位		
料	库房新品主料已经到位		
	库房新品辅料已经到位		
	库房新品包材已经到位		
法	技术部新品标准技术审核		
	品控组新品放行标准确认		
	计划部新品可安排生产计划		
环	环境因素不会影响新品生产		
	环境因素不会影响新品首次送货		

注：若该新品有未发生变化的地方，签字部分和备注均记录"NA"。

产品七

多功能智能控制器

7.1 领取任务

单片机作为通用的控制芯片,它可以用于工业、民用控制的方方面面。在它获得广泛应用的同时,与之配套的应用于不同场合的功能模块也在不断涌现。这些产品、器件的应用也是我们需要掌握的内容之一。

目前,智能模块的使用越来越广泛,比如超声波距离测量模块、语音模块、电子罗盘、各种无线通信模块、数字音量调节模块、各种专用 AD 模块等,它们把很多高科技以电路模块的形式,变成大众可以方便使用的器件。使用这些模块时,除了要关注它们的功能、参数、适用场合等自身参数以外,还特别要注意它们是如何与单片机进行通信的。

今天,我们就一起来做一个多功能的控制器。设计一个智能家居系统,有万年历、室内温度显示、自动窗帘、遥控灯光、自动门、自动开启空调等功能。

(1) 任务内容(以实际条件为准)

功能如下:同学们补充____。

(2) 任务指标(以实际条件为准)

同学们补充____。

(3) 任务完成时限(以实际条件为准)

即日起,10 天内完成。

(4) 任务条件(本书条件)

根据自己做的任务,自行准备。

(5) 合同(略)

7.2 用单总线传感器 DS18B20 控制热水器的水温

王晓明同学在超市看到很多钟表上都有温度显示。通过查资料,发现很多钟表里都用到 DS18B20 温度传感器。看了 DS18B20 的技术资料后,他不明白的是:DS18B20 只有一根数据线,要传递的温度是很多位的,这个数据是如何传递的?单片机又是如何读取温度值的呢?

(1) 用 DS18B20 温度传感器测量教室内温度,并在数码管上显示出来,结果要保留两位有效数字。

(2) 设计一个水箱水温控制器,水温控制在 (40±1)℃。

7.2.1 单总线介绍

单总线(1-Wire)采用单根信号线,既传输时钟,又传输数据而且数据传输是双向的总线。它具有节省 I/O 口线资源、结构简单、成本低廉、便于总线扩展和维护等诸多优点。

单总线是由一个主机、一个或多个从机组成的系统，通过一根信号线，主机和从机进行数据的交换，每一个接入系统的从机都有一个唯一的地址号，保证通信不出错。因此其协议特点是对时序的要求较严格，包括复位（启动）、应答、写一位、读一位的时序，都有明确的时间长度要求。在复位及应答时序中，主器件发出复位信号后，要求从器件在规定的时间内送回应答信号；在位读和位写时序中，主器件要在规定的时间内读回或写出数据。

用单总线传感器 DS18B20 控制热水器的水温

（1）硬件结构

顾名思义，单总线只有一根数据线。设备主机或从机通过一个漏极开路或三态端口连接至该数据线，这样允许设备在不发送数据时释放数据总线，以便总线被其他设备所使用。单总线端口为漏极开路。

单总线要求外接一个约 5kΩ 的上拉电阻，这样单总线的空闲状态为高电平，空闲时间没有限制，只要总线是高电平。如果总线保持低电平超过 $480\mu s$（具体多长时间看从机相关手册），总线上的所有器件将被复位。另外，如果从机设备要使用这根总线来供电（称为寄生方式供电）的话，为了保证从机在某些工作状态下（如温度转换期间、EEPROM 写入等），具有足够的电源电流必须在总线上提供强上拉。

（2）单总线通信原理

单总线通信协议定义了如下几种类型，即复位脉冲、应答脉冲、写 0、写 1、读 0 和读 1，除了应答脉冲外，所有的信号都由主机发出同步信号（首先把总线拉成低电平），并且发送的所有的命令和数据都是字节的低位在前。

图 7-1 为单总线通信协议复位脉冲和应答脉冲时序图。复位时，主机首先把总线拉成低电平，当下降沿一出现，从机开始对低电平计时，计时时间为 $480\mu s$ 的低电平后，等待总线变高电平，当主机把总线拉成高电平时，复位脉冲结束。从机等待高电平时间在 $15\mu s$ 后，从机拉低总线，主机检测到下降沿，开始计时，当总线低电平时间达到 $60\mu s$ 时，主机等待从机释放总线，总线变高电平时，主机认为从机应答结束。主机开始发命令。

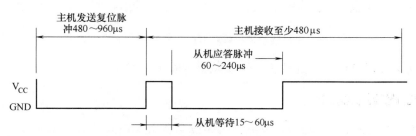

图 7-1　单总线通信协议复位脉冲和应答脉冲时序图

复位脉冲是主设备以广播方式发出的，因而总线上所有的从设备会同时发出应答脉冲。一旦器件检测到应答脉冲后，主设备就认为总线上已连接了从设备，接着主设备将发送有关的功能命令。如果主设备未能检测到应答脉冲，则认为总线上没有挂接单总线从设备。

如图 7-2 所示，主机采用写 1 时序向从机写入 1，而采用写 0 时序向从机写入 0。所有写时序至少要 $60\mu s$，且在两次独立的写时序之间至少需要 $1\mu s$ 的恢复时间。两种写时序均起始于主机拉低数据总线开始。

主机写 1 时序的方式：主机拉低总线后，接着必须在 $15\mu s$ 之内释放总线，由上拉电阻

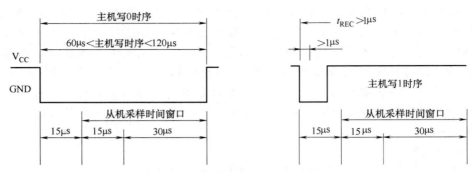

图 7-2 单总线通信协议写时序（包括 1 和 0）图

将总线拉至高电平；产生写 0 时序的方式为在主机拉低后，只需要在整个时间保持低电平即可（至少 60μs）。在写时序开始 15μs 后的期间，单总线器件采样为高电平状态。如果在此期间采样值为高电平，则逻辑 1 被写入器件；如果为 0，写入逻辑 0。

如图 7-3 所示，对于读时序，单总线器件仅在主机发出读时序时，从机才向主机传输数据。在主机发出读时序之后，单总线器件才开始在总线上发送 0 或 1。所有读时序至少需要 60μs，且在两次独立的读时隙之间至少需要 1μs 的恢复时间。每个读时序都由主机发起，至少拉低总线 1μs。若从机发送 1，则保持总线为高电平；若发出 0，则拉低总线。

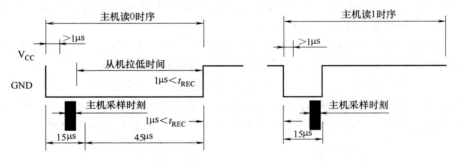

图 7-3 单总线通信协议读时序（包括读 0 或读 1）图

对于系统来讲，具体是写还是读，取决从机的指令要求。

7.2.2 DS18B20 简介

由于 DS18B20 是采用一根 I/O 总线读写数据，因此，DS18B20 对读写数据位也有严格的时序要求。

（1）简介

DS18B20 是美国 DALLAS 公司生产的单总线智能数字温度传感器，可以把温度信号直接转换成串行数字信号送给单片机。其功能概述如下：

● 独特的单总线接口，仅需一个端口引脚进行通信，其引脚图如图 7-4 所示。
● 简单的多点分布应用，每个 DS18B20 有唯一的 64 位序号，该序号存储在各自的 ROM 中。所以，同一根信号线上可以同时挂接多个 DS18B20。
● 测温范围 −55～+125℃，以 0.5℃ 递增。华氏温度 −67～+257°F，以 0.9°F 递增。
● 温度以 9 位数字量读出，并且带有符号位。

- 温度数字量转换时间 200ms（典型值）。
- 用户可定义的非易失性温度报警设置，DS18B20 内部有 2 个字节 RAM 用来存放检测到的温度值，分辨率为 1/16。
- 应用于包括温度控制、工业系统、消费品、温度计或任何符合其工作条件的热感测量系统中。

（2）引脚排列

DS18B20 引脚结构如图 7-4 所示。

（3）温度存放

温度数据以补码形式存放，共 16 位，如表 7-1 所示。

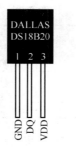

图 7-4　DS18B20 引脚结构
GND—地线；DQ—数据 I/O；
VDD—电源

表 7-1　数据存放形式

15	14	13	12	11	10	9	8	7	6	5	4	3	2	1	0
x	x	x	x	x	x	x	x	x	x	x	x	x	x	x	x

其中：15～11 位　表示温度值的符号。全 0 表示正温度。全 1 表示负温度。
　　　10～4 位　表示检测到温度的整数部分。
　　　3～0 位　表示检测到温度的小数部分。

（4）实际温度的计算方法

首先看高 5 位（15～11）全为 0 是正温度，全为 1 是负温度，剩下 11 位按权展开。

【例 7-1】：读到的 16 位温度值为：0000 0011 1101 0011，实际温度是多少？

答：先进行功能划分：0000 0　011 1101 0011，符号位、温度的整数部分、温度的小数部分。然后计算：符号位为 0，所以温度为正。

温度的整数部分为：

$0\times2^6+1\times2^5+1\times2^4+1\times2^3+1\times2^2+0\times2^1+1\times2^0+0\times2^{-1}+0\times2^{-2}+1\times2^{-3}+1\times2^{-4}=61.1875(℃)$

因为温度为正，所以补码与原码相同，可直接按权展开：

温度：61.1875℃。

【例 7-2】：读到的 16 位温度值为：1111 1 100 1001 0000，求实际温度是多少？

答：符号位全为 1 说明是负温度，应该首先求出其原码：

取反得：0000001101101111

再加 1 后得：0000001101101111+1＝0000 0 011 0111 0000

按权展开得：

$0\times2^6+1\times2^5+1\times2^4+0\times2^3+1\times2^2+1\times2^1+1\times2^0+0\times2^{-1}+0\times2^{-2}+0\times2^{-3}+0\times2^{-4}=55(℃)$

温度：－55℃。

（5）DS18B20 控制指令

DS18B20 的控制指令，如表 7-2 所示。

表 7-2　DS18B20 的控制指令

指令	代码	操作说明
温度转化	44H	开始启动 DS18B20 温度转换
读 ROM	33H	读 ROM 内存
匹配 ROM	55H	对指定器件操作

续表

指令	代码	操作说明
跳过	CCH	跳过器件识别
读暂存器	BEH	读暂存器内容
写暂存器	4EH	将数据写入暂存器的 TH、TL 字节
复制暂存器	48H	把暂存器的 TH、TL 字节写到 EEPROM
重新调用 EEPROM	B8H	把 EEPROM 中的 TH、TL 字节写到暂存器的 TH、TL 字节

例如，向 DS18B20 发送 0x44 命令，则 DS18B20 启动温度转换。

（6）程序流程图（只有一个从机）

图 7-5 为 DS18B20 控制流程图。

图 7-5 DS18B20 控制流程图

注意：不论是读出还是写入都是低位在前。

7.2.3 用单总线传感器 DS18B20 控制热水器的水温电路图

图 7-6 为 DS18B20 温度测量电路和声音提示电路，显示部分电路图参照产品三，热水器接在继电器上电路图自己完成。

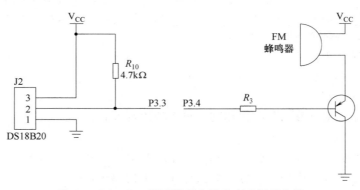

图 7-6 DS18B20 温度测量电路和声音提示电路

7.2.4 用单总线传感器 DS18B20 控制热水器的水温程序

```
//读取DS18B20的温度值显示在数码管上,保留2位小数
#include "stc15fxxxx.h"
#include <intrins.h>
#define LED_TYPE 0x00              //定义 LED 类型, 0x00--共阴
sbit DQ = P2^5;                    //--- DS18B20 引脚声明 ---
sbit reshuiqi = P2^7;              //--- 热水器引脚声明 ---
sbit P_HC595_SER   = P4^0;//pin 14 SER
sbit P_HC595_RCLK  = P5^4;//pin 12 RCLK
sbit P_HC595_SRCLK = P4^3;//pin 11 SRCLK
```

```c
bit sflag;
unsigned int sCnt = 0;
unsigned char Buffer[2];
unsigned char LEDBuffer[8];              //--- 定义的数码管显示缓冲区 ---
unsigned char LEDPointer;

/************ 数码管显示定义 **************/
unsigned char code t_display[]={         //标准字库
//   0    1    2    3    4    5    6    7    8    9    0.   1.   2.   3.   4.   5.   6.   7.
    0x3F,0x06,0x5B,0x4F,0x66,0x6D,0x7D,0x07,0x7F,0x6F,0xBF,0x86,0xDB,0xCF,0xE6,0xED,0xFD,0x87,
    0xFF,0xEF,0x40,0x00};                //    8.   9.   -   black

unsigned char code T_COM[]={0x01,0x02,0x04,0x08,0x10,0x20,0x40,0x80};
                                         //位码
unsigned char code dotcode[32]=
{0,3,6,9,12,16,19,22,25,28,31,34,38,41,44,48,50,53,56,59,63,66,69,72,75,78,81,84,88,91,94,97};
unsigned char  shezhiwendu;//设置温度
/************ 向HC595发送一个字节函数 **************/
void Send_595(unsigned char dat)
{ …… }
/************ 显示函数 **************/
void DisplayScan(unsigned char display_index)
{ …… }
/************ 延时函数 **************/
void Delay600μs()                        //@12.000MHz   延时600μs
{…… }
void Delay40μs()                         //@12.000MHz   延时40μs
{…… }
void Delay200μs()                        //@12.000MHz   延时200μs
{…… }
void Delay30μs()                         //@12.000MHz   延时30μs
{…… }
void Delay375μs()                        //@12.000MHz   延时375μs
{…… }
void Delay60μs()                         //@12.000MHz   延时60μs
{…… }
void Delay90μs()                         //@12.000MHz   延时90μs
{…… }
```

```c
/************* DS18B20 复位时序函数 **************/
bit ResetDS18B20(void)
{
    unsigned char i;
    unsigned char  answerflag;
    DQ=1;                               //拉高总线
    _nop_();                            //延时 短暂延时
    _nop_();                            //延时 短暂延时
    _nop_();                            //延时 短暂延时
    _nop_();                            //延时 短暂延时
    DQ=0;                               //拉低总线
    Delay600μs();    //延时 480~960μs
    DQ=1;                               //拉高总线 延时15~60μs 后等待 DS18B20
                                        //  响应
    Delay40μs();
    answerflag=DQ;                      //采集应答信号
    Delay200μs();
    Delay375μs();
    return answerflag;
}
/************* 写 DS18B20 命令函数 **************/
void WriteDS18B20(unsigned char dat)
{
    unsigned char j;
    bit testb;
    for(j=1;j<=8;j++)
    {
        DQ=1;
        _nop_();
        _nop_();                        //延时 短暂延时
        _nop_();                        //延时 短暂延时
        _nop_();                        //延时 短暂延时
        testb=dat&0x01;
        dat=dat>>1;
        if(testb)                       //写 1
        {
            DQ=0;
            _nop_();_nop_();
            _nop_();_nop_();
            _nop_();_nop_();
```

```c
                _nop_();_nop_();
                DQ=1;
                Delay60μs();
            }
            else
            {
                DQ=0;                              //写 0
                Delay90μs();
                DQ=1;
                _nop_();_nop_();
                _nop_();_nop_();
            }
        }
    }
}
/************** 读一位函数 ***************/
bit tempreadbit(void)
{
    bit dat;
    DQ=1;                           //将数据线拉高
    _nop_();_nop_();                //延时 2μs
    DQ=0;                           //将数据线拉低
    _nop_();_nop_();                //延时 6μs
    _nop_();_nop_();
    _nop_();_nop_();
    DQ=1;                           //数据线拉高
    dat=DQ;                         //读回数据线上面的状态
    Delay30μs();                    //延时 30μs
    return (dat);
}
/************* 读 DS18B20 存储器里的数据函数 **************/
unsigned char ReadDS18B20(void)
{
    unsigned char i,j,dat;
    dat=0;
    for(i=1;i<=8;i++)
    {
        j=tempreadbit();
        dat=(j<<7)|(dat>>1);        //读出的数据最低位在最前面,这样刚好一个字
                                    //  节在 DAT 里
    }
```

```c
        return(dat);
}
/************* 自己添加温度设置的程序 **************/
/************ 主函数 **************/
void main(void)
{
bit    gaowen,diwen;
    自己编                              //--- T0 定时 10ms 的初始化程序---
    ET0 = 1;                            //--- 允许 T0 溢出中断 ---
    while(ResetDS18B20());
    WriteDS18B20(0xcc);
    WriteDS18B20(0x44);
    EA = 1;
延时 10ms;                               //等待读来实际温度值
if(result>shezhiwendu)gaowen=1;
if(result<=shezhiwendu)gaowen=0;
    while(1)
      {
        if(((result-shezhiwendu)>1)&&( gaowen==1))//热水器停止加热
          {
          reshuiqi=1;                   // reshuiqi 热水器加热继电器对应引脚
          gaowen=0;
          }//热水器停止加热,这样编程可不可以？
        if(((shezhiwendu-result)>1)&&( gaowen==0))//热水器加热
          {
          reshuiqi=0;                   //reshuiqi 热水器加热继电器对应引脚
          gaowen=1;
          }//热水器加热,这样编程可不可以？
      }
}

/************* 定时器 T0 溢出中断服务程序 **************/
void T0_ISR(void)interrupt 1            //--- T0 定时 10ms 溢出中断服务程序 ---
{
    unsigned char x;
    unsigned int result;
    DisplayScan(LEDPointer);            //动态显示
    if((++LEDPointer)== sizeof(LEDBuffer))   LEDPointer = 0;
    sCnt ++;
    if(1000 == sCnt)
```

```c
{
    sCnt = 0;
    while(ResetDS18B20());                  //--- 复位 DS18B20 ---
    WriteDS18B20(0xcc);
    WriteDS18B20(0xbe);                     //--- 向 DS18B20 发送读命令 ---
    Buffer[0] = ReadDS18B20();              //--- 从 DS18B20 内读数据 ---
    Buffer[1] = ReadDS18B20();
    for(x=0;x<8;x++)LEDBuffer[x]=21;        //--- 清显示缓冲区 ---
    sflag = 0;
    if((Buffer[1] & 0xf8)! = 0x00)          //--- 判断是否为负温度 ---
      {
        sflag = 1;                          //--- 置为负温度标志 ---
        Buffer[1] = ~Buffer[1];             //--- 数据取反加 1 处理 ---
        Buffer[0] = ~Buffer[0];
        result = Buffer[0] + 1;
        Buffer[0] = result;
        if(result > 255)Buffer[1] ++;
      }
Buffer[1] <<= 4;                            //--- 转换为有效的数值 ---
Buffer[1] &= 0x70;
x = Buffer[0];
x >>= 4;
x &= 0x0F;
Buffer[1] |= x;
x = 2;
result = Buffer[1];
while(result / 10)                          //--- 将有效值送入显示缓冲区域---
    {
        if(x==2)LEDBuffer[x]=result % 10+10;   //小数点显示
        else     LEDBuffer[x] = result % 10;
        result=result/10;
        x++;
    }
LEDBuffer[x] = result;
if(sflag == 1)LEDBuffer[x + 1] = 17;        //--- 若是负温度则在有效值前显示
                                                 "—"号 ---
x = Buffer[0] & 0x0f;
x <<= 1;
LEDBuffer[0] = (dotcode[x])% 10;            //--- 有效的小数值送显示缓冲区 ---
LEDBuffer[1] = (dotcode[x])/ 10;
```

```
            while(ResetDS18B20());              //--- 复位 DS18B20 ---
            WriteDS18B20(0xcc);
            WriteDS18B20(0x44);                 //--- 发送温度转换命令 ---
        }
    }
```

说明：如果只做温度显示，主程序是空的。

评估

（1）把当前温度显示在数码管上，如果温度大于 41℃ 蜂鸣器开始报警。
（2）把温度传送到电脑上，采用串口调试助手接收。
（3）我们是如何进行数据转换的？
（4）解释温度双位控制的特点。

7.3 用 I²C 总线芯片 PCF8563 设计一个日历时钟

I²C 总线芯片 PCF8563 设计一个日历时钟

日历已经是我们生活中不可少的事物，电脑上有，手机上有。最让人疑惑的是：无论几天没开机，日历也总是最新的，那它是如何更新的呢？

目标：通过学习和训练，你将能够：掌握 I²C 总线使用方法；PCF8563 时钟芯片的用法；设计完成一个万年历时钟。

任务：用 PCF8563 时钟芯片做一个日历时钟，要求能在数码管显示：小时-分钟-秒，并且能调整时间。

（1）想一想、写一写
① 什么是 I²C 总线？它的传输协议是怎样的？
② PCF8563 芯片都有哪些功能？
③ 向 PCF8563 芯片内部存入一个数据的流程是怎样的？
④ 从 PCF8563 芯片内部读出一个数据的流程是怎样的？
⑤ 比较单总线和 I²C 总线的优劣。

（2）做一做
完成本任务后总结经验。

7.3.1 I²C 总线的基础知识

I²C 总线 (Inter IC BUS) 是 PHILIPS 公司推出的芯片间串行传输总线。I²C 总线是一种双向二线制总线，它的结构简单，可靠性和抗干扰性能好。目前很多公司都推出了基于 I²C 总线的外围器件，例如我们将要学习的 24C02 芯片，就是一个带有 I²C 总线接口的 EEPROM 存储器，具有掉电记忆的功能，方便进行数据的长期保存。

（1）I²C 总线结构

I²C 总线结构很简单，只有两条线，包括一条数据线（SDA）和一条串行时钟线（SCL）。具有 I²C 接口的器件可以通过这两根线接到总线上，进行相互之间的信息传递。连接到总线的器件具有不同的地址，CPU 根据不同的地址进行识别，从而实现对硬件系统简单灵活的控制。I²C 总线系统结构如图 7-7 所示。

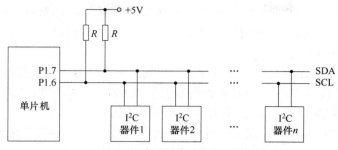

图 7-7　I^2C 总线系统结构图

其中，SCL 是时钟线，SDA 是数据线。总线上的各器件都采用漏极开路结构，与总线相连，因此，SCL、SDA 均需接上拉电阻，上拉电阻的典型值是 $10k\Omega$。总线在空闲状态下均保持高电平。

I^2C 总线支持多主和主从两种工作方式，通常为主从工作方式。在主从工作方式中，系统中只有一个主器件（单片机），总线上其他器件都是具有 I^2C 总线的外围从器件。在主从工作方式中，主器件启动数据的发送（发出启动信号），产生时钟信号，发出停止信号。为了实现通信，每个从器件均有一个唯一的器件地址。

（2）数据传输协议

SDA 传送数据是以字节为单位进行的。每个字节必须是 8 位，但是传输的字节数量不受限制，首先传送的是数据的最高位。每次传送一个字节完毕，必须接收到从机发出的一个应答位，才能开始下一个字节的传输。如果没有接收到应答位，主机则产生一个停止条件结束本次的传送。那么从机应该发出什么信号算是产生了应答呢？这个过程是这样的。当主器件传送一个字节后，在第 9 个 SCL 时钟内置高 SDA 线，而从器件的响应信号将 SDA 拉低，从而给出一个应答位。

IC 总线的数据传输协议如下：

① 主器件发出开始信号——起始信号。

② 主器件发出第一个字节，用来选通相应的从器件。其中前 7 位为地址码，第 8 位为方向位（R/W）。方向位为"0"表示发送，方向位为"1"表示接收。

③ 从器件产生应答信号，进入下一个传送周期，如果从器件没有给出应答信号，此时主器件产生一个结束信号使得传送结束，传送数据无效。

④ 接下来主、从器件正式进行数据的传送，这时在 I^2C 总线上每次传送的数据字节数不限，但每一个字节必须为 8 位（传送的时候先送高位，再送低位）。当一个字节传送完毕时，再发送一个应答位（第 9 位），这样每次传送一个字节都需要 9 个时钟脉冲。数据的传送时序图如图 7-8 所示。

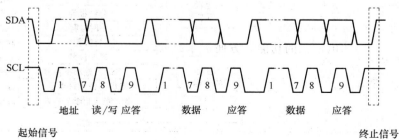

图 7-8　数据的传送时序图

a. 发送起始信号。在利用 I²C 总线进行一次数据传输时，首先由主机发出启动信号启动 I²C 总线。在 SCL 为高电平期间，SDA 出现上升沿则为启动信号。此时具有 I²C 总线接口的从器件会检测到该信号。

b. 发送寻址信号。主机发送启动信号后，再发出寻址信号。寻址信号高 7 位为地址位，最低位为方向位，用以表明主机与从器件的数据传送方向。方向位为"0"，表明主机对从器件的写操作；方向位为"1"时，表明主机对从器件的读操作。

c. 应答信号。I²C 总线协议规定，每传送一个字节数据（含地址及命令字）后，都要有一个应答信号，以确定数据传送是否正确。应答信号由接收设备产生，在 SCL 信号为高电平期间，接收设备将 SDA 拉为低电平，表示数据传输正确，产生应答。

d. 数据传输。主机发送寻址信号并得到从器件应答后，便可进行数据传输，每次一个字节（高位在前），但每次传输都应在得到应答信号后再进行下一字节传送。如果在较长的时间没有收到从机的应答就认为从机已正确接收了数据（这点可以由编程人员自己决定）。

e. 非应答信号。当主机为接收设备时，主机对最后一个字节不应答，以向发送设备表示数据传送结束。

f. 发送终止信号。在全部数据传送完毕后，主机发送终止信号，即在 SCL 为高电平期间，SDA 上产生一上升沿信号。

7.3.2　PCF8563 芯片硬件介绍

PCF8563 是 PHILIPS 公司推出的一款工业级内含 I²C 总线接口功能的具有极低功耗的多功能时钟/日历芯片。PCF8563 的多种报警功能、定时器功能、时钟输出功能以及中断输出功能能完成各种复杂的定时服务，甚至可为单片机提供看门狗功能，是一款性价比极高的时钟芯片。它已被广泛用于电表、水表、气表、电话、传真机、便携式仪器以及电池供电的仪器仪表等产品领域。

图 7-9 为 PCF8563 内部结构图，图 7-10 为 PCF8563 芯片引脚图和引脚功能表。PCF8563

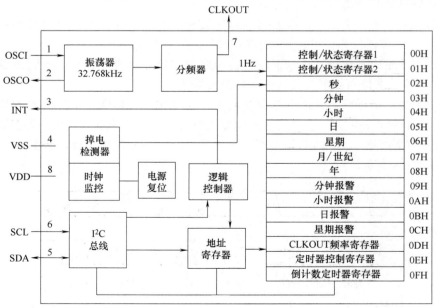

图 7-9　PCF8563 内部结构

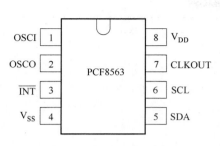

符号	管脚号	描述
OSCI	1	振荡器输入
OSCO	2	振荡器输出
INT	3	中断输出(开漏：低电平有效)
V_{SS}	4	地
SDA	5	串行数据I/O
SCL	6	串行时钟输入
CLKOUT	7	时钟输出(开漏)
V_{DD}	8	正电源

图 7-10　PCF8563 芯片引脚图和引脚功能表

内部包括 16 个 8 位寄存器、可自动增量的地址寄存器、内置 32.768Hz 的振荡器（带有一个内部集成的电容）、分频器（用于给实时时钟 RTC 提供源时钟）、可编程时钟输出、定时器、报警器、掉电检测器和 400kHz 的 I^2C 总线接口。

所有 16 个寄存器设计成可寻址的 8 位并行寄存器，但不是所有位都有用。前 2 个寄存器（内存地址 00H，01H）用于控制寄存器和状态寄存器，其中内存地址 02H～08H 用于时钟计数器（秒～年计数器），地址 09H～0CH 用于报警寄存器（定义报警条件），地址 0DH 控制 CLKOUT 引脚的输出频率，地址 0EH 和 0FH 分别用于定时器控制寄存器和定时器寄存器。秒、分钟、小时、日、月、年、分钟报警、小时报警、日报警寄存器，编码格式为 BCD，星期和星期报警寄存器不以 BCD 格式编码。当一个 RTC 寄存器被读时，所有计数器的内容将被锁存，因此，在传送条件下，可以禁止对时钟/日历芯片的错读。

每个寄存器的详细内容见表 7-3～表 7-5。

表 7-3　控制寄存器概况

地址	寄存器名称	Bit7	Bit6	Bit5	Bit4	Bit3	Bit2	Bit1	Bit0
00H	控制/状态寄存器 1	TEST	0	STOP	0	TESTC	0	0	0
01H	控制/状态寄存器 2	0	0	0	TI/TP	AF	TF	AIE	TIE
0DH	CLKOUT 频率寄存器	FE	—	—	—	—	—	FD1	FD0
0EH	定时器控制寄存器	TE	—	—	—	—	—	TD1	TD0
0FH	定时器倒计数值寄存器	定时器倒计数数值							

注：标明"—"的位无效，标明"0"的位应置逻辑 0。

表 7-4　时间相关 BCD 格式寄存器概况

地址	寄存器名称	Bit7	Bit6	Bit5	Bit4	Bit3	Bit2	Bit1	Bit0
02h	秒	VL	00～59BCD 码格式数						
03h	分钟	—	00～59BCD 码格式数						
04h	小时	—	—	00～59BCD 码格式数					
05h	日	—	—	01～31BCD 码格式数					
06h	星期	—	—	—	—	—	0～6		
07h	月/世纪	C	—	—	01～12BCD 码格式数				
08h	年	00～99BCD 码格式数							
09h	分钟报警	AE	00～59BCD 码格式数						
0Ah	小时报警	AE	—	00～23BCD 码格式数					
0BH	日报警	AE	—	01～31BCD 码格式数					
0CH	星期报警	AE	—	—	—	—	0～6		

表 7-5 控制/状态寄存器 1 位描述（地址 00H）

Bit	符号	描述
7	TEST1	TEST1=0:普通模式 TEST1=1:EXT_CLK 测试模式
5	STOP	STOP=0:芯片时钟运行 STOP=1:所有芯片分频器异步置逻辑 0:芯片时钟停止运行(CLKOUT 在 32.768kHz 时可用)
3	TESTC	TESTC=0:电源复位功能失效(普通模式时置逻辑 0) TESTC=1:电源复位功能有效
6,4,2,1,0	0	缺省值置逻辑 0

7.3.3 日历时钟电路

图 7-11 为 PCF8563 应用电路，显示电路图参照产品三。

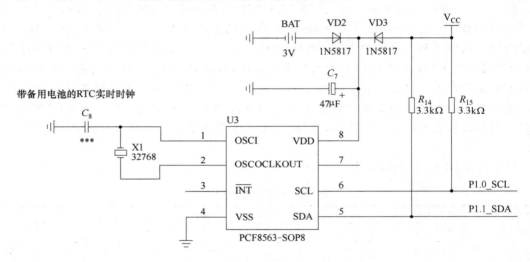

图 7-11 PCF8563 应用电路

7.3.4 日历时钟程序

```
/#include     "stc15fxxxx.h"
#define    LED_TYPE   0x00      //定义 LED 类型,0x00——共阴,0xff——共阳
#define FOSC 12000000
#define TIMER1MS   1000
#define SLAW   0xA2
#define SLAR 0xA3
#define DIS_DOT      0x20
#define DIS_BLACK   0x10
#define DIS_       0x11
/************* 本地常量声明   *************/
unsigned char code t_display[]={             //标准字库
//  0   1   2   3   4   5   6   7   8   9   A   B   C   D   E   F
```

0x3F,0x06,0x5B,0x4F,0x66,0x6D,0x7D,0x07,0x7F,0x6F,0x77,0x7C,0x39,0x5E,
0x79,0x71,
//black -   H   J   K   L   N o P   U   t   G   Q   r M   y
0x00,0x40,0x76,0x1E,0x70,0x38,0x37,0x5C,0x73,0x3E,0x78,0x3d,0x67,0x50,
0x37,0x6e,
　　0xBF,0x86,0xDB,0xCF,0xE6,0xED,0xFD,0x87,0xFF,0xEF,0x46}；　//
0.1.2.3.4.5.6.7.8.9.－1
　　unsigned char code T_COM[]={0x01,0x02,0x04,0x08,0x10,0x20,0x40,0x80}；
//位码
　　unsigned char code T_KeyTable[16] = {0,1,2,0,3,0,0,0,4,0,0,0,0,0,0,0}；
/************ IO口定义　**************/
　　sbit　P_HC595_SER = P4^0；　//pin 14　SER　　data input
　　sbit　P_HC595_RCLK = P5^4；　//pin 12　RCLK　store (latch) clock
　　sbit　P_HC595_SRCLK = P4^3；　//pin 11　SRCLK　Shift data clock
　　sbit　SDA= P1^1；　　　　　//定义 SDA　PIN5
　　sbit　SCL= P1^0；　　　　　//定义 SCL　PIN6
/************ 本地变量声明　**************/
　　unsigned char　LEDBuffer[8]；　　//显示缓冲
　　unsigned char　display_index；　//显示位索引
　　unsigned char　　LEDPointer；
　　unsigned char　IO_KeyState, IO_KeyState1, IO_KeyHoldCnt；　//行列键盘变量
　　unsigned char　cnt50ms；
　　unsigned char　KeyCode；
　　unsigned char　hour,minute,second；　//RTC 变量
　　unsigned int　msecond；
/******** 以下为时钟芯片函数 ***********/
　　void　I2C _ Delay(void)　　//for normal MCS51，　delay（2 * dly ＋ 4）T，for STC12Cxxxx delay（4 * dly ＋ 10）T
　　{
　　　unsigned char　dly；
　　　dly = 12000000L/ 2000000UL；　　//按 2μs 计算
　　　while(--dly)　；
　　}
/****************************/
　　void I2C_ Start(void)　　　　　　//start the I^{2}C，SDA High-to-low when SCL is high
　　{
　　　SDA = 1；
　　　I2C_Delay()；
　　　SCL = 1；
　　　I2C_Delay()；

```c
    SDA = 0;
    I2C_Delay();
    SCL = 0;
    I2C_Delay();
}
/****************************/
void I2C_Stop(void)              //STOP the I²C, SDA Low-to-high when SCL is high
{
    SDA = 0;
    I2C_Delay();
    SCL = 1;
    I2C_Delay();
    SDA = 1;
    I2C_Delay();
}
void S_ACK(void)                 //Send ACK (Low)
{
    SDA = 0;
    I2C_Delay();
    SCL = 1;
    I2C_Delay();
    SCL = 0;
    I2C_Delay();
}
/****************************/
void S_NoACK(void)               //Send No ACK (High)
{
    SDA = 1;
    I2C_Delay();
    SCL = 1;
    I2C_Delay();
    SCL = 0;
    I2C_Delay();
}
/****************************/
void I2C_Check_ACK(void)         //Check ACK, If F0=0, then right, if F0=1, then error
{
    SDA = 1;
    I2C_Delay();
    SCL = 1;
```

```
    I2C_Delay();
    F0  = SDA;
    SCL = 0;
    I2C_Delay();
}
/***************************/
void I2C_WriteAbyte(unsigned char dat)      //write a byte to I²C
{
    unsigned char i;
    i = 8;
    do
    {
        if(dat & 0x80)   SDA = 1;
        else             SDA = 0;
        dat <<= 1;
        I2C_Delay();
        SCL = 1;
        I2C_Delay();
        SCL = 0;
        I2C_Delay();
    }
    while(--i);
}
/***************************/
unsigned char I2C_ReadAbyte(void)       //read A byte from I²C
{
    unsigned char i,dat;
    i = 8;
    SDA = 1;
    do
    {
        SCL = 1;
        I2C_Delay();
        dat <<= 1;
        if(SDA)     dat++;
        SCL  = 0;
        I2C_Delay();
    }
    while(--i);
    return(dat);
}
```

```c
/*****************************/
void WriteNbyte(unsigned char addr, unsigned char * p, unsigned char number)
/*   WordAddress,First Data Address,Byte lenth   */
                              //F0=0,right, F0=1,error
{
  I2C_Start();
  I2C_WriteAbyte(SLAW);
  I2C_Check_ACK();
  if(! F0)
  {
    I2C_WriteAbyte(addr);
    I2C_Check_ACK();
    if(! F0)
    {
      do
      {
        I2C_WriteAbyte( * p);      p++;
        I2C_Check_ACK();
        if(F0)   break;
      }
      while(--number);
    }
  }
  I2C_Stop();
}
/*****************************/
void ReadNbyte(unsigned char addr, unsigned char * p, unsigned char number)
/*   WordAddress,First Data Address,Byte lenth   */
                              //F0=0,right, F0=1,error
{
  I2C_Start();
  I2C_WriteAbyte(SLAW);
  I2C_Check_ACK();
  if(! F0)
  {
    I2C_WriteAbyte(addr);
    I2C_Check_ACK();
    if(! F0)
    {
      I2C_Start();
      I2C_WriteAbyte(SLAR);
```

```c
        I2C_Check_ACK();
        if(!F0)
        {
           do
           {
              *p = I2C_ReadAbyte();    p++;
              if(number != 1)     S_ACK();    //send ACK
           }
           while(--number);
           S_NoACK();            //send no ACK
        }
     }
  }
  I2C_Stop();
}
/********************* 显示时钟函数 ***********************/
void DisplayRTC(void)
{
  if(hour >= 10)   LEDBuffer[0] = hour / 10;
  else         LEDBuffer[0] = DIS_BLACK;
  LEDBuffer[1]=hour % 10;
  LEDBuffer[2]=DIS_;
  LEDBuffer[3]=minute/10;
  LEDBuffer[4]=minute % 10;
  LEDBuffer[6]=second/10;
  LEDBuffer[7]=second % 10;
}
/********************* 读 RTC 函数 ***********************/
void ReadRTC(void)
{
  unsigned char   tmp[3];
  ReadNbyte(2,tmp,3);
  second=((tmp[0]>>4) & 0x07)*10+(tmp[0] & 0x0f);
  minute=((tmp[1]>>4) & 0x07)*10+(tmp[1] & 0x0f);
  hour=((tmp[2]>>4) & 0x03)*10+(tmp[2] & 0x0f);
}
/********************* 读 RTC 函数 ***********************/
void WriteRTC(void)
```

```c
{
    unsigned char    tmp[3];
    tmp[0]=((second/10)<<4)+(second % 10);
    tmp[1]=((minute/10)<<4)+(minute % 10);
    tmp[2]=((hour/10)<<4)+(hour % 10);
    WriteNbyte(2,tmp,3);
}
/********以下为按键函数**********/
void IO_KeyDelay(void)
{
    unsigned char i;
    i = 60;
    while(--i);
}
/***************************/
void   IO_KeyScan(void)    //50ms call
{
    unsigned char   j;
    j = IO_KeyState1;   //保存上一次状态
    P0 = 0xf0;    //X 低,读 Y
    IO_KeyDelay();
    IO_KeyState1 = P0 & 0xf0;
    P0 = 0x0f;    //Y 低,读 X
    IO_KeyDelay();
    IO_KeyState1 |= (P0 & 0x0f);
    IO_KeyState1 ^= 0xff;    //取反
    if(j == IO_KeyState1)    //连续两次读相等
    {
        j = IO_KeyState;
        IO_KeyState = IO_KeyState1;
        if(IO_KeyState != 0)    //有键按下
        {
            F0 = 0;
            if(j == 0) F0 = 1;    //第一次按下
            else if(j == IO_KeyState)
            {
                if(++IO_KeyHoldCnt >= 20)
                {
                    IO_KeyHoldCnt = 18;
                    F0 = 1;
                }
```

```c
        }
        if(F0)
        {
          j = T_KeyTable[IO_KeyState >> 4];
          if((j != 0)&&(T_KeyTable[IO_KeyState & 0x0f] != 0))
            KeyCode = (j-1)*4 + T_KeyTable[IO_KeyState & 0x0f];    //计算键码,17~32
        }
      }
      else   IO_KeyHoldCnt = 0;
    }
    P0 = 0xff;
}
/******** 以下为数码管显示函数 **********/
void Send_595(unsigned char dat)
{
  unsigned char  i;
  for(i=0; i<8; i++)
  {
    dat <<= 1;
    P_HC595_SER   = CY;
    P_HC595_SRCLK = 1;
    P_HC595_SRCLK = 0;
  }
}
/***************************/
void DisplayScan(unsigned char display_index)
{
  Send_595(~LED_TYPE ^ T_COM[display_index]);           //输出位码
  Send_595( LED_TYPE ^ t_display[LEDBuffer[display_index]]);  //输出段码
  P_HC595_RCLK = 1;
  P_HC595_RCLK = 0;                  //锁存输出数据
}
/***********************************/
void main(void)
{
  unsigned char  i;
  TMOD = 0x01;
  TH0=(65536 - FOSC/12/TIMER1MS)/ 256;  //--- T0 定时 1ms 的初值装入 TH0,TL0 ---
    TL0=(65536 - FOSC/12/TIMER1MS)%256;
```

```c
            TR0 = 1;                              //--- 启动 T0 定时开始工作 ---
            ET0 = 1;
            EA = 1;              //开总中断
            for(i=0; i<8; i++)    LEDBuffer[i] = 0x10;   //上电消隐
            ReadRTC();
            F0 = 0;
            if(second >= 60)    F0 = 1;   //错误
            if(minute >= 60)    F0 = 1;   //错误
            if(hour   >= 60)    F0 = 1;   //错误
            if(F0)    //有错误,默认12:00:00
            {
               second = 0;
               minute = 0;
               hour = 12;
               WriteRTC();
            }
            DisplayRTC();
            LEDBuffer[2]=DIS_;
            LEDBuffer[5]=DIS_;
            KeyCode = 0;   //给用户使用的键码,1~16 有效
            IO_KeyState = 0;
            IO_KeyState1 = 0;
            IO_KeyHoldCnt = 0;
            cnt50ms = 0;
            while(1)
            {
               if(msecond>=1000)     //1s
                {
                  msecond = 0;
                  ReadRTC();
                  DisplayRTC();
                }
               if(cnt50ms >= 50)     //50ms 扫描一次行列键盘
                {
                   cnt50ms = 0;
                   IO_KeyScan();
                }
               if(KeyCode > 0)    //有键按下
                {
                   if(KeyCode == 1)    //hour +1
                   {
```

```c
            if(++hour >= 24) hour = 0;
            WriteRTC();
            DisplayRTC();
        }
        if(KeyCode == 2)    //hour -1
        {
            if(--hour >= 24) hour = 23;
            WriteRTC();
            DisplayRTC();
        }
        if(KeyCode == 3)    //minute +1
        {
            if(++minute >= 60)minute = 0;
            WriteRTC();
            DisplayRTC();
        }
        if(KeyCode == 4)    //minute -1
        {
            if(--minute >= 60)minute = 59;
            WriteRTC();
            DisplayRTC();
        }
        if(KeyCode == 5)    //minute +1
        {
            if(++second >= 60)second = 0;
            WriteRTC();
            DisplayRTC();
        }
        if(KeyCode == 6)    //minute -1
        {
            if(--second >= 60) second = 59;
            WriteRTC();
            DisplayRTC();
        }
        KeyCode = 0;
    }
}
}
/******************** Timer0 1ms 中断函数 **********************/
void timer0 (void) interrupt 1
```

```
    {
        TH0=(65536 - FOSC/12/TIMER1MS)/256;    //--- 重新装入初值 ---
      TL0=(65536 - FOSC/12/TIMER1MS)%256;
        DisplayScan(LEDPointer);                              //动态显示
        if((++LEDPointer) == sizeof(LEDBuffer))   LEDPointer = 0;
        msecond++;
        cnt50ms++;
    }
```

评估

(1) 用 PCF8563 设计一个日期指示牌（读出年月日）在数码管上显示出来。
(2) 用 PCF8563 设计一个万年历，在 12864 液晶上显示出来，要求时间可调整。
(3) 同时显示温度值。
(4) 查找其他 I^2C 接口器件，学习其用法。

7.4 用同步电机或直流电机加光敏传感器设计一个自动窗帘

同步电机和直流电机在工业中用途很广，它们也需要单片机控制。设计一个自动窗帘。
(1) 当天亮时，该系统能自动打开窗帘；
(2) 当天黑时，该系统能自动关上窗帘；
(3) 天亮与天黑由光敏电阻来检测。

7.4.1 步进电机简介

步进电机在控制系统中具有广泛的应用。步进电机实物图片如图 7-12、图 7-13 所示。

图 7-12 普通步进电机

图 7-13 直线步进电机

(1) 步进电机的工作原理

以四相步进电机为例说明，其原理如图 7-14 所示。它采用单极性直流电源供电。只要对步进电机的各相绕组按合适的时序通电，就能使步进电机步进转动。

开始时，开关 S_B 接通电源，S_A、S_C、S_D 断开，B 相磁极和转子 0、3 号齿对齐，同时，转子的 1、4 号齿就和 C、D 相绕组磁极产生错齿，2、5 号齿就和 D、A 相绕组磁极产生错齿。

当开关 S_C 接通电源，S_B、S_A、S_D 断开时，由于 C 相绕组的磁力线和 1、4 号齿之间磁

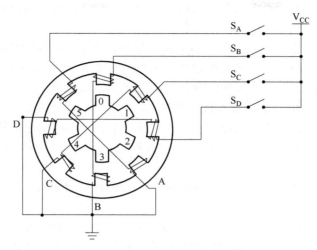

图 7-14　四相步进电机步进示意图

力线的作用，使转子转动，1、4 号齿和 C 相绕组的磁极对齐。而 0、3 号齿和 A、B 相绕组产生错齿，2、5 号齿就和 A、D 相绕组磁极产生错齿。依次类推，A、B、C、D 四相绕组轮流供电，则转子会沿着 A、B、C、D 方向转动。

四相步进电机按照通电顺序的不同，可分为单四拍、双四拍、八拍三种工作方式。单四拍与双四拍的步距角相等，但单四拍的转动力矩小。八拍工作方式的步距角是单四拍与双四拍的一半，因此，八拍工作方式既可以保持较高的转动力矩又可以提高控制精度。单四拍、双四拍与八拍工作方式的电源通电时序与波形分别如图 7-15（a）、（b）、（c）所示。

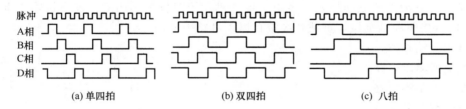

图 7-15　步进电机工作时序波形图

（2）驱动方法

双四拍的驱动方法是：AB，BC，CD，DA。八拍的驱动方法是：A，AB，B，BC，C，CD，D，DA。通过控制施加到步进电机上的脉冲个数就可以控制角位移量（转角大小），改变驱动脉冲的施加频率就可以改变旋转的速度和加速度。要改变步进电机的转向只需更改驱动代码的顺序。

步进电机在换向时的处理：为使步进电机在换向时能平滑过渡，不至于产生错步，应在每一步中设置标志位。在正转时，不仅给正转标志位赋值，也同时给反转标志位赋值；在反转时也如此。这样，当步进电机换向时，就可以从上一次的位置作为起点反向运动，避免了电机换向时产生错步。

（3）步进电机的技术指标

① 步进电机的静态指标。

相数：指电机内部的线圈组数，目前常用的有二相、三相、四相、五相步进电机。电机相数不同，其步距角也不同，一般二相电机的步距角为 0.9°/1.8°、三相的为 0.75°/1.5°、五相的为 0.36°/0.72°。在没有细分驱动器时，用户主要靠选择不同相数的步进电机来满足自己步距角的要求。

步距角：它表示控制系统每发一个步进脉冲信号，电机所转动的角度。电机出厂时给出了一个步距角的值，如 86BYG250A 型电机给出的值为 0.9°/1.8°（表示半步工作时为 0.9°、整步工作时为 1.8°），这个步距角可以称之为"电机固有步距角"，它不一定是电机实际工作时的真正步距角，真正的步距角和驱动器有关。

拍数：完成一个磁场周期性变化所需脉冲数或导电状态，或指电机转过一个步距角所需脉冲数，以四相电机为例，有四相四拍运行方式即 AB-BC-CD-DA-AB，四相八拍运行方式即 A-AB-B-BC-C-CD-D-DA-A。

定位转矩：电机在不通电状态下，电机转子自身的锁定力矩（由磁场齿形的谐波以及机械误差造成）。

保持转矩：指步进电机通电但没有转动时，定子锁住转子的力矩。它是步进电机最重要的参数之一，通常步进电机在低速时的力矩接近保持转矩。由于步进电机的输出力矩随速度的增大而不断衰减，输出功率也随速度的增大而变化，所以保持转矩就成为衡量步进电机最重要的参数之一。比如，当人们说 2N·m 的步进电机，在没有特殊说明的情况下是指保持转矩为 2N·m 的步进电机。

② 步进电机的动态指标。步进电机的动态指标主要有：步距角精度、失步、失调角、最大空载启动频率、最大空载运行频率、运行矩频特性、电机的共振点。

7.4.2　ULN2003 驱动芯片介绍

（1）ULN2003 概述

ULN2003 是大电流驱动阵列，多用于单片机、智能仪表、PLC、数字量输出卡等控制电路中。可直接驱动继电器等负载。经常在以下电路中使用：

笔记

- 显示驱动电路；
- 继电器驱动电路；
- 照明灯驱动电路；
- 电磁阀驱动电路；
- 伺服电机、步进电机驱动等电路。

ULN2003 集成了达林顿管 IC，内部还集成了一个消除线圈反电动势的二极管，可用来驱动继电器。最大驱动电压=50V，电流=500mA，输入电压=5V，适用于 TTL、COMS 电路。ULN2003 内部二极管的输出端允许通过电流为 200mA，饱和压降 VCE 约为 1V，耐压 BVCEO 约为 36V。用户输出口的外接负载可根据以上参数估算。通常单片机驱动 ULN2003 时，上拉 2kΩ 的电阻较为合适，同时，COM 引脚应该悬空或接电源。

ULN2003 是一个非门电路，包含 7 个单元，可以同时驱动 7 个继电器，单独每个单元驱动电流最大可达 350mA。ULN2003 的每一对达林顿都串联一个 2.7kΩ 的基极电阻，在 5V 的工作电压下它能与 TTL 和 CMOS 电路直接相连，可以直接和单片机相连。ULN2003A 引脚如图 7-16 所示。

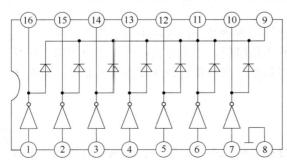

图 7-16　ULN2003A 引脚图

（2）用 ULN2003 控制的同步机控制电路

图 7-17 为用 ULN2003 控制的微型同步机的控制电路。

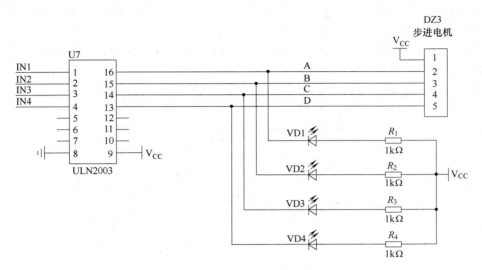

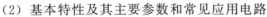

图 7-17　用 ULN2003 控制的微型同步机的控制电路

7.4.3　光敏电阻

（1）光敏电阻简介

在光敏电阻（图 7-18）两端的金属电极之间加上电压，其中便有电流通过，受到适当波长的光线照射时，电流就会随光强的增加而变大，从而实现光电转换。光敏电阻没有极性，纯粹是一个电阻器件，使用时既可加直流电压，也可以加交流电压。在黑暗环境里，它的电阻值很高，当受到光照时，电阻值会显著下降。光照愈强，阻值愈低。入射光消失后，光敏电阻的阻值也就逐渐恢复原值。

（2）基本特性及其主要参数和常见应用电路

① 暗电阻、亮电阻。光敏电阻在室温和全暗条件下测得的稳定电阻值称为暗电阻或暗阻。此时流过的电流称为暗电流。光敏

图 7-18　光敏电阻外形图

电阻在室温和一定光照条件下测得的稳定电阻值称为亮电阻或亮阻。此时流过的电流称为亮电流。

② 伏安特性。在一定照度下，光敏电阻两端所加的电压与流过光敏电阻的电流之间的关系，称为伏安特性。光敏电阻伏安特性近似直线，而且没有饱和现象。受耗散功率的限制，在使用时，光敏电阻两端的电压不能超过最高工作电压，由此可确定光敏电阻正常工作电压。

③ 光电特性。光敏电阻的光电流与光照度之间的关系称为光电特性。光敏电阻的光电特性呈非线性。因此不适宜作检测元件，这是光敏电阻的缺点之一，在自动控制中它常用作开关式光电传感器。

④ 光谱特性。对于不同波长的入射光，光敏电阻的相对灵敏度是不相同的。硫化镉材料制成光敏电阻的峰值在可见光区域，而硫化铅材料制成光敏电阻的峰值在红外区域，因此在选用光敏电阻时应当把元件和光源的种类结合起来考虑，才能获得满意的结果。

⑤ 频率特性。当光敏电阻受到脉冲光照时,光电流要经过一段时间才能达到稳态值,光照突然消失时,光电流也不立刻为零。这说明光敏电阻有时延特性。由于不同材料的光敏电阻时延特性不同,所以它们的频率特性也不相同。多数光敏电阻的时延都较大,因此不能用在要求快速响应的场合,这是光敏电阻的一个缺陷。

⑥ 温度特性。光敏电阻和其他半导体器件一样,受温度影响较大,当温度升高时,它的暗电阻会下降。

光控信号应用电路如图 7-19 所示。

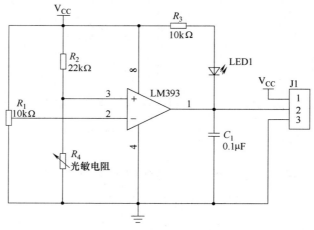

图 7-19　光控信号应用电路

7.4.4　电机驱动模块 L298N 电路

(1) 电机驱动模块 L298N 简介

L298N 内部包含 4 通道逻辑驱动电路。可以方便地驱动两个直流电机,或一个两相步进电机。L298N 可接受标准 TTL 逻辑电平信号 VSS,VSS 可接 4.5~7V 电压。其引脚如图 7-20 所示。

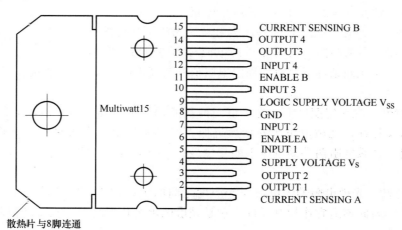

图 7-20　电机驱动模块 L298N 引脚图

4 脚 VS 接电源电压,8 脚接地。VS 电压范围 VIH 为+2.5~46V,是给电机供电的电源,输出电流可达 2.5A,可驱动电感性负载。9 脚接控制回路的电源,一般为 5V。

1脚和15脚可以接入电流采样电阻,形成电流传感信号。

2脚(OUTPUT1)、3脚(OUTPUT2)之间接电动机1。

13脚(OUTPUT3)、14脚(OUTPUT4)之间接电动机2。L298可驱动2个直流电动机。

5脚、7脚接输入控制电平,控制电动机1的正反转。

10脚、12脚接输入控制电平,控制电动机2的正反转。

6脚EnA是电动机1控制使能端,EnA=0时,L289N中电动机1控制电路不工作,电动机1不转。

11脚EnB是电动机2控制使能端,EnB=0时,L289N中电动机2控制电路不工作,电动机2不转。

L298N逻辑功能如表7-6所示。

表7-6 L298N逻辑功能表

IN1	IN2	ENA	运转状态
X	X	0	停止
1	0	1	正转
0	1	1	反转
0	0	0	停止
1	1	0	停止

(2)电机驱动模块电路图(图7-21)

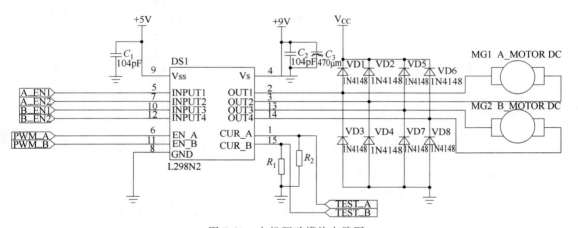

图7-21 电机驱动模块电路图

其中8个二极管是泄流二极管,能给电机反转时的动能一个消耗的电气通路。

7.4.5 自动窗帘电路

(1)步进电机控制完成的电路(图7-22)

(2)直流电机控制完成的电路(图7-23)

7.4.6 自动窗帘程序

(1)步进电机控制程序

```
#include "stc15fxxxx.h"
#define    FOSC        12000000        //宏定义时钟频率
```

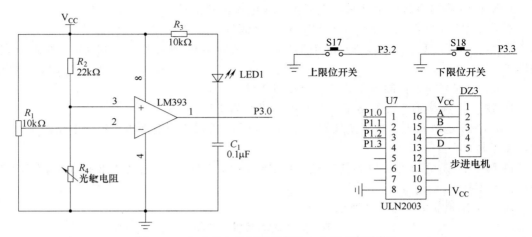

图 7-22 自动窗帘控制系统电路（步进电机控制）

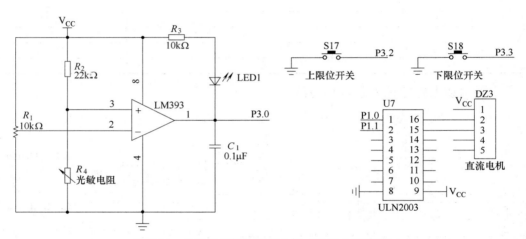

图 7-23 自动窗帘控制系统电路（直流电机控制）

```
#define   TIMER50US   20000
#define   STEPMOTOR   P1
/***************步进电机控制的定义与声明区****************/
unsigned char code StepPhase[] =                    // 四相八拍代码表
{
  0x01,0x03,0x02,0x06,0x04,0x0C,0x08,0x09,
};
bit Direction = 0;
unsigned char StepPointer = 0;
unsigned char SpeedCount = 0;
sbit flag=P3^0;
sbit shangxian=P3^2;
sbit xiaxian=P3^3;
/************************main()主程序区*****************/
```

```c
void main(void)
{
    TMOD = 0x20;                                //配置 T1 为定时模式,工作于方式 2
    TH1=(256 - FOSC/12/TIMER50US);
    TL1=(256 - FOSC/12/TIMER50US);
    TR1=1;                                      //启动 T1 工作 ---
    ET1=1;                                      //使能 T1 中断 ---
    EA=1;                                       //CPU 开中断 ---
    while(1)
    {
        if(flag==1)   //正转
        {
            if(xiaxian! =0)   Direction = 0;
        }
        else    //反转
        {
            if(shangxian! =0) Direction = 1;
        }
    }
}

/ *************** 定时器 T1 定时 50μs 溢出中断服务程序 ***************** /
void T1_ISR(void) interrupt 3
{
    STEPMOTOR = ~StepPhase[StepPointer];        //--- 送出对应相位数据 ---
    if(0 == Direction)                          //--- 正向状态下 ---
    {
        StepPointer ++;
        if(sizeof(StepPhase) == StepPointer)
        StepPointer = 0;
    }
    else  if (1 == Direction)                   //--- 反向状态下 ---
    {
        StepPointer --;
        if(0xFF == StepPointer)
        StepPointer = sizeof(StepPhase) - 1;
    }
}
```

(2) 直流电机控制程序

同上一个程序唯一的不同是电机正反转的控制方式,示例如下:

```
sbit   IN1  = P1^0;
sbit   IN2  = P1^1;
//////////////电机正转//////////////
void   zhengzhuan()
{
    IN1 = 1;
    IN2 = 0;
}
//////////////电机反转//////////////
void   fanzhuan()
{
    IN2 = 1;
    IN1 = 0;
}
//////////////电机停止//////////////
void   tingzhi()
{
    IN1 = 0;
    IN2 = 0;
}
```

评估

(1) 每次上电,步进电机顺时针旋转 $180°$ 就停下。

(2) 编写程序使步进电机每分钟转 1 圈。

(3) 编写一个程序,使步进电机转到设定的步数(x)后停止,然后延时 t_1(10s)后反转 y 步停下再延时 t_2(20s)后正转。

(4) 编写程序完成直流电机转 1min,停 1min,再反转 1min,再停 1min,如此循环。

(5) 用 AD 转换的电位器来控制步进电机的转速,实现步进电机的无级调速。

7.5 用一片 8×8 点阵设计一个电子显示屏

街上的 LED 广告屏越来越多,大的广告屏我们暂时实现不了,那我们来做一个小的。
在一个 8×8 的点阵模块上轮流显示数字 0~9,间隔时间为 1s。

7.5.1 8×8 点阵模块

(1) 8×8 点阵模块结构

LED 点阵显示器是把很多发光二极管按矩阵方式排列起来,通过对每个 LED 进行发光控制,点亮不同位置的发光二极管,完成各种字符或图案的显示。在实际应用中,点阵种类繁多,发展也很迅速。其主要发展方向是:功耗越来越小、亮度越来越大、单个像素体积越来越小、像素的颜色越来越丰富,等等。这里我们用最典型的单色 8×8 点阵模块来练习点阵的控制。其外观如图 7-24 所示。

其内部结构如图 7-25 所示。由图可见，它有 8 行（H0～H7），8 列（L0～L7）。只要其对应的 H、L 轴顺向偏压，即可使 LED 发亮。比如：H0＝1、L0＝0，右上角第一个发光二极管会亮，其余不亮。再比如：H7＝1、L0＝0，左下角第一个发光二极管会亮，其余不亮。使用时需要加限流电阻，电阻可以放在 H 轴或 L 轴。

用一片 8 8 点阵设计一个电子显示屏

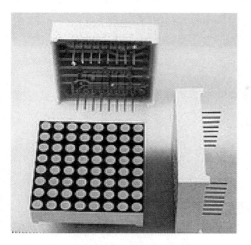

图 7-24　8×8 点阵模块外观图

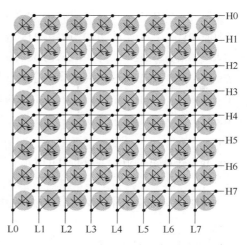

图 7-25　单色的 8×8 点阵模块内部结构

（2）点阵式如何显示一个字符

点阵 LED 一般采用扫描式显示，实际运用分为三种方式：点扫描、行扫描、列扫描。

若使用第一种方式，其扫描频率必须大于 16×64＝1024Hz，周期小于 1ms 即可。若使用第二和第三种方式，则频率必须大于 16×8＝128Hz，周期小于 7.8ms 即可符合视觉停留要求。此外一次驱动一列或一行（8 颗 LED）时需外加驱动电路提高电流，否则 LED 亮度会不足。

这里我们采用列扫描方式完成项目。

7.5.2　电子显示屏电路

8×8 点阵控制电路如图 7-26 所示。

图 7-26　8×8 点阵控制电路

7.5.3　电子显示屏程序

```
#include   "stc15fxxxx.h"
#define    FOSC         12000000        //--- 宏定义时钟频率 ---
#define    TIMER_1MS    1000             //--- 宏定义定时 1ms 参数 ---

unsigned char code SHUZI[] =             //--- 数字 0～9 的点阵数据 ---
{
```

```c
    0x00,0x3c,0x24,0x24,0x24,0x24,0x3c,0x00,         //--- "0",0 ---
    0x00,0x10,0x10,0x10,0x10,0x10,0x10,0x00,         //--- "1",1 ---
    0x3c,0x04,0x3c,0x20,0x20,0x3c,0x00,0x00,         //--- "2",2 ---
    0x00,0x00,0x3c,0x20,0x3c,0x20,0x3c,0x00,         //--- "3",3 ---
    0x00,0x00,0x10,0x3c,0x14,0x14,0x14,0x00,         //--- "4",4 ---
    0x00,0x00,0x1c,0x10,0x1c,0x04,0x1c,0x00,         //--- "5",5 ---
    0x00,0x00,0x1c,0x14,0x1c,0x04,0x1c,0x00,         //--- "6",6 ---
    0x00,0x00,0x10,0x10,0x10,0x10,0x1c,0x00,         //--- "7",7 ---
    0x00,0x00,0x1c,0x14,0x1c,0x14,0x1c,0x00,         //--- "8",8 ---
    0x00,0x00,0x1c,0x10,0x1c,0x14,0x1c,0x00,         //--- "9",9 ---
};
unsigned char code DOTLEDDIG[] =                     //--- 点阵 LED 的扫描码 ---
{
    0x7F,0xEF,0xDF,0xEF,0xF7,0xFB,0xFD,0xFE,
};
unsigned char DOTLEDBuffer[8];                       //--- 点阵 LED 显示缓冲区 ---
unsigned char DOTLEDPointer;                         //--- 点阵 LED 的扫描变量 ---
unsigned int SCnt;                                   //--- 定时 1s 的计数变量 ---
unsigned char Number;                                //--- 0~9 数字变量 ---
/***************** 主函数 *******************/
void main(void)
{
    P0M1=0x00;           //--- 配置 P0 端口的 P0.0~P0.7 为推挽输出模式 ---
    P0M0=0xFF;
    P2M1=0x00;           //--- 配置 P2 端口的 P2.0~P2.7 为推挽输出模式 ---
    P2M0=0xFF;
    TMOD=0x01;           //--- 配置 T0 为 16 位的定时方式 ---
    TH0=(65536 - FOSC/12/TIMER_1MS)/256;//--- 配置 T0 定时的 1ms 的定时初值 ---
    TL0=(65536 - FOSC/12/TIMER_1MS)%256;
    TR0=1;               //--- 启动 T0 工作 ---
    ET0=1;               //--- 使能 T0 的溢出中断 ---
    EA=1;                //--- CPU 开中断 ---
    while(1);
}
//--- 定时器 T0 溢出中断服务程序 ---
void T0_ISR(void) interrupt 1
{
    unsigned char i;
```

TH0=(65536－FOSC/12/TIMER_1MS)/256;   //--- 重新装载定时 1ms 的初始值
TL0=(65536－FOSC/12/TIMER_1MS)%256;
P2=DOTLEDBuffer[DOTLEDPointer];   //--- 送点阵 LED 的显示数据 ---
P0=DOTLEDDIG[DOTLEDPointer];   //--- 送点阵 LED 的选通数据 ---
DOTLEDPointer++;   //--- 点阵 LED 的扫描变量加 1 ---
if(sizeof(DOTLEDBuffer)==DOTLEDPointer)   //--- 一轮扫描完扫描变量清 0 ---
    DOTLEDPointer=0;
SCnt++;   //--- 定时 1s 的计数变量加 1 ---
if(1000==SCnt)   //--- 定时 1s 的时间到 ---
{
    SCnt=0;   //--- 定时 1s 的计数变量清 0 ---
    for(i=0;i<sizeof(DOTLEDBuffer);i++)   //--- 数字变量的点阵数据送缓冲区 ---
        DOTLEDBuffer[i]=SHUZI[Number*8+i];
    Number++;   //--- 数字变量加 1 ---
    if(10==Number) Number=0;   //--- 加到 9 归零 ---
}
}

评估

(1) 使用一片 8×8 点阵显示自己的电话号码。
(2) 使用一片 8×8 点阵显示心形图案。
(3) 使用一片 8×8 点阵轮流显示"电子"两个字。
(4) 画出本任务程序的流程图。
(5) 如果用 4 片 8×8 点阵完成 16×16 的点阵组合,应该如何连接?

7.6 用红外线发射管和红外接收传感器设计遥控系统

红外遥控器的使用已经相当普遍,那它们是怎样传递信息的呢?
使用给定的遥控器,将接收到的用户码和键值在数码管上显示出来。
(1) 想一想、写一写
① 红外发送的信号是怎样的?接收到的信号又是怎样的?
② 使用 PPM 编码方式发送红外信号,按一次按键,共发送哪些信号?其目的是什么?
③ 指出红外传输信号的优缺点。
(2) 画一画
画出本项目的电路图。
(3) 做一做
完成本项目,给程序中各指令的注解去掉,再自己加上,并总结经验。

笔记

7.6.1 红外线遥控编码基础知识

红外线编码遥控器的设计

红外线在日常环境中非常常见，红外线通信的典型频率有 38kHz、36kHz、40kHz、56kHz 等多种。

这里需要特别说明的是，红外线遥控设备种类繁多，各个生产厂家为了相互区别，可能会采用各自独特的频率或编码方式，这里介绍的只是其中一种：PPM 编码方式。PPM 编码方式工作过程如下。

当发射器按键按下后，将发射一组共 108ms 的编码脉冲。编码脉冲由前导码、8 位系统码、8 位系统码的反码、8 位键码以及 8 位键码的反码、结束码组成。通过对系统码的检验，每个遥控器只能控制一个设备动作，这样可以有效地防止多个设备之间的干扰。编码后面还要有编码的反码，用来检验编码接收的正确性，防止误操作，增强系统的可靠性。前导码是一个遥控码的起始部分，由一个 9ms 的低电平（起始码）和一个 4.5ms 的高电平（结果码）组成，作为接收数据的准备脉冲。以脉宽为 0.56ms、周期为 1.12ms 的组合表示二进制的"0"；以脉宽为 1.68ms、周期为 2.24ms 的组合表示二进制的"1"。如果按键按下超过 108ms 仍未松开，接下来发射的代码（连发代码）将仅由起始码（9ms）和结束码（2.5ms）组成。

(1) 红外线传输发送端的工作原理

PPM 编码方式红外发送端内部结构说明如图 7-27 所示，发送端原理说明如图 7-28 所示。

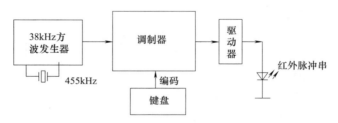

图 7-27　红外发送端内部结构说明

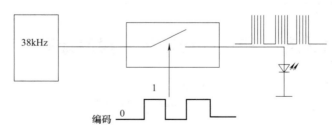

图 7-28　红外发送端原理说明

图 7-28 中 38kHz 振荡电路产生大约 38kHz 的方波信号，这个方波信号送到调制器的一个输入端。这里的调制器相当于一个开关：当键码信号为 0 时，开关处于断开状态，此时没有 38kHz 的方波施加到红外线发光管上，红外线发光二极管处于不发光状态；当键码信号为 1 时，开关处于接通状态，此时 38kHz 的方波使红外线发光二极管发出 38kHz 的脉冲光。

当某个按键按下时，会产生一系列固定时间规律的 0、1 序列，也就是键码。按键不同，键码不同。

（2）红外线传输接收端的工作原理

接收端一般采用一体化的红外线接收头，与一般家用电视机、空调等设备的遥控接收头类似。一体化的红外线接收头外形如图 7-29 所示。一体化接收头将红外线接收（38 kHz 红外线到电信号转换）、信号放大、解调（还原 1、0 数字信号）等功能部件封装在一体，对外只引出 3 个引脚。三个引脚左边是 +5V、中间是 GND、右边是 OUT（信号输出）。

在发送端没有红外线脉冲信号发送时，OUT 端保持 5V 高电平，当发送端发送 38 kHz 的红外线时，OUT 端会输出低电平。

图 7-29　一体化的红外线接收头外形

（3）红外线串口发送器时序

红外线遥控发送端一般采用两种不同宽度的脉冲对 38kHz 的方波信号进行调制，从而区分发送代码中的 0 与 1，如图 7-30 所示。

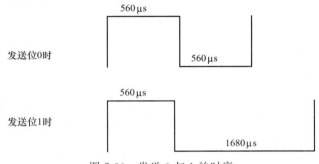

图 7-30　发送 0 与 1 的时序

一般遥控器发送端的代码由 4 部分组成：

① 引导码：用于表示发送开始。一般引导码如图 7-31 所示。

引导码一般由 2 部分组成：9000μs 高电平部分和 4500μs 低电平部分。一般高电平部分时间在 8000～10000μs 之间都可以认为正常，低电平部分在 4000～5000μs 之间都可以认为正常。

② 系统码。系统码由系统码正码和系统码反码组成，用来区分不同的遥控设备。系统码的正码部分和反码部分总共 16 位，前 8 位是系统码的正码，后 8 位是系统码的反码（把系统码取反）；不同遥控设备有不同的系统码，以避免相互干扰。

③ 键码。用来区分用户所按下的按键。由 16 位组成，前 8 位是键码的正码，后 8 位是键码的反码。用户按不同的按键将产生不同的键码。

④ 结束码。2.5ms 高电平 560μs 低电平，如图 7-32 所示。

发送一帧完整的遥控代码，如图 7-33 所示。

图 7-31　发送端引导码时序　　　　　　　图 7-32　发送端结束码时序

图 7-33　一帧完整的遥控代码组成

如果一次按键后发送完全部代码，仍然未松手，则将重复发送引导码和结束码，直至松手为止。

（4）用单片机解码红外遥控

解码的几个关键点如下。

① 一体化红外接收器所输出的代码与发送端相反。在没有接收到遥控信号时，其输出端始终保持高电压。当发送端发送引导码时，输出端立即变为低电平。故对于接收端，引导码的时序如图 7-34 所示。

② 接收 0 的时序，如图 7-35 所示。

③ 接收 1 的时序，如图 7-36 所示。

由此可得判断 0 和 1 的方法：在 560μs 的低电平过后，去测量高电平所维持的时间。

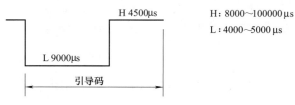

图 7-34　接收端引导码时序

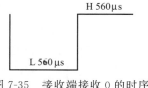

图 7-35　接收端接收 0 的时序

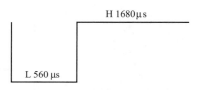

图 7-36　接收端接收 1 的时序

- 如果高电平时间大于 450μs 且小于 650μs，可以确定发送的位是 0；
- 如果高电平时间大于 1500μs 且小于 1800μs，可以确定发送的位是 1。

④ 发送端在发送一个字节的系统码或键码时是低位先发。

7.6.2　红外线遥控电路

红外遥控发射接收电路图如图 7-37 所示。

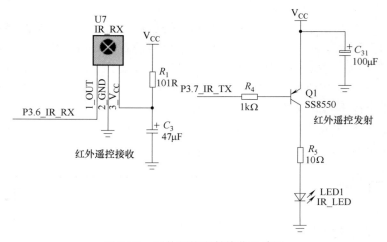

图 7-37　红外遥控发射接收电路图

7.6.3 红外线遥控程序

```c
//红外解码值,发送到数码管显示
//IR 一体化红外接收头
#include "stc15fxxxx.h"
#define        LED_TYPE     0x00    //定义 LED 类型,0x00--共阴,0xff--共阳
#define        Timer0_Reload    (65536UL－((MAIN_FOSC＋10000/2)/10000))
//Timer 0 中断频率, 在 4000～16000 之间
unsigned char code t_display[]={           //标准字库
//    0    1    2    3    4    5    6    7    8    9    A    B    C    D
    0x3F,0x06,0x5B,0x4F,0x66,0x6D,0x7D,0x07,0x7F,0x6F,0x77,0x7C,0x39,0x5E,
0x79,0x71,
//black  -   H    J    K    L    N    o    P    U    t    G    Q    r    M    y
    0x00,0x40,0x76,0x1E,0x70,0x38,0x37,0x5C,0x73,0x3E,0x78,0x3d,0x67,0x50,
0x37,0x6e,
    0xBF,0x86,0xDB,0xCF,0xE6,0xED,0xFD,0x87,0xFF,0xEF,0x46};
//0.1.2.3.4.5.6.7.8.9.-1
unsigned char code T_COM[]={0x01,0x02,0x04,0x08,0x10,0x20,0x40,0x80};
//位码
    sbit    P_HC595_SER   = P4^0;   //pin 14   SER       data input
    sbit    P_HC595_RCLK  = P5^4;   //pin 12   RCLK      store (latch) clock
    sbit    P_HC595_SRCLK = P4^3;   //pin 11   SRCLK     Shift data clock
    sbit    P_IR_RX    = P3^6;      //定义红外接收输入 IO 口
    unsigned char   LEDBuffer[8];         //显示缓冲
    unsigned char   display_index;        //显示位索引
    bit    B_1ms;                         //1ms 标志
    unsigned char   cnt_1ms;              //1ms 基本计时
    unsigned char   IR_SampleCnt;         //采样计数
    unsigned char   IR_BitCnt;            //编码位数
    unsigned char   IR_UserH;             //用户码(地址)高字节
    unsigned char   IR_UserL;             //用户码(地址)低字节
    unsigned char   IR_data;              //数据原码
    unsigned char   IR_DataShit;          //数据移位
    bit    P_IR_RX_temp;          //Last sample
    bit    B_IR_Sync;             //已收到同步标志
    bit    B_IrUserCodeErr;       //User code error flag
    bit    B_IR_Press;            //按键动作发生
    unsigned char   IR_code;              //红外键码
    unsigned int    UserCode;             //用户码
/****************** 向 HC595 发送一个字节函数 *****************/
```

```c
void Send_595(unsigned char dat)
{
    unsigned char  i;
    for(i=0; i<8; i++)
    {
        dat <<= 1;
        P_HC595_SER   = CY;
        P_HC595_SRCLK = 1;
        P_HC595_SRCLK = 0;
    }
}
/******************* 显示扫描函数 **********************/
void DisplayScan(void)
{
    Send_595(~LED_TYPE ^ T_COM[display_index]);           //输出位码
    Send_595( LED_TYPE ^ t_display[LEDBuffer[display_index]]);  //输出段码
    P_HC595_RCLK = 1;
    P_HC595_RCLK = 0;                      //锁存输出数据
    if(++display_index >= 8)   display_index = 0;   //8 位结束回 0
}
/**************** 外部函数声明和外部变量声明 *****************/
void IR_RX_HS38B(void)
{
    unsigned char   SampleTime;
    IR_SampleCnt++;                        //Sample + 1
    F0 = P_IR_RX_temp;                     //Save Last sample status
    P_IR_RX_temp = P_IR_RX;                //Read current status
    if(F0 && ! P_IR_RX_temp)               //Pre-sample is high,and current sample is low, so is fall edge
    {
        SampleTime = IR_SampleCnt;         //get the sample time
        IR_SampleCnt = 0;                  //Clear the sample counter
        if(SampleTime > 150)    B_IR_Sync = 0;   //large the Maxim SYNC time, then error
        else if(SampleTime >= 97)          //SYNC
        {
            if(SampleTime >= 123)
            {
                B_IR_Sync = 1;             //has received SYNC
                IR_BitCnt = 32;    //Load bit number
            }
```

```c
        }
      else if(B_IR_Sync)                   //has received SYNC
      {
        if(SampleTime > 30)    B_IR_Sync=0;   //data samlpe time too large
        else
        {
          IR_DataShit >>= 1;              //data shift right 1 bit
          if(SampleTime >= 16)   IR_DataShit |= 0x80;   //devide data 0 or 1
          if(--IR_BitCnt == 0)           //bit number is over?
          {
            B_IR_Sync = 0;              //Clear SYNC
            if(~IR_DataShit == IR_data)     //判断数据正反码
            {
              UserCode = ((unsigned int)IR_UserH << 8)+IR_UserL;
              IR_code  = IR_data;
              if(UserCode == 0xff00)
                  B_IrUserCodeErr = 0;   //User code is righe
              else   B_IrUserCodeErr = 1;   //user code is wrong
              B_IR_Press  = 1;            //数据有效
            }
          }
          else if((IR_BitCnt & 7)== 0)      //one byte receive
          {
            IR_UserL = IR_UserH;        //Save the User code high byte
            IR_UserH = IR_data;         //Save the User code low byte
            IR_data  = IR_DataShit;      //Save the IR data byte
          }
        }
      }
    }
  }
}
/********************* 主函数 ***********************/
void main(void)
{
  unsigned char i;
  display_index = 0;
  Timer0_1T();
  Timer0_AsTimer();
  Timer0_16bitAutoReload();
  Timer0_Load(Timer0_Reload);
  Timer0_InterruptEnable();
```

```c
        Timer0_Run();
        cnt_1ms = 10;
        EA = 1;                  //打开总中断
        for(i=0; i<8; i++)   LEDBuffer[i] = 0x11;    //上电显示-
        LEDBuffer[4] = 0x10;
        LEDBuffer[5] = 0x10;
        while(1)
        {
            if(B_1ms)    //1ms 到
            {
                B_1ms = 0;
                if(B_IR_Press)    //检测到收到红外键码
                {
                    B_IR_Press = 0;
                    LEDBuffer[0]=(unsigned char)((UserCode >> 12) & 0x0f);   //用户码高字节的高半字节
                    LEDBuffer[1]=(unsigned char)((UserCode >> 8) & 0x0f);    //用户码高字节的低半字节
                    LEDBuffer[2]=(unsigned char)((UserCode >> 4) & 0x0f);    //用户码低字节的高半字节
                    LEDBuffer[3]=(unsigned char)(UserCode & 0x0f);           //用户码低字节的低半字节
                    LEDBuffer[6]=IR_code >> 4;
                    LEDBuffer[7]=IR_code & 0x0f;
                }
            }
        }
    }
/******************* Timer0 1ms 中断函数 *******************/
void timer0 (void) interrupt 1
{
    IR_RX_HS38B();
    if(--cnt_1ms == 0)
    {
        cnt_1ms = 10;
        B_1ms = 1;        //1ms 标志
        DisplayScan();    //1ms 扫描显示一位
    }
}
```

评估

（1）设计一个程序，解码出遥控板所发出的系统码和键码以及它们的反码，并把键码的正码显示在数码管上。

（2）按遥控板上的数字键，在数码管上显示对应的数字。

（3）设计一个程序，用遥控板上的音量加键来控制试验板上 LED 的闪烁速度。

（4）设计一个遥控解码程序，用遥控板上的按键来控制试验板上的 LED 亮度。

（5）设计一个遥控解码程序，用遥控板来控制步进电机的转速。

7.7 用字符液晶 12864 做显示器，显示汉字和数字

用字符液晶 12864 做显示器，显示汉字和数字

用多位数码管做显示器，需要单片机不停地刷新送数据，会导致单片机很忙，另外也不如液晶显示器节能效果好。

液晶显示器有存储数据的功能，在什么位置显示、显示什么数据，单片机只要送给液晶显示器后，液晶显示器会一直存起来并按要求显示，直到单片机又送来新的数据为止。

存储数据的电路，叫寄存器。液晶内部有 2 种寄存器：指令寄存器和数据寄存器。指令寄存器用来存放对液晶的控制指令（告诉液晶要做些什么），数据寄存器用来存放要显示出来的数据。常见的指令有清除屏幕、在什么位置显示、光标闪烁不闪烁等指令。数据就是要显示的内容，一般为要显示的字符的 ASCII 码值，如要显示 a，则 8 位数据为 97，也可以显示汉字。

指令和数据的区分：在液晶的接口中，指令和数据一般都是 8 位二进制，并且它们共用一个 8 位数据接口，指令传送或数据传送是通过液晶的 RS 引脚的逻辑电平状态决定的。RS＝0：从 8 位数据接口送入的是 8 位二进制指令。RS＝1：从 8 位数据接口送入的是 8 位二进制数据。

某控制器外形如图 7-38 所示，它使用了液晶显示屏。

本任务的具体要求是，请设计程序在 12864 上显示如下内容。

第一行——实际值：798.5；

第二行——设定值：800.0；

第三行——自定义；

第四行——运行状态：工作。

7.7.1 12864 显示器介绍

12864 液晶显示器如图 7-39 所示。

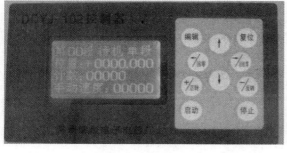

图 7-38 液晶显示屏在控制器上的使用情境

图 7-39 12864 液晶显示器

12864 液晶模块是 128×64 点阵液晶模块的点阵数简称，也是业界约定俗成的简称。
基本用途：该点阵的屏显成本相对较低，适用于各类仪器、小型设备的显示领域。

（1）引脚（表 7-7）

表 7-7　12864 液晶显示器引脚功能说明

引脚号	引脚名称	功能说明	引脚号	引脚名称	功能说明
1	GND	模块的电源地	15	PSB	并/串行接口选择；H——并行；L——串行
2	V$_{CC}$	模块的电源正端	16	NC	空脚
3	V0-LCD	驱动电压输入端	17	/RST	复位低电平有效
4	RS(CS)	并行的指令/数据选择信号；串行的片选信号	18	VOUT	倍压输出脚
5	R/W(SID)	并行的读写选择信号；串行的数据口	19	LED_A	背光源正极
6	E(CLK)	并行的使能信号；串行的同步时钟	20	LED_K	背光源负极
7~14	DB0~DB7	并行数据接口			

（2）指令

模块控制芯片提供两套控制命令，基本指令和扩充指令如表 7-8、表 7-9 所示。

笔记

表 7-8　基本指令

指令	指令码									功能
	RS	R/W	D7	D6	D5	D4	D3	D2	D1	D0	
清除显示	0	0	0	0	0	0	0	0	0	1	将 DDRAM 填满"20H"，并且设定 DDRAM 的地址计数器(AC)到"00H"
地址归位	0	0	0	0	0	0	0	0	1	X	设定 DDRAM 的地址计数器(AC)到"00H"，并且将游标移到开头原点位置；这个指令不改变 DDRAM 的内容
显示状态开/关	0	0	0	0	0	0	1	D	C	B	D=1：整体显示；ONC=1：游标；ONB=1：游标位置反白允许
进入点设定	0	0	0	0	0	0	0	1	I/D	S	指定在数据的读取与写入时，设定游标的移动方向及指定显示的移位
游标或显示移位控制	0	0	0	0	0	1	S/C	R/L	X	X	设定游标的移动与显示的移位控制位；这个指令不改变 DDRAM 的内容
功能设定	0	0	0	0	1	DL	X	RE	X	X	DL=0/1：4/8 位数据；RE=1：扩充指令操作；RE=0：基本指令操作
设定 CGRAM 地址	0	0	0	1	AC5	AC4	AC3	AC2	AC1	AC0	设定 CGRAM 地址
设定 DDRAM 地址	0	0	1	0	AC5	AC4	AC3	AC2	AC1	AC0	设定 DDRAM 地址(显示位址) 第一行：80H~87H 第二行：90H~97H
读取忙标志和地址	0	1	BF	AC6	AC5	AC4	AC3	AC2	AC1	AC0	读取忙标志(BF)可以确认内部动作是否完成，同时可以读出地址计数器(AC)的值
写数据到 RAM	1	0	数据								将数据 D7—D0 写入到内部的 RAM（DDRAM/CGRAM/IRAM/GRAM）
读出 RAM 的值	1	1	数据								从内部 RAM 读取数据 D7—D0（DDRAM/CGRAM/IRAM/GRAM）

表 7-9 扩充指令

指令	指令码									功能
	RS	R/W	D7	D6	D5	D4	D3	D2	D1	D0	
待命模式	0	0	0	0	0	0	0	0	0	1	进入待命模式,执行其他指令都可终止待命模式
卷动地址开关开启	0	0	0	0	0	0	0	0	1	SR	SR=1:允许输入垂直卷动;SR=0:允许输入 IRAM 和 CGRAM 地址
反白选择	0	0	0	0	0	0	0	1	R1	R0	选择 2 行中的任一行作反白显示,并可决定反白与否。初始值 R1R0=00,第一次设定为反白显示,再次设定变回正常
睡眠模式	0	0	0	0	0	1	SL	X	X		SL=0:进入睡眠模式;SL=1:脱离睡眠模式
扩充功能设定	0	0	0	0	1	CL	X	RE	G	0	CL=0/1:4/8 位数据;RE=1:扩充指令操作;RE=0:基本指令操作;G=1/0:绘图开关
设定绘图 RAM 地址	0	0	1	0AC6	0AC5	0AC4	AC3AC3	AC2AC2	AC1AC1	AC0AC0	设定绘图 RAM 先设定垂直(列)地址 AC6AC5…AC0 再设定水平(行)地址 AC3AC2AC1AC0 将以上 16 位地址连续写入即可

(3) 时序

LCD 显示屏 YJ-12864BG 动作时有一定的时序,图 7-40 为读取动作时序图,图 7-41 为写入动作时序图。时序参数见表 7-10。

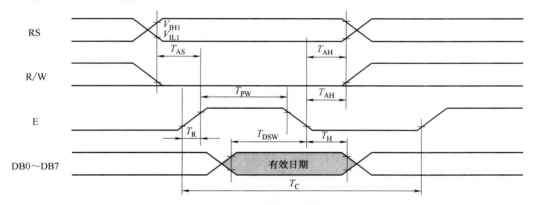

图 7-40 读取动作时序图

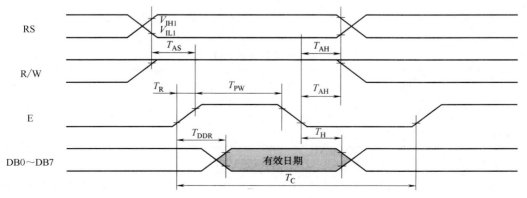

图 7-41 写入动作时序图

表 7-10 时序参数表

符号	特性	测试条件	Min.	Typ.	Max.	单位
内部时钟运行						
f_{OSC}	系统频率	$R=33\text{k}\Omega$	470	530	590	kHz
外部时钟运行						
f_{EX}	外部频率	—	470	530	590	kHz
	工作周期	—	45	50	55	%
T_R,T_F	上升/下降时间	—	—	—	0.2	μs
T_{SCYC}	串行时钟周期	Pin E	400	—	—	ns
T_{SHW}	SCLK 高脉冲宽度	Pin E	200	—	—	ns
T_{SLW}	SCLK 低脉冲宽度	Pin E	200	—	—	ns
T_{SDS}	SID 数据设置时间	Pin RW	40	—	—	ns
T_{SDH}	SID 数据保持时间	Pin RW	40	—	—	ns
T_{CSS}	CS 数据设置时间	Pin RS	60	—	—	ns
T_{CSH}	CS 数据保持时间	Pin RS	60	—	—	ns

串行接口时序参数：

测试条件：$T=25\text{℃}$；$V_{DD}=4.5\text{V}$

7.7.2　12864 使用说明

（1）使用前的准备

先给模块加上工作电压，调节 LCD 的对比度，使其显示出黑色的底影。此过程亦可以初步检测 LCD 有无缺段现象。

（2）字符显示

带中文字库的 128×64-0402B 每屏可显示 4 行 8 列共 32 个 16×16 点阵的汉字，每个显示 RAM 可显示 1 个中文字符或 2 个 16×8 点阵全高 ASCII 码字符，即每屏最多可实现 32 个中文字符或 64 个 ASCII 码字符的显示。带中文字库的 128×64-0402B 内部提供 128×2 字节的字符显示 RAM 缓冲区（DDRAM）。

笔记

字符显示是通过将字符显示编码写入该字符显示 RAM 实现的。根据写入内容的不同，可分别在液晶屏上显示 CGROM（中文字库）、HCGROM（ASCII 码字库）及 CGRAM（自定义字形）的内容。

三种不同字符/字型的选择编码范围为：0000～0006H（其代码分别是 0000、0002、0004、0006 共 4 个）显示自定义字型，02H～7FH 显示半宽 ASCII 码字符，A1A0H～F7FFH 显示 8192 种 GB2312 中文字库字形。字符显示 RAM 在液晶模块中的地址 80H～9FH。字符显示的 RAM 的地址与 32 个字符显示区域有着一一对应的关系，其对应关系如表 7-11 所示。

表 7-11 字符显示的 RAM 地址

行数	第 1 字	第 2 字	……	第 7 字	第 8 字
第一行	80H	81H	……	86H	87H
第二行	90H	91H	……	96H	97H
第三行	88H	89H	……	8EH	8FH
第四行	98H	99H	……	9EH	9FH

（3）图形显示

先设垂直地址再设水平地址（连续写入两个字节的资料来完成垂直与水平的坐标地址）。垂直地址范围 AC5…AC0，水平地址范围 AC3…AC0。

绘图 RAM 的地址计数器（AC）只会对水平地址（X 轴）自动加一，当水平地址＝0FH 时会重新设为 00H，但并不会对垂直地址做进位自动加 1，故当连续写入多笔资料时，程序需自行判断垂直地址是否需重新设定。GDRAM 的坐标地址与资料排列顺序如图 7-42 所示。

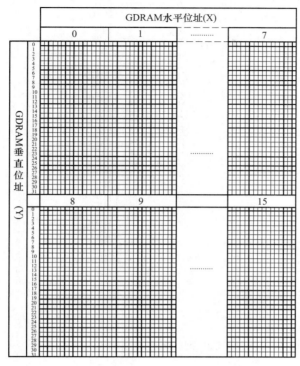

图 7-42　GDRAM 的坐标地址与资料排列顺序图

（4）应用说明

用带中文字库的 128×64 显示模块时应注意以下几点：

① 欲在某一个位置显示中文字符时，应先设定显示字符位置，即先设定显示地址，再写入中文字符编码。

② 显示 ASCII 字符过程与显示中文字符过程相同。不过在显示连续字符时，只需设定一次显示地址，由模块自动对地址加 1 指向下一个字符位置，否则，显示的字符中将会有一个空 ASCII 字符位置。

③ 当字符编码为 2 字节时，应先写入高位字节，再写入低位字节。

④ 模块在接收指令前，必须先向处理器确认模块内部处于非忙状态，即读取 BF 标志时 BF 需为"0"，方可接收新的指令。如果在送出一个指令前不检查 BF 标志，则在前一个指令和这个指令中间必须延迟一段较长的时间，即等待前一个指令确定执行完成。指令执行的时间请参考指令表中的指令执行时间说明。

⑤ "RE"为基本指令集与扩充指令集的选择控制位。当变更"RE"后，以后的指令集将维持在最后的状态，除非再次变更"RE"位，否则使用相同指令集时，无需每次均重设 "RE" 位。

7.7.3　液晶 12864 的电路

单片机与 12864 液晶显示器连接如图 7-43 所示。

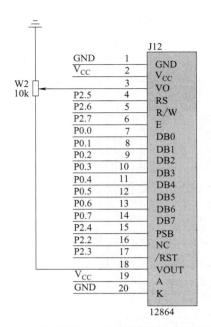

图 7-43　单片机与 12864 液晶显示器连接图

7.7.4　12864 显示的程序

```
#include "ste15xxxxx.h"
sbit LCD_RS = P2^5;    //定义引脚
sbit LCD_RW = P2^6;
sbit LCD_E  = P2^7;
sbit PSB    = P2^4;    //PSB 脚为 12864-12 系列的串、并通信功能切换,我们使用 8 位并行接口,PSB=1
sbit LCD_RES= P2^3;    // 17---RESET  L-->Enable
unsigned char FirstLine[15]="实际值:";
unsigned char SecondLine[15]="设定值:";
unsigned char ForthLine[15]="运行状态:工作";
#define io_LCD12864_DATAPORT P0
#define SET_DATA LCD_RS=1;
#define SET_INC LCD_RS=0;
#define SET_READ LCD_RW=1;
#define SET_WRITE LCD_RW=0;
#define SET_EN   LCD_E=1;
#define CLR_EN   LCD_E=0;
/********SV、PV 值的按位处理子程序********/
void DisplaySV_PV(float PV, float SV)
{
   unsigned int shujuPV,shujuSV;
   shujuPV=PV*10;
```

```
    shujuSV=SV*10;
    FirstLine[8]=shujuPV/1000+48;              //千位
    FirstLine[9]=(shujuPV%1000)/100+48;        //百位
    FirstLine[10]=(shujuPV%1000)%100/10+48;    //十位
    FirstLine[11]='.';
    FirstLine[12]=(shujuPV%1000)%100%10+48;    //个位
    FirstLine[13]=0;
    SecondLine[8]=shujuSV/1000+48;
    SecondLine[9]=(shujuSV%1000)/100+48;
    SecondLine[10]=(shujuSV%1000)%100/10+48;
    SecondLine[11]='.';
    SecondLine[12]=(shujuSV%1000)%100%10+48;
    SecondLine[13]=0;
}

/********忙检测子程序********/
void v_Lcd12864CheckBusy_f(void)
{
    unsigned int nTime=0;
    SET_INC          //LCD_RS=0;
    SET_READ         //LCD_RW=1;
    CLR_EN           //LCD_E=0;
    SET_EN           //LCD_E=1;
    while((io_LCD12864_DATAPORT & 0x80) && (++nTime!=0))
    CLR_EN
    SET_INC
    SET_READ
}
/********发送命令子程序********/
void v_Lcd12864SendCmd_f( unsigned char byCmd )
{
v_Lcd12864CheckBusy_f();
SET_INC
SET_WRITE
CLR_EN
io_LCD12864_DATAPORT = byCmd;
_nop_();
_nop_();
SET_EN
_nop_();
_nop_();
```

```
    CLR_EN
    SET_READ
    SET_INC
}
/******* 发送数据子程序 ********/
void v_Lcd12864SendData_f( unsigned char byData)
{
    v_Lcd12864CheckBusy_f();
    SET_DATA
    SET_WRITE
    CLR_EN
    io_LCD12864_DATAPORT = byData;
    _nop_();
    _nop_();
    SET_EN
    _nop_();
    _nop_();
    CLR_EN
    SET_READ
    SET_INC
}
/******* 延时 50ms ********/
void Delay50ms()        //@11.0592MHz
{
    unsigned char i, j, k;
    _nop_();
    _nop_();
    i = 3;
    j = 26;
    k = 223;
    do
    {
        do
        {
            while (--k);
        } while (--j);
    } while (--i);
}
/******* 液晶初始化 ********/
void v_Lcd12864Init_f( void )           //初始化
{
```

```c
PSB=1；
LCD_RES=1；
v_Lcd12864SendCmd_f(0x30);        //基本指令集
Delay50ms();
v_Lcd12864SendCmd_f(0x01);        //清屏
Delay50ms();
v_Lcd12864SendCmd_f(0x06);        //光标右移
Delay50ms();
v_Lcd12864SendCmd_f(0x0c);        //开显示
}
/*******液晶地址转换********/
void v_Lcd12864SetAddress_f(unsigned char x，y)
{
unsigned char byAddress；
switch(y)
{
case 0： byAddress=0x80+x ；  break；
case 1： byAddress=0x90+x ；  break；
case 2： byAddress=0x88+x ；  break；
case 3： byAddress=0x98+x ；  break；
default： break；
}
v_Lcd12864SendCmd_f(byAddress);
}


/*******字符发送函数********/
void v_Lcd12864PutString_f(unsigned char x，unsigned char y，unsigned char * pData)
{
v_Lcd12864SetAddress_f(x,y);
while( * pData ！= '\0')
{
v_Lcd12864SendData_f( * pData++);
}
}
/*******液晶清屏********/
void LCDClear(void)
{
v_Lcd12864SendCmd_f(0x01);//显示清屏
v_Lcd12864SendCmd_f(0x34);// 显示光标移动设置
v_Lcd12864SendCmd_f(0x30);// 显示开及光标设置
}
```

```
/******* 主函数 ********/
void main( void )
{
    DisplaySV_PV(798.5,800.0);
Delay50ms();Delay50ms();
    v_Lcd12864Init_f();
    v_Lcd12864PutString_f(0,0,FirstLine);
    Delay50ms();Delay50ms();Delay50ms();
    v_Lcd12864PutString_f(0,1,SecondLine);
    Delay50ms();Delay50ms();Delay50ms();
    v_Lcd12864PutString_f(0,3,ForthLine);
    Delay50ms();Delay50ms();Delay50ms();
  while(1);
}
```

评估

(1) 在空白那一行，填上："14 年 5 月 8 日"，要求年月日是固定不动的，数字可以更改。

(2) 查找资料，学习 1602 液晶的用法。

笔记

附录

附录1　Keil C 菜单项

（1）文件（File）菜单
① New：创建新文件。
② Open：打开已有文件。
③ Close：关闭当前文件。
④ Save：保存当前文件。
⑤ Save as...：保存并重新命名当前文件。
⑥ Device Database：维护器件数据库。
⑦ Print Setup...：设置打印机。
⑧ Print：打印当前文件。
⑨ Exit：退出系统。

（2）编辑（Edit）菜单
① Undo：撤销上一次操作。
② Redo：恢复上一次的撤销。
③ Cut：将选中的内容剪切到剪贴板。
④ Copy：将选中的内容复制到剪贴板。
⑤ Paste：粘贴剪贴板中的内容。
⑥ Indent Select Text：将选中的内容向右缩进一个制表符位，按钮为 。
⑦ Unindent Select Text：将选中的内容向左移动一个制表符位，按钮为 。
⑧ Toggle Bookmark：在当前行放置书签，按钮为 。
⑨ Goto Next Bookmark：将光标移到下一个书签，按钮为 。
⑩ Goto Previous Bookmark：将光标移到上一个书签，按钮为 。
⑪ Clear All Bookmark：清除当前文件中所有的书签，按钮为 。
⑫ Find...：在当前文件中查找字符串，按钮为 。
⑬ Replace...：查找与替换。
⑭ Find in Files...：在多个文件中查找字符串，按钮为 。
⑮ Goto Matching Brace：寻找匹配的各种括号。

（3）查看（View）菜单
① Status Bar：显示或隐藏状态栏。

② File Toolbar：显示或隐藏文件工具栏。
③ Build Toolbar：显示或隐藏编译工具栏。
④ Debug Toolbar：显示或隐藏调试工具栏。
⑤ Project Windows：显示或隐藏工程窗口，按钮为 。
⑥ Output Windows：显示或隐藏输出窗口，按钮为 。
⑦ Source Browser：打开源文件浏览器窗口，按钮为 。
⑧ Disassembly Windows：显示或隐藏反汇编窗口，按钮为 。
⑨ Watch & Call Stack Windows：显示或隐藏观察和堆栈窗口，按钮为 。
⑩ Memory Windows：显示或隐藏存储器窗口，按钮为 。
⑪ Code Coverage Windows：显示或隐藏代码覆盖窗口，按钮为 。
⑫ Performance Analyzer Windows：显示或隐藏性能分析窗口，按钮为 。
⑬ Symbol Windows：显示或隐藏符号变量窗口。
⑭ Serial Windows #1：显示或隐藏串行口窗口1，按钮为 。
⑮ Serial Windows #2：显示或隐藏串行口窗口2，按钮为 。
⑯ Toolbox：显示或隐藏工具箱，按钮为 。
⑰ Periodic Windows Update：在调试运行程序时，周期刷新调试窗口。
⑱ Workbook Mode：显示或隐藏工作簿窗口的标签。
⑲ Option…：设置颜色、字体、快捷键和编辑器选项。

(4) 工程（Project）菜单

① New Project…：创建一个新工程。
② Import μVision2 Project…：导入工程文件。
③ Open Project：打开一个已有工程。

笔记

④ Close Project：关闭当前工程。
⑤ Components Environment and Books：设置工具书、包含文件和库文件的路径。
⑥ Select Device for Target：从器件库中选择一种 CPU。
⑦ Remove Groups…：从工程中删去组或文件。
⑧ Option for Target…：设置对象、组或文件的工具选项，设置当前目标选项，选择当前目标，按钮为 。
⑨ Build Target：编译修改过的文件并生成应用，按钮为 。
⑩ Rebuild Target：重新编译所有的文件并生成应用，按钮为 。
⑪ Translate…：编译当前文件，按钮为 。
⑫ Stop Build：停止当前的编译过程，按钮为 。

(5) 调试（Debug）菜单

① Start/Stop Debugging：启动/停止调试模式，按钮为 。
② Go：全速运行，按钮为 。
③ Step：跟踪运行，按钮为 。

④ Step Over：单步运行，按钮为 ⬚。

⑤ Step out of current function：一步执行完当前函数并返回，按钮为 ⬚。

⑥ Run to Cursor line：一步运行到当前光标处，按钮为 ⬚。

⑦ Stop Running：停止运行，按钮为 ⬚。

⑧ Breakpointing…：打开断点对话框。

⑨ Insert/Remove Breakpoint：在当前行设置/清除断点，按钮为 ⬚。

⑩ Enable/Disable Breakpoint：使能/禁止当前行的断点，按钮为 ⬚。

⑪ Disable All Breakpoints：禁止所有断点，按钮为 ⬚。

⑫ Kill All Breakpoints：清除所有断点，按钮为 ⬚。

⑬ Show Next Statement：显示下一条指令，按钮为 ⬚。

⑭ Enable/Disable Trace Recording：使能/禁止跟踪记录，按钮为 ⬚。

⑮ View Trace Records：显示执行过的指令，按钮为 ⬚。

⑯ Memory Map…：打开存储空间配置对话框。

⑰ Performance Analyzer…：打开性能分析设置窗口。

⑱ Inline Assembly…：对某一行重新汇编，且可以修改汇编代码。

⑲ Function Editor…：编辑调试函数和调试配置文件。

(6) 片内外设（Peripheral）菜单

① Reset CPU：复位 CPU，按钮为 ⬚。

② Interrupt：设置/观察中断（触发方式、优先级、使能等）。

③ I/O Ports：设置/观察各个 I/O 口。

④ Serial：设置/观察串行口。

⑤ Timer：设置/观察各个定时器/计数器。

⑥ A/D Converter：设置/观察 A/D 转换器。

⑦ D/A Converter：设置/观察 D/A 转换器。

这一部分的内容，与你在器件数据库中选择的 CPU 的类型有关，不同的 CPU，所列内容不同。

(7) 工具（Tools）菜单

① Setup PC-Lint…：配置 PC-Lint。

② Lint：用 PC-Lint 处理当前编辑的文件。

③ Lint all C Source Files：用 PC-Lint 处理当前项目中所有的 C 文件。

④ Setup Easy-Case…：配置 Siemens 的 Easy-Case。

⑤ Star/Stop Easy-Case：启动或停止 Easy-Case。

⑥ Show File（Line）：用 Easy-Case 处理当前编辑的文件。

⑦ Customize Tools Menu…：将用户程序加入工具菜单。

(8) 软件版本控制系统（SVCS）菜单

软件版本控制系统菜单只有一项：

Configure Version Control…：配置软件版本控制系统命令。

(9）视窗（Windows）菜单
① Cascade：以相互重叠方式排列文件窗口。
② Tile Horizontally：以不重叠方式水平排列文件窗口。
③ Tile Vertically：以不重叠方式垂直排列文件窗口。
④ Arrange Icons：在窗口的下方排列图标。
⑤ Split：将当前窗口分成几个窗格。
⑥ Close All：关闭所有窗口。
(10）帮助（Help）菜单
① μVision Help：打开 μVision 在线帮助。
② Open Books Window：打开电子图书窗口。
③ Simulated Peripherals for…：显示片内外设信息。
④ Internet Support Knowledegebase：打开互联网支持的知识库。
⑤ Contact Support：联系方式支持。
⑥ Check for Update：检查更新。
⑦ About μVision：显示 μVision 的版本号和许可证信息。

附录 2　C51 库函数

　　C51 编译器的运行库中包含有丰富的库函数，使用库函数可以大大简化用户的程序设计工作，提高编程效率。下面介绍一些常用的库函数，如果用户使用这些库函数，必须在源程序的开始用命令"♯include"将相关的头文件包含进来。

C.1　寄存器头文件

　　寄存器头文件 regxxx.h（如 reg51.h）中定义了 MCS-51 所有特殊功能寄存器和相应位，定义是使用的是大写字母。在 C 语言源程序文件的开始，应该把对应的头文件 regxxx.h 包含进来，在程序中就可以直接使用 MCS-51 中的特殊功能寄存器和相应的位。

C.2　字符函数

　　字符函数在 ctype.h 头文件中声明，下面给出部分函数。
（1）检查英文字母函数 isalpha
函数原型：extern bit isalpha（char c）
再入属性：reentrant
功能：检查参数字符是否为英文字母，是则返回 1，否则返回 0。
（2）检查英文字母、数字字符函数 isalnum
函数原型：extern bit isalnum（char c）
再入属性：reentrant
功能：检查参数字符是否为英文字母或数字字符，是则返回 1，否则返回 0。
（3）检查数字字符函数 isdigit
函数原型：extern bit isdigit（char c）
再入属性：reentrant
功能：检查参数字符是否为数字字符，是则返回 1，否则返回 0。

(4) 检查小写字母函数 islower

函数原型：extern bit islower（char c）

再入属性：reentrant

功能：检查参数字符是否为小写字母，是则返回 1，否则返回 0。

(5) 检查大写字母函数 isupper

函数原型：extern bit isupper（char c）

再入属性：reentrant

功能：检查参数字符是否为大写字母，是则返回 1，否则返回 0。

(6) 检查十六进制数数字字符函数 isxdigit

函数原型：extern bit isxdigit（char c）

再入属性：reentrant

功能：检查参数字符是否为十六进制数字字符，是则返回 1，否则返回 0。

(7) 数字字符转换十六进制函数 toint

函数原型：extern char toint（char c）

再入属性：reentrant

功能：将 ASCII 字符的 0—9，A—F 转换成十六进制数，返回数字 0—F。

(8) 转换小写字母函数 tolower

函数原型：extern char tolower（char c）

再入属性：reentrant

功能：将大写字母转换成小写字母，返回小写字母，如果输入的不是大写字母，则不作转换直接返回输入值。

(9) 转换大写字母函数 toupper

函数原型：extern char toupper（char c）

再入属性：reentrant

功能：将小写字母转换成大写字母，返回大写字母，如果输入的不是小写字母，则不作转换直接返回输入值。

C.3　一般 I/O 函数

一般输入/输出函数在 stdio.h 头文件中声明，其中所有的函数都是通过单片机的串行口输入/输出的。在使用这些函数之前，应先对单片机的串行口进行初始化。例如串行通信的波特率 4800b/s，晶振频率为 11.0592MHz，初始化程序段为：

```
SCON=0x52;        //设置串行口方式 1、允许接收、启动发送
TMOD=0x20;        //设置定时器 T1 以模式 2 工作
TH1=0xfa;         //设置 T1 重装初值
TR1=1;            //开 T1
```

在 stdio.h 文件中声明的输入/输出函数，都是以 _getkey 和 putchar 两个函数为基础，如果需要这些函数支持其他的端口，只需修改这两个函数即可。下面给出部分函数。

(1) 从串行口输入字符函数_getkey

函数原型：extern Char _getkey(void)

再入属性：reentrant

功能：从 51 单片机的串行口读入一个字符，如果没有字符输入则等待，返回值为读入

的字符，不显示。

(2) 从串行口输入字符并输出函数 getchar

函数原型：extern Char getchar（void）

再入属性：reentrant

功能：使用 _getkey 函数从 51 单片机的串行口输入一个字符，返回值为读入的字符，并且通过 putchar 函数将字符输出。

(3) 从串行口输出字符函数 putchar

函数原型：extern Char putchar（char）

再入属性：reentrant

功能：从 51 单片机的串行口输出一个字符，返回值为输出的字符。

(4) 从串行口输入字符串函数 gets

函数原型：extern Char * gets（char * string，int len）

再入属性：non-reentrant

功能：从 51 单片机的串行口输入一个长度为 len 的字符串（遇到换行符结束输入），并将其存入 string 指定的位置。输入成功返回存入地址的指针，输入失败则返回 NULL。

(5) 从串行口格式输出函数 printf

函数原型：extern int printf（格式控制字符串，输出参数表）

再入属性：non-reentrant

功能：该函数是以一定的格式从 51 单片机的串行口输出数值和字符串，返回值为实际输出的字符数。

(6) 格式输出到内存函数 sprintf

函数原型：extern int sprintf（char *，格式控制字符串，输出参数表）

再入属性：non-reentrant

功能：该函数与 printf 函数功能相似，但数据不是输出到串行口，而是送入一个字符指针指定的内存中，并且以 ASCII 码的形式存储。

笔记

(7) 从串行口输出字符串函数 puts

函数原型：extern int puts（const char *）

再入属性：reentrant

功能：该函数将字符串和换行符输出到串行口，正确返回一个非负数，错误返回 EOF。

(8) 从串行口格式输入函数 scanf

函数原型：extern int scanf（格式控制字符串，输入参数表）

再入属性：non-reentrant

功能：该函数在格式控制字符串的控制下，利用 getchar 函数从串行口读入数据，每遇到一个符合格式控制串规定的值，就将它顺序地存入由参数表中指向的存储单元。每个参数都必须是指针型。正确输入其返回值为输入的项数，错误则返回 EOF。

C.4 标准函数

标准函数在 stdlib.h 头文件中声明，下面给出部分函数。

(1) 字符串转换浮点数函数 atof

函数原型：float atof（void * string）

再入属性：non-reentrant

功能：该函数把字符串转换成浮点数并返回。

（2）字符串转换整型数函数 atoi

函数原型：int atoi（void * string）

再入属性：non-reentrant

功能：该函数把字符串转换成整型数并返回。

（3）字符串转换长整数函数 atol

函数原型：long atol（void * string）

再入属性：non-reentrant

功能：该函数把字符串转换成长整数并返回。

（4）申请内存函数 malloc

函数原型：void * malloc（unsigned int size）

再入属性：non-reentrant

功能：该函数申请一块大小为 size 的内存，并返回其指针，所分配的区域不初始化。如果无内存空间可用，则返回 NULL。

（5）释放内存函数 free

函数原型：void free（void xdata * p）

再入属性：non-reentrant

功能：该函数释放指针 p 所指向的区域，p 必须是以前用 malloc 等函数分配的存储区指针。

C.5 数学函数

数字函数的头文件 math.h 中声明，下面给出部分函数。

（1）求绝对值函数 cabs、abs、fabs 和 labs

函数原型：extern int abs（int i）

　　　　　extern Char cabs（char i）

　　　　　extern Float fabs（float i）

　　　　　extern Long labs（long i）

再入属性：reentrant

功能：计算并返回 i 的绝对值。这 4 个函数除了变量和返回值类型不同之外，其功能完全相同。

（2）求平方根函数 sqrt

函数原型：extern float sqrt（float i）

再入属性：non-reentrant

功能：计算并返回 i 的平方根。

（3）产生随机数函数 rand 和 srand

函数原型：extern int rand（void）

　　　　　extern void srand（int seed）

再入属性：reentrant，non-reentrant

功能：rand 函数产生并返回一个 0～32767 之间的伪随机函数；srand 用来将随机数发生器初始化成一个已知的值，对函数 rand 的相继调用将产生相同序列号的随机数。

笔记

（4）求三角函数 cos、sin 和 tan

函数原型：extern float cos（float i）

　　　　　extern float sin（float i）

　　　　　extern float tan（float i）

再入属性：non-reentrant

功能：3 个函数分别返回 i 的 cos、sin、tan 的函数值。3 个函数变量的范围都是 $-\pi/2 \sim +\pi/2$，变量的值必须在 ± 65535 之间，否则产生一个 NaN 错误。

（5）求反三角函数 acos、asin、atan 和 atan2

函数原型：extern float acos（float i）

　　　　　extern float asin（float i）

　　　　　extern float atan（float i）

　　　　　extern float atan2（float y，float i）

再入属性：non-reentrant

功能：前 3 个函数分别返回 i 的反余弦值、反正弦值、反正切值，3 个函数的值域都是 $-\pi/2 \sim \pi/2$。atan2 返回 i/j 的反正切值，其值域为 $-\pi \sim \pi$。

C.6　内部函数

内部函数在头文件 intrins.h 中声明。

（1）循环左移 n 位函数 _crol_、_irol_、_lrol_

函数原型：

unsigned char _crol_（unsigned char val,unsigned char n）

unsigned int _irol_（unsigned int val,unsigned char n）

unsigned long _irol_（unsigned long val,unsigned char n）

再入属性：reentrant，intrinsc

功能：这些函数都是将第一个参数（无符号字符、无符号整型数、无符号长整型数）循环左移 n 位，返回被移动的数。

（2）循环右移 n 位函数 _cror_、_iror_、_lror_

函数原型：

unsigned char _cror_（unsigned char val,unsigned char n）

unsigned int _iror_（unsigned int val,unsigned char n）

unsigned long _lror_（unsigned long val,unsigned char n）

再入属性：reentrant，intrinsc

功能：这些函数都是将第一个参数（无符号字符、无符号整型数、无符号长整型数）循环右移 n 位，返回被移动的数。

（3）空操作函数 _nop_

函数原型：void _nop_（void）

再入属性：reentrant，intrinsc

功能：该函数产生一个 MCS-51 单片机的空操作函数。

（4）位测试函数 _testbit_

函数原型：bit _testbit_（bit x）

再入属性：reentrant，intrinsc

功能：该函数产生一个 MCS-51 单片机的 JBC 指令，对字节中的一个位进行测试，如果该位为 1，则返回 1，并且将该位清 0，如果该位为 0，则直接返回 0。

C.7 字符串函数

字符串函数在头文件 string.h 中声明，下面给出部分函数。

(1) 存储器数据复制函数 memcopy

函数原型：void * memcopy (void * dest, void * src, int len)

再入属性：reentrant

功能：该函数将存储区 src 中的 len 个字符复制到存储区 dest 中，返回指向 dest 的指针。如果存储区 src 和 dest 有重叠，不能保证其正确性。

(2) 存储器数据复制函数 memccpy

函数原型：void * memccpy (void * dest, void * src, char cc, int len)

再入属性：non-reentrant

功能：该函数将存储区 src 中的 len 个字符复制到存储区 dest 中，如果遇到字符 cc，则把 cc 复制后就结束。对于返回值，如果复制了 len 个字符，则返回 NULL，否则返回指向 dest 中下一个字符的指针。如果存储区 src 和 dest 有重叠，不能保证其正确性。

(3) 存储器数据移动函数 memmove

函数原型：void * memmove (void * dest, void * src, int len)

再入属性：reentrant

功能：该函数将存储区 src 中的 len 个字符移动到存储区 dest 中，返回指针 dest 的指针，如果存储区 src 和 dest 有重叠，也能够正确移动。

(4) 存储器字符查找函数 memchr

函数原型：void * memchr (void * buf, char cc, int len)

再入属性：reentrant

功能：该函数顺序搜索存储区 buf 中前 len 个字符，查找字符 cc，如果找到，则返回指向 cc 的指针，否则返回 NULL。

(5) 存储器字符比较函数 memcmp

函数原型：char memcmp (void * buf1, void * buf2, int len)

再入属性：reentrant

功能：该函数逐个字符比较存储区 buf1 和 buf2 的前 len 个字符，如果相等则返回 0，如果不等，则返回第一个不等的字符的差值（buf1 的字符减 buf2 的字符）。

(6) 存储器写字符函数 menset

函数原型：void * memset (void * buf, char cc, int len)

再入属性：reentrant

功能：该函数向存储区 buf 写 len 个字符 cc，返回 buf 指针。

(7) 字符串挂接函数 strcat

函数原型：char * strcat (char * dest, char * src)

再入属性：non-reentrant

功能：该函数将字符串 src 复制到 dest 的尾部，返回指向 dest 的指针。

(8) n 个字符挂接函数 strncat

函数原型：char * strncat (char * dest, char * src, int len)

再入属性：non-reentrant

功能：该函数将字符串 src 中的前 len 个字符复制到 dest 的尾部，返回指向 dest 的指针。

(9) 字符串复制函数 strcpy

函数原型：char * strcpy（char * dest，char * src）

再入属性：reentrant

功能：该函数将字符串 src 复制到 dest 中，包含结束符，返回指向 dest 的指针。

(10) n 个字符复制函数 strncpy

函数原型：char * strncpy（char * dest，char * src，int len）

再入属性：non-reentrant

功能：该函数将字符串 src 中的前 len 个字符复制到 dest 中，返回指向 dest 的指针。如果 src 的长度小于 len，则在 dest 中以 0 补齐到长度 len。

(11) 字符串比较函数 strcmp

函数原型：char strcmp（char * string1，char * string2）

再入属性：reentrant

功能：该函数逐个字符比较字符串 string1 和 string2，如果相等则返回 0，如果不等，则返回第一个不等的字符的差值（string1 的字符减 string2 的字符）。

(12) 字符串 n 个字符比较函数 strncmp

函数原型：char strncmp（char * string1，char * string2，int len）

再入属性：non-reentrant

功能：该函数逐个字符比较字符串 string1 和 string2 中的前 len 字符，如果相等则返回 0，如果不等，则返回第一个不等的字符的差值（string1 的字符减 string2 的字符）。

(13) 字符串长度测量函数 strlen

函数原型：int strlen（char * src）

再入属性：non-reentrant

笔记

功能：该函数测试字符串 src 的长度，包括结束符，并将长度返回。

(14) 字符串字符查找函数 strchr

函数原型：void * strchr（const char * string，char cc）
　　　　　　Int strpos（const char * string，char cc）

再入属性：reentrant

功能：strchr 函数顺序搜索字符串 src 中第一次出现的字符 cc（包括结束符），如果找到，则返回指向 cc 的指针，否则返回 NULL。Strpos 的功能与 strcha 相似，但返回的是 cc 在字符中出现的位置值，未找到则返回-1，第一个字符是 cc 则返回 0。

C.8 绝对地址访问函数

绝对地址访问函数在头文件 absacc.h 中声明。

(1) 绝对地址字节访问函数 CBYTE、DBYTE、PBYTE、XBYTE

函数原型分别为：♯define CBYTE((unsigned char volatile code *)0)
　　　　　　　　♯define DBYTE((unsigned char volatile idata *)0)
　　　　　　　　♯define PBYTE((unsigned char volatile pdata *)0)
　　　　　　　　♯define XBYTE((unsigned char volatile xdata *)0)

功能：上述宏定义用来对 MCS-51 系列单片机的存储器空间进行绝对地址访问，可以作字节寻址。CBYTE 寻址 CODE 区，DBYTE 寻址 DATA 区，PBYTE 寻址分页 XDATA 区，XBYTE 寻址 XDATA 区。

（2）绝对地址字访问函数 CWORD、DWORD、PWORD、XWORD

函数原型分别为：♯define CWORD((unsigned int volatile code ＊)0)
　　　　　　　　♯define DWORD((unsigned int volatile idata ＊)0)
　　　　　　　　♯define PWORD((unsigned int volatile pdata ＊)0)
　　　　　　　　♯define XWORD((unsigned int volatile xdata ＊)0)

这些宏的功能与前面的宏类似，区别在于这些宏的数据类型是无符号整形 unsigned int。

参 考 文 献

[1] 陈海松. 单片机应用技能项目化教程［M］. 北京：电子工业出版社，2012.
[2] 陈贵友. 单片微型计算机原理及接口技术［M］. 北京：高等教育出版社，2012.
[3] 周国运. 单片机原理及应用（C语言版）［M］. 北京：中国水利水电出版社，2009.
[4] 陈贵友. 增强型8051单片机实用开发技术［M］. 北京：北京航空航天大学出版社，2009.
[5] 郭天祥. 新概念51单片机C语言教程——入门、提高、开发、拓展全攻略［M］. 北京：电子工业出版社，2009.
[6] 陈静，李俊涛，滕文隆. 单片机应用技术项目化教程——基于STC单片机［M］. 北京：化学工业出版社，2015.
[7] 陈静，赵一心. 单片机应用技术——基于STC单片机［M］. 北京：高等教育出版社，2019.